住区边界

——城市空间与文化研究

袁 野 著

中国建筑工业出版社

图书在版编目（CIP）数据

住区边界——城市空间与文化研究 / 袁野著. -- 北京：中国建筑工业出版社，2020.5
ISBN 978-7-112-24919-0

Ⅰ.①住… Ⅱ.①袁… Ⅲ.①居住区—城市规划—研究—北京 Ⅳ.① TU984.12

中国版本图书馆 CIP 数据核字（2020）第 037204 号

责任编辑：滕云飞
责任校对：王　烨

住区边界——城市空间与文化研究

袁野　著

*

中国建筑工业出版社出版、发行（北京海淀三里河路9号）
各地新华书店、建筑书店经销
北京光大印艺文化发展有限公司制版
北京中科印刷有限公司印刷

*

开本：787×1092毫米　1/16　印张：16　字数：306千字
2020年9月第一版　　2020年9月第一次印刷
定价：**65.00**元
ISBN 978-7-112-24919-0
（35659）

序 言

　　近年来政府开始倡导开放街区政策，大量"孤岛"式封闭住区所带来的城市和社会问题也随之越来越受到关注。袁野所著的《住区边界——城市空间与文化研究》一书，基于对北京市大量封闭住区的调研和考察，对封闭住区带来的许多城市和社会问题进行了深入探究和思考，并揭示了作用于这些问题背后的社会、经济、文化等多方面复杂的深层机制。作者基于鲜明的人文主义视角和开放性的整体性思维，通过跨学科的综合研究，整合和梳理了建筑学、社会学、心理学、美学等多学科有关边界问题的研究和古今中外已有的城市空间营造的"边界智慧"，尝试在"人"的社会属性和"物"的空间秩序之间找到一条汇流的途径。从城市设计的整体性出发，以一种新的边界策略来缝合与医治城市住区边界的创伤，改善城市空间环境的品质，激发城市的活力。

　　正如书中指出的，我们需要改变孤立看待城市住区的习惯视角，应该将其看作是城市空间不可分离的有机组成。住区的边界不是简单的一条单向运作的分割线，而应该是有弹性的城市空间，要在私密与公共、个体与分享之间建立起有效的过渡。我们从书中看到的许多例子，就是通过这种分合有致的，对边界空间的匠心营造，生动地述说着丰富多彩的城市故事。

　　我们生活的城市由无数个"部分"所组成，定义这些"部分"的边界，无论是自然景观还是人文塑造，作为领域的象征，在限定"部分"的同时，又能将这些"部分"融通为整体。每个城市都是一个由"部分"组成的整体，它有自己的名字，有特色、有故事、有产业，人们聚居于此，生活与工作，独立与互助，追求梦想。这就是城市，它以其特有的空间结构和社会组织，以"边界"的名义将这些"部分"定义为有个性的领域，同时又将其编织成更大的"部分"，将个体的行为与公共的生活相联系，并成就一个超越"部分"的整体和复合生态系统。自古至今，城市住区或者街区就是城市中最普遍存在的"部分"，而街道也可以看作是这种界定住区的典型边界。城市中大量的街道或者街区的界面空间，通过巧妙的空间组织和结构秩序，在划分街区，保障街区个体"私密"的同时，联系着城市的其他部分，组织起公共生活。人们在此离开，去到别处；别处的人到来，探索此处的秘密。作为边界同时又具有联通特征的街道如同城市的血脉，生发着最鲜活的日常生活，人们在此相遇和道别，期待更美好一天的到来。

读完袁野的书稿，很有收获，一点感想，是以为序。

王路

清华大学建筑学院教授

博士生导师

2020 年 6 月 7 日于清华园

前　言

当代中国城市的发展面临众多问题和挑战，城市住区的"边界问题"就是其中之一。本书将城市住区的"边界问题"作为研究对象，并以北京为例进行案例研究，改变了以往孤立研究住区本身或孤立研究城市公共空间而忽视住区与城市之间关系的误区，通过对"边界"概念及"边界问题"全面且深入地考察探究，摸索出中国住区和城市空间的内在特征和发展规律，找出问题背后的机制，并提出解决问题的策略与方法。

边界的基本功能是划分和隔绝空间，同时具有连接和沟通的作用。边界的这一矛盾属性使其在人类空间观念演变及在社会与文化的发展中具有特殊的原型价值。本书通过对边界原型、属性和效应的考察建立了边界概念的理论框架，并在此基础上分析了北京当代城市住区的边界类型、特征、问题及其机制。住区边界问题主要反映在规划结构上的封闭性、超级尺度和不可达性，土地及社会资源的浪费，对城市空间、肌理以及公共生活的破坏，并由此导致社会分异、孤立、隔离等社会问题。在对问题机制的考察中发现，边界在住区和城市之间的空间关系表象背后，更反映出城市政治、经济、社会、文化等复杂因素所共同作用的深层次问题。

基于对以上问题的分析，本书尝试提出解决"边界问题"的策略和方法：一是建立城市公共空间建设的原则；二是从政策和法规层面提出具体的边界控制措施；三是在开发策略层面挖掘边界的土地和商业价值，并呼吁改变传统的城市住区开发和建设的模式；四是从城市及住区规划结构层面提出网络化、边界化和街区化的住区规划方法；五是通过边界空间的设计将住区边界转化为城市活力的中心，并为城市居民的日常公共生活做出贡献。

作者最终希望建立一种城市住区规划和城市公共空间建设的新范式，并提出建设"无边界城市"理想——一个自由开放，人与自然和谐共融，并具有多样性、包容性和人性化的活力之城。

2019 年

目 录

第1章 边界的概念

边界在很多学科中都是一个重要的概念。地理学和政治学中有国家和地域之间的边界划分；物理学中有边界效应，大气物理学更有边界层的概念；在细胞生物学中，细胞壁作为边界，是细胞的保护膜和与外界进行能量交换的媒介；而管理科学中也有无边界组织的概念；在社会科学中，社会和文化边界的形成与瓦解一直是社会学界和人类学界关注的重点领域。无论是物质的边界还是抽象的边界，边界的概念不仅是探讨各个学科理论问题的重要基础，其本身也是颇受重视的研究对象，这也为本书研究边界问题提供了跨学科、跨领域研究的理论参考。

1.1 边界释义

边界在英文中可以翻译成boundary、border或edge，在中文中也可以称边界为边缘、边境、界限、界线等。在《牛津高级英汉双解词典》（*Advanced Learner's English-Chinese Dictionary*）[①]中，boundary被解释为：a real or imagined line that mark the limits or edges of sth and separates it from other things or places; a dividing line.（中文解释为边界，界限，分界线）；border被解释为：the line that divides two countries or areas; the land near this line.（中文解释为国界，边界，边疆，边界地区）；而edge被解释为：the outside limit of an object, a surface or an area; the part furthest from the centre.（其中文解释为边，边缘，边线，边沿）。在《现代汉语大辞典》[②]中，对边界的解释是：①边境；②国家之间或地区之间的界线；对边缘的解释是：①沿边的部分；②靠近界线的，同两方面或多方面有关的。在另一版本的《现代汉语大词典》中，边界被认为同英语中的frontier和boundary对应；边缘与edge、fringe、verge以及marginal和borderline对应。

笔者认为用边界较为恰当，对应于英文的boundary；而边缘则对应于edge、fringe、verge等词更为合适。其他的表达如界面过于强调"面"，词义狭窄。与边缘相比，边界是双向的，更多的是强调内外之间或两者之间，是一种"关系"，其所涵盖的尺度更具有弹性，边缘则更倾向于单向的解释，缺乏"关系"的含义。经过慎重比较，本书选择使用"边界"（boundary）一词。

1.2 尺度限定

本书具体的研究对象是当代城市住区的边界问题。当代是一个时间的限定；城市住区将研究限定在城市中的住区，也表明本书属于城市研究的范畴。边界问题明确了研究的主体，即边界自身的问题以及由边界引发的一系列相关问题。

在城市空间研究中，尺度的界定是极为重要的，这里需要界定研究对象的尺度。城市边界是当代城市研究的热点，主要研究城市之间、区域之间的边界。这种大尺度的边界问题研究主要着眼于政治、经济以及生态领域，尤其是在经济地理学和城市及区域生态学中受到广泛的关注，并得到比较深入的研究。然而在城市的中观和微观尺度

① 《牛津高级英汉双解词典》（*Advanced Learner's English-Chinese Dictionary*）为商务印书馆和香港牛津大学出版社（中国）有限公司共同出版，2004：181,186,542。

② 现代汉语大辞典.上海：汉语大辞典出版社，2000：1702。

上,对边界却少有系统的研究。凯文·林奇(Kevin Lynch)是较早关注城市空间边界的城市学者,但他所提到的边界也主要限于较大的城市尺度,并更多地从边界在城市中的意象角度而非对边界问题本身进行分析和考察。

当代城市的迅猛和持续扩张,使得城市已经很难从整体上被生活在其中的人们所把握,每个人都生活在城市的局部甚至角落,其所把握的意象范围也限于城市的中观和微观尺度,城市的整体意象变得越来越缺乏真正的意义与价值。正是基于这样的理解,本书将研究的重点限定在中观和微观的城市尺度,并对该尺度上的城市空间进行深入研究。

城市空间边界大体分为三种尺度:

(1)城市尺度——城市与郊区的边界、环路、行政区划边界及城区之间的边界。

(2)住区(街区)尺度——街区及街区群的范围,包括住区与城市之间的边界、住区之间的边界、居住组团之间的边界。

(3)建筑尺度——建筑单体与外部环境之间的边界。

本书主要研究住区(街区)尺度的边界问题,属于中观和微观尺度的城市空间研究。城市尺度及建筑尺度的边界也会在一定程度上涉及,但不作为主要研究对象。

1.3 研究视角

1.3.1 非平均线索

美国城市理论家简·雅各布斯(Jane Jocobs)在《美国大城市的死与生》一书最后一章"城市的问题所在"中提出城市问题是有序复杂问题,并把城市问题的研究方法同生命科学相对照,认为要理解生命活动,需要显微镜式的细致观察,需从具体的因素或变数行为的角度来进行,并认为这种方法与理解城市的方法非常一致①。这种观察问题的方法,显然与传统城市规划思想把城市看作简单问题和无序复杂问题的观察方法有本质的区别。雅各布斯同时指出这种思维角度的三个特征:①对过程的考虑;②从归纳推导的角度来考虑问题,从点到面,从

---

① 雅各布斯引用了沃伦·韦弗博士的观点即科学思想发展的三个过程:(1)处理简单型问题的能力;(2)处理无序复杂性问题的能力;(3)处理有序复杂性问题的能力。雅各布斯提出"城市就像生命科学一样也是一种有序复杂性问题。它们处于这么一种情形中:'十几或者是几十个不同的变数互不相同,但同时又通过一种微妙的方式互相联系在一起。'另一个与生命科学相同的是,城市这种有序复杂问题不会单独表现出一个问题(这样的问题如果能够被理解就能解释所有的问题)。但是,就像生命科学一样,可以通过分析将其分化成许多个互相关联的这样的问题。这些问题表现出很多变数,但并不是混乱不堪,毫无逻辑可言;相反,它们'互为关联组成一个有机整体'。"[美]简·雅各布斯.美国大城市的死与生.金衡山译.南京:译林出版社,2005:485。

具体到总体,而不是相反;③寻找一些"非平均"①的线索,这些线索会包括一些非常小的变数,正是这些小变数会展现大的和更加平均的变数活动的方式②。

本书的研究即借鉴了这种观察城市问题的视角和方式。从当代中国城市住区规划和建设的普遍现实问题出发,通过对现象的考察和分析,挖掘现象背后的形成机制,从而理解当代中国城市空间发展的内在特征。其中"非平均"变数的观点对本书启发很大。雅各布斯认为"非平均"变数可以起到线索的作用,而规划者往往会忽略城市中"非平均"的因素,而只将目光限定在"平均"因素上。"平均"的思维来自现代主义规划思想将城市看作简单问题或无序复杂问题的思维习惯,认为可以通过物理学或者统计学的方法进行城市分析和设计。但城市生活的多样性和活力恰恰位于统计学的盲区,是在简单性规划所触及不到的地方出现。住区边界,残余空间以及人们的日常生活就属于"非平均"因素。本书对这些"非平均"因素进行具体而细微的考察,将之作为城市问题研究的重要线索。

1.3.2 日常生活视角

对日常生活的关注和强调是本书在探讨城市空间问题上的基本出发点。有学者认为,把日常生活世界从背景世界拉回到理性的地平线上,使理性自觉地向生活世界回归,是20世纪哲学的重大发现之一③。较早对日常生活进行系统化研究的是法国学者昂立·列斐伏尔(Henri Lefebvre),在其著作《日常生活批判》和《现代世界的日常生活》中,列斐伏尔通过对生计、衣服、家具、家人、邻里和环境等毫不起眼的都市生活片段的分析,来解释和挖掘隐藏在其背后的复杂社会关系。而在

---

① 雅各布斯提出"'非平均'变数相对来说注定是一些小变数,但对城市来讲却至关重要。从另一个方面来说,我在这里所讲的'非平均变数'同样也是一种很重要的分析手段——一种线索。它们与大的变数相互关联,因此经常唯有通过这些小的变数才能知道大变数的行为或者是失败的原因。可以做一个粗糙但相关类比,就好比在细胞质系统中有很多微生物,在一些牧场植物中有很多脉迹现象。这些东西本身就是整体的一部分,对整体的正常功能的发挥是必需的。但是,它们的用处并不只体现在这里,因为它们还可以起到线索的作用,即提供找到问题的线索。同样,对这种'非平均'线索的意识(或者是缺少这种'非平均'线索的意识)也是任何一个市民可以做到的。的确,在这个意义上,城市居民一般来说都可以成为非正式的专家。城市的普通人对这些'非平均'变数的意识正好与这些小变数所起的大作用是一致的。在这个方面,同样,规划者们则处在劣势。他们往往不假思索地把这些'非平均'变数视为无足轻重的东西,因为统计表明这些东西不值得关注。他们就是这样养成了对最重要的东西置之不理的思维习惯"。[美]简·雅各布斯.美国大城市的死与生.金衡山译.南京:译林出版社,2005:497。

② [美]简·雅各布斯.美国大城市的死与生.金衡山译.南京:译林出版社,2005:493。

③ 吴飞."空间实践"与诗意的抵抗——解读米歇尔·德赛图的日常生活实践理论.社会学研究,2009(2):177。

日常生活的研究中有着更为突出建树的法国哲学家米歇尔·德·塞托（Michel de Certe）则是列斐伏尔的学生。与他的老师一样，德·塞托也将研究的视角投向大众日常生活的细微环节；不同的是，德·赛托采取消费者生产的战术操作来阐述广大庶民自发和沉默的日常抵抗。正如德·赛托在其著作开头就阐明的"献给普通人，平凡的英雄、分散的人物、不计其数的步行者"①。

德·赛托通过四个重要概念表达出他独特的日常生活实践理论：抵制、空间实践、权宜之计、空间生产。德·赛托认为日常生活具有一种创造力，通过一种游击队式的战术活动，在当权者强力占据的主体空间之外，利用空间和环境的可能性和自由度，使其为己所用。日常生活就是介入权利空间并创造属于自己的空间的行为，在权利系统的框架内，利用其不可避免产生的碎片、裂缝且占据这些空间以创造自己的生活并以此作为一种对权利的无声的抵抗。德·赛托的日常生活社会学强调了普通人作为现代世界中的消费者以自己的方式使用消费世界的自由，通过异用、误用、挪为他用以及将无用的消费品创造性地再利用等方式颠覆了权利体系强加给他们的游戏规则。从城市空间的角度来说，城市中大量的被整体规划所忽略的残余空间和角落空间得到普通百姓充满智慧的日常使用，就是一种德·塞托式的日常生活实践。

简·雅各布斯在《美国大城市的死与生》中对现实城市生活细致入微的考察，对城市中个体与空间场所关系的讨论与德·塞托的思路是近似的。其实，自 20 世纪 60 年代以来，对于现代主义的反思所引发的人文主义倾向已经成为不可阻挡的潮流。从史密森夫妇（A. and P. Smithson）对将住宅、街道、游戏场作为日常生活场所的坚持到阿尔多·凡艾克（Aldo van Eyck）的人类学主张以及他所倡导并实践的遍布城市角落的儿童游戏空间，再到文丘里（Robert Venturi）对拉斯维加斯的赞扬以及扬·盖尔（Jan Gehl）对人在城市中交往行为和空间的考察，无不是对日常生活抱有乐观态度并对之极力倡导，期望通过对日常生活的关注抵抗城市反人性发展的倾向，并建立一种人文主义的城市观。本书即是基于对日常生活的考察，发现城市空间存在的问题和普通人在日常生活实践中对城市空间尤其是住区边界空间的自发使用，探讨住区边界对城市空间和城市生活的价值。

1.3.3 结构与关系视角

瑞士心理学家皮亚杰（Jean Piaget）在《结构主义》一书中提出："所谓结构，也叫作一个整体、一个系统、一个集合。"并提出结构的三要

---

① ［法］米歇尔·德·赛托. 日常生活实践 1. 实践的艺术. 方琳琳，黄春柳译. 南京：南京大学出版社，2009。

素：整体性、具有转换规律或法则、自身调节性。所以结构就是"由具有整体性的若干转换规律组成的一个有自身调节性质的图式体系。"①结构的思考方式是针对孤立的原子论式的研究而提出的，其目的是从整体的角度来研究事物，进而弄清事物的本质。借助结构的方法，就可以把作为城市中一部分的住区与城市看作一个具有结构的整体，从而避免孤立地研究住区问题。

从研究孤立的个体到研究个体之间的关系是结构研究范式中的重要思想。"结构主义者认为，现实的本质并不单独地存在于某种时空中，而总是表现于此物与他物间的关系之中。例如，在生理学中，肝脏如不与作为整体性的生命来理解，如不与其他器官有着维持生命的关系，其重要意义就不可能得以显示。在语言学中，对一个特定词的真正理解不可能从这个词的自身，而必须把它置于作为语言系统的总体性之中，参照它与其他词的关系。同样，在社会学中，脱离社会关系而存在的个人既不可能在理论上认识到他（她）的价值，也不可能在实践中显示其真正的意义。"②一般系统论的创始人贝塔朗菲（Ludwig von Bertalanffy）在论述系统论的整体性时说："为了理解一个整体或系统不仅需要了解其各个部分，而且同样需要了解他们之间的关系。"③他主张从事物的关系中、相互作用中发现系统的规律性。

英国哲学家怀特海（Alfred Narth Whitehead）是过程与关系哲学的倡导者。怀特海反对自柏拉图以来西方哲学中认为世界是实体（being）构成的观念，认为世界是由事件和过程构成的，世间万物是一个不断生成（becoming）的过程，万物皆流，并处于关系之中。关系哲学即是针对西方传统的实体哲学而提出来的。怀特海的门徒卢默尔（Otto Lummer）提出单边力量和关系力量的说法，认为运用单边力量是西方思维中占统治地位的观念，即承认单方面力量的控制和统治，最强有力的东西被看作最有价值。这种单边的力量导致单方面的决定，导致进攻、侵略、强制以及相反的防御和抵抗。而在关系力量里，任何行动都需要考虑周边环境的影响，考虑到与相关对象的互动关系，而不是完全单方面的行为。罗伯特·梅斯勒（Robert Mesle）认为，"关系力量包括三个成分：①主动地对周围世界开放并接受其影响的那种能力；②从自己所吸收的东西中创造自己的那种能力；③通过首先受其影响的方式来影响周围的人的那种能力。"④

实际上，与西方式的实体思维和实体逻辑相反，东方特别是中国古

① ［瑞士］皮亚杰.结构主义.倪连生，王琳译.北京：商务印书馆，2006：3。
② 沃野.结构主义及其方法论.学术研究，1996（12）。
③ 王雨田.控制论、信息论、系统科学与哲学.北京：中国人民大学出版社，1986：430。
④ ［美］罗伯特·梅斯勒.过程—关系哲学——浅释怀特海.周邦宪译.贵阳：贵州人民出版社，2009，74。

代早就形成了以关系,即事物的相关性和相对性为中心的思想方法,而这在《易经》的阴阳观念中就鲜明地体现出来。罗嘉昌写道:"《易经》认为,一切现象都可以凭借阴和阳的二元组合来说明。……阴阳都并非实体,也非事物所固有的本质。它们表示的正是事物之间的关系。" 学者张东逊指出:"欧洲哲学倾向于在实体中去寻求真实性,而中国哲学则倾向于在关系中去寻找。" 李约瑟(Joseph Needham)也认为:"在所有的中国思想中,关系('连')或许比实体更为基本。"①

对于空间观念而言,西格弗里德·吉迪恩(Sigfried Giedion)清楚地指出了空间从实体到关系的转变,敏锐地预见到边界在现代建筑空间观念中的关键地位。在《空间·时间·建筑》中,吉迪恩提出了三种空间:最早的建筑空间产生于体量之间的力,是从体量之间的关系决定的空间,古埃及和古希腊是这种空间的代表,例如埃及的金字塔群,希腊的卫城;第二种空间挖空内部空间,以罗马万神庙的穹顶为代表;第三种空间主要是建筑空间的内侧和外侧相互作用的问题,他认为这种空间尚处于摇篮之中,还不够成熟,以密斯的巴塞罗那馆为代表。吉迪恩所说的第一种空间可以理解为未意识到边界的空间概念;第二种是意识到了内部空间的概念;而第三种空间就是一种边界的概念。也可以这样概括吉迪恩的空间 "三段论":实体之间,空间内部,空间之间(图1-1)。对空间之间的关注取代对空间实体的关注是当代建筑和城市空间研究范式的重要转型。

从怀特海的关系哲学联系到查尔斯·詹克斯(Charles Jencks)对现代建筑的批评 "现代派建筑艺术和城市规划的失败,在于他们缺乏对城市文理的理解,过分强调了对象自身,而不注意对象之间的脉络。过分强调从里到外进行设计,而不考虑从外部空间向建筑物内部的过渡"②,可以看出西方从关注空间实体向关注空间关系的转变。这种对关系的重新认识,与中国传统的阴阳观念有暗合之处。对空间的研究再也无法回到原来的与周围环境脱离的实体思维,而走向一种空间的整体性思维。

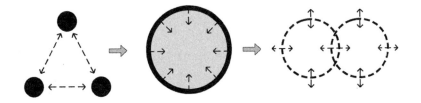

图1-1 空间发展三段论
图片来源:作者自绘。

人们所观察到的城市现象和认识到的城市问题一定有其背后的结构性机制,对结构性机制的研究必然不能孤立地考察某个对象,而应该

---

① 罗嘉昌.从物质实体到关系实在.北京:中国社会科学出版社,1996:337。
② [美]查尔斯·詹克斯.后现代建筑语言.北京:中国建筑工业出版社,1986。

从对象之间的关系出发。对边界的研究就是从结构和关系出发的研究方式，也是与孤立看待问题的机械论所不同的从整体性和系统性角度看待问题的方式（图1-2）。

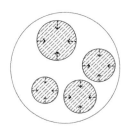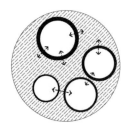

图1-2　对关系的研究图示

图片来源：作者自绘。

孤立的个体研究　　　　　结构性的关系研究

对于城市住区来说，美国建筑理论家阿摩斯·拉普卜特（Amos Rapaport）认为研究居住环境不能孤立地研究建筑物，应该将之看作某种体系的组成部分，并且要探索建筑物与其环境的关系。这里的建筑物当然也可指孤立的住区或任何人类的居住形态。这种观点即是从关系和结构出发的观点。

所以，本书既不是单一研究封闭住区本身，也不是单一研究城市公共空间，而是研究住区边界，即从通常的孤立研究住区本身或城市公共空间本身转变为研究住区之间，住区与城市之间的关系。这种从非平均线索、日常生活以及关系视角出发的研究方法，已为越来越多的城市研究者所采纳，并逐渐成为一种城市研究的范式。

1.4　城市与建筑的边界理论

1.4.1　西方传统城市的边界观

西方传统建筑与城市理论家从城市空间美学的角度来研究边界这一问题。

19世纪末奥地利建筑师卡米诺·西特（Camillo Sitte）被学术界公认为是现代城市设计的第一人，其于1889年出版的代表著作《城市建设艺术——遵循艺术原则进行城市建设》（The Art of Building Cities—city building according to its artistic fundamentals）在世界城市设计史上占有重要地位。在这部书里，西特通过对大量欧洲中世纪的城市广场和街道的考察，总结和归纳出具有普遍意义的城市建设的艺术原则，其中最为重要的原则之一就是公共广场的封闭特征和不规则性。西特认为与现代的城市广场相比，传统的欧洲城市广场之所以具有极高的艺术价值是因为其封闭的特性，而这种封闭性是由于围绕着广场的建筑物的连续统一的边界所形成的，这使得广场成为没有顶棚的大房间。西特认为"房间和广场两者的共同本质是它们的封闭空间特征，这正是一切广场艺术效果的最基本条件""古人细心地避免广场边缘上过大的缺口，以便主要建筑物前的广场能够保持较好的封闭""今天的做法是让两条互成直角的道路在广场的每一个角落会合，广场封闭物上开的缺口尽可能的大，因而破坏了连续感。过去的做法全然不同，人们努力使广场的每一个角落只有一条道路进入广场"①。西特通过大量优秀的古代广场设计的实例，仔细分析了这些广场的边界构成元素，包括建筑、连拱廊、缺口、拱门等，从而总结出构成封闭公共广场的完整体系。

　　西特的学说具有广泛而深远的影响力，20世纪众多建筑家和城市理论家都受到它的影响和启发。伊利尔·沙里宁（Eliel Saarinen）就曾对西特的著作致以崇高敬意，并认为通过西特的学说，他学会了理解自古以来的建筑法则。但沙里宁的视野仿佛更为宽广，与西特将目光局限于中世纪的城市空间不同的是，沙里宁尽管也对中世纪的城市赞赏备至，但他能够从整个西方历史的角度来认识城市空间发展规律，如沙里宁对古希腊、古罗马以及中世纪的城市空间进行的对比研究就呈现出更为深刻的洞察力。沙里宁洞察到从希腊到罗马再到中世纪的城市空间发展是从开敞逐渐走向封闭的②。从空间边界的角度来说，可以说希腊的城市空间并不强调边界，而是在建筑群体灵活的空间组织中营造场所感，这可以从雅典卫城的空间构图中看出来。虽然不强调边界的封闭性，但希腊人从来不会孤立对待建筑，而是通过建筑单体之间的空间关系组织城市群体空间。而中世纪的城市空间则如同没有顶棚的房屋，边界清晰，且封闭性强。对哥特的建造者而言，房屋所包围的内部空间与包围房屋的外部空间都是同等重要的。

　　罗布·克里尔（Rob Krier）也深受西特的影响。他在1975年出版的《城市空间》一书中，提出了一套具有相当可操作性的规则，用来影响城市的形式。同西特一样，克里尔也对城市空间与房屋进行了类比：城市空间"有两个基本组成部分，即广场和街道。'内部空间'的范畴包括走廊和房间，从几何特征上看，这两者的空间形态是相同的，所不同的在于

① ［奥］卡米诺·西特.城市建设艺术——遵循艺术原则进行城市建设.仲德崑译.南京：东南大学出版社，1990：21.
② 沙里宁认为不同的时代、民族、环境及生活条件决定不同的空间概念和空间意识。"希腊的空间概念是开敞和明朗的。它展示的是深远的景物和天际自然的风景效果"，这与希腊人的地理气候条件、生活方式、艺术气质等是完全符合的，罗马人则倾向于比希腊空间相对封闭的空间概念，而中世纪的空间封闭程度更高。"反之，哥特的空间概念是'封闭'的。哥特的城镇是许多封闭街巷的综合体，这些街巷狭小弯曲，更加突出了封闭的性质。哥特人处身于这狭小的空间内，就向往在全能上帝居住和统治的天国。形式也随之指向天空，表现在尖塔、塔楼、山墙，以及各式各样似乎在伸向高空的体形方面"。伊利尔·沙里宁.形式的探索——一条处理艺术问题的基本途径.顾启源译.北京：中国建筑工业出版社，1989：242.

约束人们的墙壁尺寸和供人们使用的功能特征"[①]。可以看出，城市空间的边界封闭性同样是克里尔所推崇的原则。同时克里尔认为在城市设计中，公共空间的组建方式在所有时期内发挥主要作用，并影响到私用房屋的设计。这种重要的认识与我国当前城市规划和住区设计中对公共空间的漠视态度是截然不同的。

在城市设计的实践中，克里尔认为通过将街区——城市设计结构的原始细胞作为基本工具，就可以进行复杂的城市结构设计。而对广场和街道等公共空间的设计则是城市设计的关键。克里尔通过街道和广场组织围合式街区，明晰的建筑边界区分了城市公共空间和私密内向的院落空间，并通过控制边界的开口使城市空间产生渗透效果。

克里尔的思想在美国得到了认同和呼应，这就是20世纪末兴起的新都市主义。新都市主义在区域、邻里街区廊道、街块街道建筑等三个不同尺度的层面提出不同于现代主义规划和建筑思想的原则。在这些原则中，边界的重要性得到强调。如：

"邻里具有中心和边缘，中心和边界相结合形成社区的社会可识别性。"

"邻里的理想规模是从中心到边界距离长为400m。"[②]

"私人建筑形成了公共空间和内部私密街块的边界。"

"廊道是以连续性为特征的城市元素。它通向邻里和街区，并由它们的边界所界定。"[③]

新都市主义之所以强调边界对邻里空间的明确界定，与美国战后不断扩大的郊区蔓延导致的土地浪费、邻里空间丧失等严重的都市问题分不开。新都市主义希望通过恢复传统西方城市的街道和广场，找回传统城市的秩序、亲切的空间感和场所精神。

可以看出，西方传统的边界观强调通过建筑形成连续明确的边界以塑造城市街区并形成城市公共空间。西方的传统城市正是在这种理念的指导下建成、管理、改造，直至今天依然坚持这样的原则，并在现代城市的建设中继续贯彻这种理念。

1.4.2 现代主义建筑的边界观

在20世纪，强调城市空间边界的封闭性和连续性的传统被现代

---

① ［英］罗伯特·克里尔.都市空间规划设计.台北斯坦编辑部编译.台北：台北斯坦编译有限公司：1992：18。

② 伊丽莎白·普拉特认为"400米等同于人以轻松的步伐步行5分钟的距离。在这个以5分钟距离为半径的圆内，居民能从邻里任何地方步行到达中心，以满足日常生活的各种需要或使用公交系统。将公共汽车站或轻轨车站布置在这个步行距离之内，将显著提高人们使用公交的可能性"。

③ ［美］新都市主义协会编.新都市主义宪章.杨北帆，张萍，郭莹译.天津：天津科学技术出版社，2004：7。

主义的边界观所打破。现代建筑解放了沉重的墙体，打破了边界的明晰性，从而追求一种流动空间和透明性。无论是勒·柯布西耶（Le Corbusier），还是密斯·凡·德·罗（Mies Van der Rohe）和弗兰克·劳埃德·赖特（Frank Lloyd Wright），都以追求室内外空间的相互渗透和交融为设计的原则之一，并将之作为批判传统的革命姿态。密斯的范斯沃斯住宅甚至追求无边界的效果，极其通透的落地玻璃也确实达到了视觉上室内外融为一体的目的，透明性在这里达到极致。

柯林·罗（Colin Rowe）认为透明性正是与现代建筑原则相匹配的空间观念和设计方法。他在《透明性》一书中将透明性分为物质层面的透明和现象层面的透明。"透明性既可能是一种物质的本来属性，例如玻璃幕墙；它也可能是一种组织关系的本来属性""透明性意味着对一系列不同的空间位置进行感知。在连续运动中，空间不仅在后退，也在变动"[①]。柯林·罗认为是立体主义开发了浅空间和空间层状系统，柯布西耶的加歇别墅正是这种空间层状系统和透明性的范例，而包豪斯校舍的大玻璃幕只是属于肤浅的物理透明，是一种材料的透明，不具备加歇别墅这样丰富复杂的空间透明性。由此可以知道，透明性的含义更多的是一种空间维度的丰富和层次，这正是现代建筑真正不同于古典建筑的结构性特征。由此可以推断，即使是密斯的范斯沃斯住宅，其表现出的玻璃幕墙的透明性并不能被认为是现代性的最主要特征，而他在室内通过自由墙体所营造的流动空间才更为现代。可以这样理解，玻璃的透明是一种表象的现代特征，而空间的透明才是结构性和本质的现代特征。

伯纳德·霍伊斯里（Bernhard Hoesli）在对柯林·罗《透明性》所做的评论中，更为深入地探讨了透明性对现代建筑的价值。他认为："凡是拥有两种或两种以上的参照体系的空间位置，都会出现透明性现象。在那里，分级尚未完成，在一个级别与另一个级别间进行选择的可能性保持开放。"他分析赖特的西塔里埃森："在这里，无数个节点同时隶属于两套体系，重叠、纠缠、相互交织在一起。这必然导致透明性的空间组织，标志着空间转换。"同柯林·罗的不同在于，霍伊斯里更为强调对空间多义性和多重解读的可能性，更为强调空间的一种暧昧和含混特征（尽管他并没有使用这两个词），强调空间系统的交叠和可选择性。他说："我的广义的透明性概念是这样的：在任意空间位置中，只要某一点能同时处在两个或更多的关系系统中，透明性就出现了。这一空间位置到底从属于哪种关系系统，暂时悬而未决，并为选择留出空间。"更进一步地，霍伊斯里深刻认识到对空间进行严格划分的理论是不符合人们在日常生活中对空间的模糊认识的现实。他反对惯常的二元论思维，认为应该"允许在相反相成的空间两极中自由摇摆""我们可以建立一种思

---

① [美]柯林·罗，罗伯特·斯拉茨基.透明性.金秋野，王又佳译.北京：中国建筑工业出版社，2008：25。

维，排斥'非此即彼'的态度，愿意并能够接纳解决矛盾，容忍复杂性——正与透明性的空间组织两相协调"①。

20世纪法国现象学家梅洛·庞蒂（Maurice Merleau-Ponty）是知觉空间和暧昧哲学的开拓者。"'暧昧'指的是异质性东西相反相成，指的是矛盾存在的合理性，指的是事物的辨证关系，指的是世界及其事物的不确定性。"②梅洛·庞蒂认为知觉就是暧昧的。他提出除身体空间和客观空间之外的第三种空间，即正常人的生动的知觉世界，是上述两种空间的交叉，是在两种空间之间的自由转换，或者说具有两义性的空间③。梅洛·庞蒂的暧昧哲学也影响到20世纪后半叶兴起的后现代思想，将成为讨论边界模糊性的哲学支持。

在20世纪中后期，后现代思想的出现使得对空间和边界的阐释又出现了新的变化。查尔斯·詹克斯认为现代主义的空间是被边界所抽象限定的、理性的、各向同性的，逻辑上可对空间从局部到整体，或从整体到局部进行推理。而后现代空间的边界是模糊不清的、非理性的，并且根植于特定的历史和文化，从局部到整体是一种过渡关系。边界不清，空间延伸出去，没有明显的边缘④。而文丘里在《建筑的复杂性与矛盾性》中也提出"建筑产生于室内外功能和空间的交接之处，……建筑作为室内外之间的墙就成为这一解决方案及其戏剧性效果的空间记录"⑤。在谈及由于室内外矛盾所导致的残余空间时，文丘里引用凡艾克的话"建筑应该被构思为界限明确的各中间地带的组合。……过渡必须要用能够同时意识到两边的重要情况的所限定的中间地带加以连接。从这一意义上说，中间地带为冲突的两极能再次产生孪生现象提供了公共场地"。凡艾克曾提出著名的门槛和模糊空间理论，认为内与外、公与私之间的交界处应该成为空间设计的重点。可见，边界成为后现代主义者关注的重点，也成为复杂和矛盾的后现代主义向简洁清晰的现代主义挑战的突破口。

对于边界的理解，赫曼·赫兹伯格（Herman Hertzberger）继承了他的老师凡艾克的主张，认为边界的模糊性和空间的过渡性是至关重要的，这与日本的黑川纪章、槙文彦等建筑师的东方思想相呼应，只不过对于东方人而言，由于传统文化中对暧昧关系的推崇，这种空间的模糊性是自然而然的，但西方的建筑理论却认为这是一种理论和思想的突破。

① [美]柯林·罗，罗伯特·斯拉茨基.透明性.金秋野，王又佳译.北京：中国建筑工业出版社，2008：65，85，97。
② 张汝伦.现代西方哲学十五讲.北京：北京大学出版社，2003：278。
③ 冯雷.理解空间——现代空间观念的批判与重构.北京：中央编译出版社，2008：53。
④ [美]查尔斯·詹克斯.后现代建筑语言.北京：中国建筑工业出版社.1986：78。
⑤ [美]罗伯特·文丘里.建筑的复杂性与矛盾性.周卜颐译.北京：中国水利水电出版社，知识产权出版社，2006：86。

一些著名的建筑师从理论上探讨边界在建筑与城市设计中的价值，并通过具体的实践验证了边界设计的巨大潜力。这里值得一提的是日本建筑家对边界的民族性和文化特征的探索。如黑川纪章的共生哲学以及中间领域理论，槙文彦的"奥"的空间和集群建筑观，原广司的聚落研究和浮游空间等。这些建筑师在著作中以大量的篇幅深入细致地探讨了日本建筑和城市中的边界特征，如日本城市中公与私的边界划定，建筑室内外边界的暧昧和模糊等，并把这种特征作为日本具有与西方不同空间观念的依据，以此建立日本文化独特的空间美学。如对于日本传统建筑缘侧的重新发现和阐释，黑川纪章将缘侧所体现的"间"(Ma)的哲学注入其共生的思想中，作为其与西方思维方式抗衡的武器，"在书院和数寄屋传统的日本住宅建筑风格中，庭院和房屋之间有一个称为缘侧的走廊。这个位于两个相对空间之间的过渡空间，引进了被西方二元论和二项对立论排斥的模糊性和矛盾心理"，"日本书法中行与行之间的空白是另一种非常重要的过渡空间"①。黑川纪章这种从书院、数寄屋、茶室等日本传统建筑空间中寻找灵感的做法在日本建筑师中并不少见，安藤忠雄就是另一个代表②。而槙文彦是在其公共空间的研究中提出中间领域概念的，但与黑川纪章和安腾忠雄相比，槙文彦仿佛走得更远，它提出"奥"(oku)的概念："oku体现了一些抽象而深刻的东西。它是一个很深奥的概念，我们必须认识到oku不仅用来描述空间结构，而且也表达了心理深度：一种精神上的oku就是一种归零。"③这种论述可以说从更深的层面阐述了日本人的空间观念，超越了将边界仅作为一种代表文化的物质空间形式，而上升到精神层面。

日本建筑师芦原义信在一系列著作如《外部空间理论》《街道的美学》及《隐藏的秩序》中深入探讨了日本文化与西方文化在空间观念上的差异。他认为，这种差异主要体现在如何对待私密性以及由此带来的居住空间和城市空间的不同特征上，而对"边界"的认识则成为探讨这种差异的焦点。芦原义信首先认为"所谓建筑也就是创造边界，区分'内部'与'外部'的技术"④。这就将边界置于与建筑和空间的概念同等的地位，于是边界观成为空间观，继而成为文化观。

---

① 　郑时龄，薛密.黑川纪章.北京：中国建筑工业出版社，2004：212。
② 　安藤忠雄也从对数寄屋的研究中阐释了日本文化中独特的"边界"美学，写到"障子隔扇和藩篱代表着一种同时具有分离性和连接性的间隔。这种间隔对元素及风景同时进行着分化和联系，这不仅是日本建筑的典型特征，而且也是全部日本艺术的典型特征，它可以被称为是日本美学的象征。它们的主要作用是对即将出现的风景的预示。在总体设置中，间隔使各个部分独立出来，相互交叉，相互重叠构成新的景观。这种景象深深地植根于日本建筑与自然世界的关系之中"。引自王建国，张彤.安藤忠雄.北京：中国建筑工业出版社，2005：296。
③ 　[澳]詹妮弗·泰勒.槙文彦的建筑——空间·城市·秩序和建造.马琴译.北京：中国建筑工业出版社，2007：99。
④ 　[日]芦原义信.街道的美学.尹培桐译.天津：百花文艺出版社，2006：4。

芦原义信认为日本人将内与外的边界或者说将私密与开放的边界定义在住宅户门和围墙处,户内是开放的,而对住宅外的城市空间是封闭的。西方的居住空间则是将边界设置于住宅内的房间门和墙的位置,而住宅本身与城市从观念上是一体的,是对城市具有开放性的。芦原义信认为这种差异反映了两种文化对待家和城市及社会的不同态度,也反映了两种民居性格和文化的显著差异。这种差异造成了日本和西方城市形态在结构上的不同,反过来这种城市结构的不同又强化了文化的差别。芦原义信的这种空间文化观念可能来源于日本哲学家和辻哲郎在其著作《风土》中的思想①。

与芦原义信、黑川纪章、槙文彦等通过东西方文化的比较而探讨空间的方式不同,另一位日本建筑师原广司则对世界范围内的原始聚落进行考察并得出普遍意义上的空间认识。这与荷兰建筑师凡艾克类似,都是试图通过类似于人类学的考察方式,探索人类最原始的居住和空间观念,追本溯源,从而发现和总结空间的本质规律。在《世界聚落的教示100》中,原广司提到边界是"作为容器的空间"②的最基本的概念,并认为"边界是空间秩序的主要决定因素""理解聚落领域性的构造是确认边界的出发点。因为,边界和定义事物几乎是同义的"。同时他提出了边界具有复杂性的特征,即边界在阻止和隔离事物的同时,还要保持边界两侧的交流,如同门槛。这种复杂性被原广司认为是聚落秩序的基础③。

这种对原始聚落的研究可以归入建筑人类学的范畴。阿摩斯·拉普卜特是建筑人类学和文化学研究的代表人物。在《宅形与文化》《建成环境的意义》及《文化特性与建筑设计》等著作中体现了其建筑和环境的文化观。在这些著作中,拉普卜特一以贯之地坚持文化人类学的观点,强调原始文化和传统文化的价值。如在《宅形与文化》中,拉普

---

① 和辻哲郎写到"在欧洲城市,咖啡店就是起居室,马路就是走廊,从这点上讲,整个城市就是一个'家'。个人只要带上钥匙跨出把自己与社会相隔的一道门关,那里就有共同的餐厅、共同的起居室、共同的书斋和共同的院子。这样一来,走廊就是马路,马路就是走廊。两者之间根本不存在截然区分的界限。就是说,'家'的意义一方面缩小成了个人的私事,另一方面则正是扩大到了城市的整个范围。即,'家'的意义已经消失。家消失了,只剩下个人和社会。在日本却明显地有着'家'。走廊从未变成马路,马路也从未变成走廊。作为界限的'玄关'或者大门入口严格地分隔着走廊和马路、里面和外面。……'家'截然地分开了外面的城市和自我的世界,但在它的内部却全然没有房间的独立分隔"。引自和辻哲郎.风土.陈立卫译.北京:中国建筑工业出版社,商务印书馆,2006:144。

② 原广司提出"一般的,如果边界被适当地表示出来,那么内部就可以看作它的领域。这两个概念,不论是表示空间的时候还是设计空间的时候都是必不可少的。边界在平面上是由封闭曲线,在立体空间上是由封闭曲面表示。由完全封闭的边界构成的封闭领域只能是'死亡的空间'。在死亡的空间上钻孔来开创有生机的空间的工作就是建筑"。原广司.世界聚落的教示100.于天炜,刘淑梅,马千里译.北京:中国建筑工业出版社,2003。

③ [日]原广司.世界聚落的教示100.于天炜,刘淑梅,马千里译.北京:中国建筑工业出版社,2003:134,135。

卜特对人类社会现存的不同地域和种族的原始居住形态及聚居模式进行了跨文化的比较研究。他从发生学的角度阐明了建筑和空间的原始形成机制，并通过对风土的分析说明了文化对住宅形式的根本性影响。对于文化的影响，他提出恒常和变异的观点，认为人类本性和组织形态的要素中，既有恒常的一面，又有变异的一面。在谈到任何地域文化都要面对和解决的居住私密性时，拉普卜特认为人类对领域的界定是恒常的需要，但通过比较不同文化的领域感和对领域界定方式的巨大差异后，变异的一面就体现出来，并以此证明了他的住宅形式的文化性理论。

在《建成环境的意义》中，拉普卜特将建成环境的因素分为三种：固定特征因素、半固定特征因素和非固定特征因素。其中固定特征因素是指环境中基本不变，或变化少且慢的因素，如墙、顶棚、地面、街道及建筑物等；而半固定特征因素则是指环境中较容易发生改变的因素，如家具、陈设、街道上的公共设备、绿化等；非固定特征因素指的是场所的使用者和他们的行为。拉普卜特认为半固定特征因素在表达意义方面比固定特征因素更有效，所以也显得更加重要，然而，设计师多半忽视半固定特征因素，而强调固定特征因素。基于这样的理论，拉普卜特认为作为半固定特征的边界要比固定特征的边界更容易表达微妙的私密性和领域感。如澳大利亚原住民利用扫过的地方表示宅边私人的地带，或者像挪威的农舍用一根特制的梁来表明私人领域。这样，拉普卜特强调了使用者利用半固定特征因素所营造的边界，并肯定了这种边界在表达意义方面的重要价值。

在《文化特性与建筑设计》中，拉普卜特延续了《建成环境的意义》中的思想，但将侧重点放在了设计者身上，提出了开放性设计的思想和方法，建议设计者从建筑和城市的架构出发，架构中的空隙则由使用者来填充。"这种架构不单是物质上的，还包括制度性的"[1]。尽管拉普卜特没有对空间概念做专门的探讨，但他从设计方法的角度提出将环境看作场景并进行场景布置的观点对于本书具启发价值。

C·亚历山大（Christopher Alexander）与拉普卜特一样关注环境与使用者的关系，所不同的是，拉普卜特更强调文化对空间、环境和建筑形式的作用，而亚历山大则强调建筑或空间所产生的效果。从因果关系来说，拉普卜特将文化作为原因，而亚历山大更多地将文化作为结果，并试图利用建筑手段达成社会和文化的目标。亚历山大认为边界具有划分亚文化区的作用，城市中的文化多样性依赖于明确而有效的边界划分。

布莱恩·劳森（Bryan Lawson）在《空间的语言》中，强调领地性对人类社会的重要意义，并将人类如何划分领地及因边界不明晰造成的领

① [美]阿摩斯·拉普卜特.文化特性与建筑设计.常青，张昕，张鹏译.北京：中国建筑工业出版社，2004：116。

地性不明确而导致的社会问题从环境行为学的角度做了更为深入的阐述，可以看作对社会空间理论的建筑学引申。但劳森并未针对具体的社会问题，其着眼点依然是建筑的空间本身。

奥斯卡·纽曼（Oscar Newman）则是第一位从现实的社会现象和社会问题出发来探讨空间与社会深刻互动关系的社会学家。在《可防御的空间》里，他将住区犯罪现象归结为空间规划的不合理，建筑师忽视通过空间进行社会监视的必要性。他认为一个好的住区空间规划，应该体现真正的安全感，防止不可防御的空间出现，并且应具有领域感。而领域感的实现在于空间从公共到半公共、半私密、私密的过渡性及层次感，各层次空间应具有明确的边界以保证空间的自明性。纽曼的思想对几代建筑师产生深刻影响，致使建筑师开始超越现代建筑的功能主义而将目光更多地投入到建筑、空间与社会的关系之中。

以批判现代主义规划思想著称的雅各布斯在《美国大城市的死与生》中以一章的篇幅探讨交界真空带的危害，对边界对城市空间负面作用做出了评论。雅各布斯以铁路、公园的边界，乃至商业区的边界为例，对美国现代城市中的边界地带的真空状况及对城市社会的负面影响进行阐述，并对导致这种真空状况的现代主义规划思想进行批判。她认为是现代主义的规划思想导致边界真空地带的产生，并认为这造成了对城市社会生活的极大伤害。雅各布斯提到"霍华德创立了一套强大的、摧毁城市的思想：它认为处理城市功能的方法应是分离或分类全部的简单的用途，并以相对的自我封闭的方式来安排这些用途"。但她也认为，如果设计得当，边界应该也能够成为城市中积极的空间。雅各布斯提到"简单地说，关键是要去发现位于交界线上的用途，并且创造新的用途，在保持城市（正常部分）与公园各自形态的同时，突出他们之间互构关系，并且使得这种关系明晰、充满活力和无时不在"[①]。尽管雅各布斯主要是说公园的边界，但对于住区的边界也是适用的。

对荷兰建筑师赫兹伯格而言，空间是社会关系的投射，尤其是在体现私密性和集体性时，合适的空间会促进社会行为，并实现建筑的社会目标。在他的众多建筑作品中，无不体现他空间社会学的主张。丹麦理论家扬·盖尔更多地关注外部空间与社会交往的问题。他以大量的户外行为调查和分析而闻名。除了边界的过渡性之外，扬·盖尔提出了边界效应的概念，认为这是引起户外交往的重要因素。

总的来看，西方建筑师和理论家对于空间社会性的关注体现了一种人文主义精神，因为在他们看来，建筑和空间设计必须首先考虑人的需求，为人服务，而边界则是在空间设计中体现这种精神的关键。

---

① [美]简·雅各布斯.美国大城市的死与生.金衡山译.南京：译林出版社，2005：18。

1.4.3 数字时代的边界观

当今世界正在进入全球化数字时代,虚拟空间的出现使空间观念面临一场革命,边界最终在法国哲学家吉尔·德勒兹(Gills Deleuze)那里走向了解体和消亡。

作为 "20世纪最重要的空间哲学家",德勒兹的 "游牧思想" 极大地影响了20世纪后半期乃至21世纪的空间观念。在他与加塔利(Felix Guattari)合著的《千高原》一书中,德勒兹与加塔利创造了一系列全新的空间概念:千高原①、块茎、褶子、条纹空间、光滑空间、游牧与辖域等,展现了一种全然不同以往的思考方式和空间观念。

德勒兹用千高原以展示一种 "之间"(in-between)而非高潮的观念,解释了一种类似数字时代赛博空间无限链接的美学图示。用块茎模式对比于根状(rootedness)模式,强调块茎模式的无中心、无规则、多元化的形态特征,而反对树状模式的中心论、规范化和等级制的特征。德勒兹认为,西方与东方的思想文化差异也可以用块茎模式和树状模式进行解释。等级制的、主从有序的树状模式宰制了西方几乎全部思想和现实,而德勒兹倡导的块茎式思维所注意的 "不是辖域之间的边界,而是强调消解边界的逃逸线,解辖域化"②。

德勒兹所定义的条纹空间和光滑空间更清楚地表明了数字时代的空间特征:"光滑空间意味着无中心化的组织结构,无高潮,无终点,处于变化和生成状态",而 "条纹空间则与此对应,以等级制、科层化、封闭结构和静态系统为特征,纵横交错着已设定的路线与轨迹,有判然而分的区域与边界"③。德勒兹认为数字时代的赛博空间主要是一种光滑空间,而人类主体生活一般为条纹空间。城市土地的划分,高速公路的连接,住宅平面的配置等都是条纹空间。现代主义的城市也是在条纹空间的思维模式下被大量建造的,边界的无处不在就是条纹空间的特征。而光滑空间是边界缺席的空间,通过无限链接展开其空间化。条纹空间由于被无处不在的边界辖域化,呈现出信息闭锁的状态。而光滑空间则是没有预先设定的静态区域,游牧者自由地向四面八方侵蚀和扩张,不断

---

① 千高原(A Thousand Plateaus):实际上,德勒兹和加塔利合著的《千高原》一书的写作方式就展现了这种 '原' 的哲学,"作者以地理上的 '原' 的概念取代一般书籍中的 '章节' 概念","原与原的聚合呈现出 '高原的网络',读者可以从任何序列进入阅读。不同的 '原' 互相交叉、巧合,并且一一分支发展,提供了多元互联的共振域"。这种方式,呈现出一种异质综合和多元生成的特征,是一种复合和开放的方式。丰富多彩的世界不再被简化成某种秩序,多不再被简化成一。麦永雄.德勒兹与当代性——西方后结构主义思潮研究.桂林:广西师范大学出版社,2007:60.

② 麦永雄.德勒兹与当代性——西方后结构主义思潮研究.桂林:广西师范大学出版社,2007:66.

③ 麦永雄.光滑空间与块茎思维:德勒兹的数字媒介诗学.文艺研究,2007(12):76.

变换方向和地点，空间是开放的，是一种不确定的，没有被任何边界分成区域的广阔和无限的空间。当代日常生活实际上就是不断在这两个空间中转换。

德勒兹最终提出他的游牧（nomad）与辖域（territorialisation）理论：他认为游牧与定居相对。游牧意味着"由差异与重复的运动构成的、未科层化的自由装配状态"。而辖域化则"意指既定的、显存的、固化的疆域，疆域之间有明确的边界"。德勒兹倡导一种解辖域化的概念，即"从所栖居的或强制性的社会和思想结构内逃逸而出的过程"[①]。

在德勒兹的游牧思想里，边界是缺席的。正如德勒兹所做的象棋和围棋的比喻：象棋给空间编码和解码，围棋对空间进行分域和解域。即便在互联网上，各种门户网站、个人网页、博客等都建设了属于自己的辖域，但是，数字化的链接无时无刻不在对这些暂时条纹化的空间进行解辖域化，从而创造新的开放式的光滑空间和游牧空间。

从传统的封闭连续的边界到现代主义和后现代主义的模糊、透明和暧昧的边界，再到数字时代的边界缺席，可以看出，边界是一个逐渐弱化和消解的过程，但同时也是边界的意义逐渐拓展和丰富的过程。数字时代的边界实际上并不是不见了，而是融入空间整体，并从传统城市的型塑空间的角色转化为空间本身。尽管德勒兹所定义的光滑空间是存在于网络之中，现实生活依然被条纹空间所占据，但光滑空间的边界观必然会影响实际的生活空间，条纹空间会逐渐转化，解辖域化会不断发生，最终走向光滑空间和游牧的城市。

威廉·J·米切尔（Willian J. Mitchell）在《伊托邦》中提出：在未来的电子社会"不断分散的单元之间互相交往的机会减少了，这必将会造成公众生活的萎缩，而且我们最终面对的将是退化的、被遗弃的、被在电子化堡垒中故步自封的精神变态者所包围的城市"，"对于建筑师和城市规划师来说，创建一种城市结构，使其能为社会团体提供交往机会，弥合而不是维持由距离和保护墙所形成的孤立，则不失为一种补偿措施。我们希望看到的是放在露天咖啡桌上的便携式电脑，而不是放在大门紧闭的公寓里的PC机"[②]。米切尔对未来城市的深刻洞察和忧患意识提醒人们：对城市住区边界的研究和设计，就应该本着这样的原则和目标，将其纳入整体的城市结构。住区的结构应该与城市的结构融为一体，是一个整体的结构，这样才有可能应付复杂的变化，并创建一个人与人、人与自然和谐共处的城市世界。

① 麦永雄.德勒兹与当代性——西方后结构主义思潮研究.桂林：广西师范大学出版社，2007。

② ［美］威廉·J·米切尔.伊托邦——数字时代的城市生活.吴启迪等译.上海：上海科技教育出版社，2001.82。

1.4.4 现代城市住区的边界观

在西方现代建筑和城市规划的理论中,专门针对城市住区边界的研究并不多见,主要原因是传统的西方城市中并无住区的概念,住区的概念是西方工业革命之后才出现的,并且当代西方城市中以居住小区形式存在的住区也不是城市建设的主流模式,所以住区边界问题在西方并不像中国这样具有普遍性。但是,对于形成街道、广场这样的公共空间的边界在西方却一直得到高度重视,这种边界主要是指形成公共街道和广场的建筑的连续界面。

严格来说,西方传统的城市并无住区的概念,居住空间与城市空间融为一体,这一点在中国传统城市中也是一样。无住区也就谈不上真正意义的住区边界,谈城市空间的边界也不会单独谈及住区边界。直到20世纪30年代,美国出现邻里单位的概念,西方城市中才真正出现住区边界。雷德彭(Redburn)社区可以说是最早的具有明确边界的住区,边界即围绕整个住区的城市道路。

工业革命引起了西方传统城市深刻的变革。针对快速无序的城市开发与蔓延式的城市扩张,同时由于人口激增所导致的一系列社会问题,现代主义的城市规划思想应运而生。1920年的《雅典宪章》将城市的基本功能分为居住、工作、游憩和交通,并提出功能分区的主张。20世纪30年代,美国社会学家佩里(C. Perry)的邻里单位(neighbourhood unit)思想即是现代功能主义城市规划思想在住区规划上的应用。邻里单位是以小学的服务半径作为基本空间尺度,形成被城市道路所围合的城市细胞(图1-3)。邻里单位的一个重要原则即城市道路只能围合但不能穿过邻里单位,这就意味着其与外界环境之间是有明确边界的。佩里认为,这种向心性和与城市之间的清晰界限使居住在其中的居民在心理上产生一种明确的地域归属感。可以说这是在住区规划的历史上,第一次将边界看作具有塑造场所空间价值和社会价值的人文要素。另一个原则就是小学和其他为邻里服务的公共设施要一起布置在邻里单位的中心地带,保证邻里单位内任何居民到达这些服务设施都能在合适的步行范围之内,这就将邻里单位的规模限定在了一定的范围内。

邻里单位的尺度和范围主要决定于邻里中心到边界的距离,而这个距离要满足多数居民可接受的日常步行距离。克拉伦斯·斯坦因(Clarence Stein)建议位于中心的小学的服务半径在0.5英里(约804.7m)之内,而从几个相邻的邻里单位组成的邻里群落边界到达整个社区群中心的距离为1英里(1609.3m)。而佩里建议从每家到社区中心的步行距离的最大半径应为1/4英里(约402.3m),这被公认为比较合适的距离。

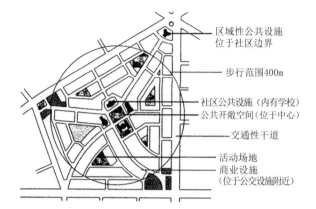

区域性公共设施
位于社区边界

步行范围400m

社区公共设施（内有学校）
公共开敞空间（位于中心）

交通性干道

活动场地
商业设施
（位于公交设施附近）

图1-3 邻里单位示意图

资料来源：张京祥.西方城市规划思想史纲.南京：东南大学出版社，2005：135。

邻里单位的思想实际上在西方古而有之。刘易斯·芒福德（Lewis Mumford）提到中世纪的欧洲城市就在某种程度上与今天的邻里单位模式很类似。当时的城市是由许多小城市组成的团块，这些小城市各有某种程度的自主权和自给自足的能力，为了各自的需要而很自然地组合在一起，芒福德将这些小城市称为邻里单位[①]。芒福德还提出"中世纪城镇从市中心往外扩到最远的界限也不会超过半英里，这就是说，每个单位，每个朋友、亲戚、同伴，实际上都是邻居，大家住得都很近，走一会儿就到。……当城市发展到超过这些极限时，中世纪城镇，作为一个起功能作用的有机体，几乎就不再存在了；因为整个社会结构是建立在这个界限基础上的，而当城市的这个基础动摇时，就预示着整个文化将遭受范围更广的破坏"[②]。可见，邻里单位的基础就是要有社区中心，且单位内的居民确实需要社区中心作为日常生活不可缺少的功能单位，如教堂、学校或商店。这样，邻里单位的范围由于步行距离的限制就会有一个界限，边界就自然而然成为邻里单位最重要的特征之一。总之，中心、步行范围与边界是邻里单位的三个最基本要素。

实际上，现代的邻里单位思想最初出现于霍华德田园城市的理论图解中。霍华德把城市划分成5000居民左右的区，每个区包括地方性的商店、学校和其他服务设施，可以认为这是产生社区、邻里单位思想的萌芽。1920年，美国纽约通过"纽约区域规划"，在这个规划中，房屋和道路围聚于服务中心，而且与外界环境之间有明显的分界线，因此使

---

① 刘易斯·芒福德写到"一个城镇分成4个区，每个区各有一个或几个教堂，各有当地的市场，也各有当地的供水设施，如一口井或一个喷泉，这也是个特点。但是随着城镇的扩大，原来的4个区可能变成6个或更多的区，但没有溶解成一块。邻里单位的范围常常与教区的范围是一致的，像在威尼斯那样，而且其名称也来自教区的教堂，这种分区一直沿用到今天"。刘易斯·芒福德.城市发展史.宋俊岭，倪文彦译.北京：中国建筑工业出版社，2005：329。

② [美]刘易斯·芒福德.城市发展史.宋俊岭，倪文彦译.北京：中国建筑工业出版社，2005：332。

居住在其中的居民在心理上容易产生一种明确的地域归属感。佩里借鉴了以上思想，并借用了以"芝加哥学派"为代表的社会学家提出的社区概念和思想，发展了这种"社会空间"的规划思想，并于1929年明确提出了邻里单位的概念。这使得邻里单位不仅有实用价值的规划理论，而且也是一种社会工程，具有重要的社会学价值。佩里随后与建筑师斯坦因及莱特（Henry Wright）合作，在美国新泽西州的雷德彭将邻里单位付诸实践，并第一次在住区规划中实现了人车分流的模式（图1-4）。

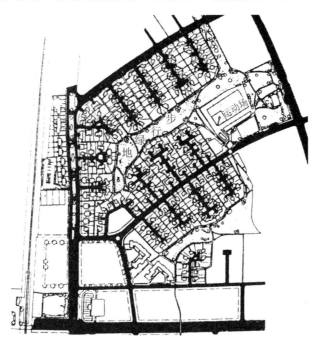

图1-4　美国雷德彭"人车分流"模式

资料来源：周俭.城市住宅区规划原理.上海：同济大学出版社，1999：121。

　　邻里单位的模式对后来直至今天世界各国的居住区规划都产生了重大影响。我国的居住小区模式就是源自苏联对邻里单位思想的吸收和改良。但在20世纪60年代，邻里单位的思想在国际学术界受到了批判，被认为是抽象的邻里概念。C·亚历山大在《城市并非树型，A City is Not A Tree》中指出：从社会角度看，邻里单位的整个思想是谬误的，因为不同的居民对于地方性的服务设施有不同的需要，邻里单位牺牲了居民对多样性和自由选择的需求。因此，挑选的原则至关重要，规划师应该把再现这种多样性和自由的选择作为目标[1]。这样的批评是中肯的，尤其是当人们的城市生活需要已经远远超出邻里单位能够满足的范围的今天，邻里单位的模式就更显得有些不合时宜。

　　真正的封闭住区模式也就是西方理论界所定义的"Gated

----

① Alexander.A city is not a tree.Architectural Forum, 1965, 112(1): 58-62（Part 1），122(2): 58-62（Part 11）.

Community" 是20世纪80-90年代才出现的，美国被认为是西方现代封闭住区的发源地。美国20世纪下半叶出现了带有明显封闭结构特征的住区模式，据此美国社会学家布莱克利（Edward J.Blakely）和斯耐德（Mary Gail Snyder）于1997年首次提出封闭住区的概念[①]。在此后的十年里，各种研究表明，封闭住区正在逐渐成为一种全球性的城市居住现象，在国际学术界受到广泛关注，从而成为社会学、政治学、经济学、城市地理学等各种学科研究的热点。

封闭住区的封闭性主要表现在空间实体的封闭和住区组织管理的封闭。学术界一般将封闭住区定义为："以实体围合方式封闭起来的禁止或限制非成员进入的居住区，区内成员通过一定的法律契约达成共享与维护区内公共环境的共识。"[②]对于封闭住区的成因，一种盛行的观点是封闭住区是政府公共部门、私人部门以及房屋购买者三方多次博弈的结果[③]。

大多数研究对封闭住区的边界都持有类同的批判和否定的态度，即认为封闭边界会造成城市内部不同社会群体的分隔和城市空间形态的破碎，对城市社会的健康发展具有负面的破坏作用。值得注意的是，大量关于封闭住区的著作和文章，如 Ali Madanipour 所著《Public and Private Spaces of the City》，Rowland Atkinson 和 Sarah Blandy 所著《Gated Communities》，Georg Glasze，Chris Webster 和 Klaus Frantz 所著《Private Cities——Global and Local Perspectives》等，都将中国城市住区作为重点案例进行研究，这也从一个侧面说明了中国城市封闭住区问题已受到国际学术界的广泛关注。

---

① 在徐苗，杨震《论争、误区、空白——从城市设计角度评述封闭住区的研究》中，作者指出，据统计，截至2000年，已有800万美国居民住在封闭住区里。而另一项研究则称11%的美国人住在封闭住区内。无论何种说法，都说明美国的封闭住区在城市中已成一定的规模，但所占人口比例依然较小。

② 徐苗，杨震.论争、误区、空白——从城市设计角度评述封闭住区的研究.国际城市规划，2008（4）：24。

③ 地方政府和开发商将城市蔓延的成本转嫁给房屋购买者，即向房屋购买者征收城市基础设施建设和维护的各种费用。通过建立封闭社区而吸引高收入阶层，从而进一步增加当地税基，也是地方政府热衷于开发封闭社区的重要原因之一。李培.国外封闭社区发展的特征描述.国际城市规划，2008（4）：111。

第 2 章 边界原型的空间文化分析

亚里士多德（Aristotle）在《物理学》中提到："空间是包容着物体的边界——是不动的容器。"海德格尔（Martin Heidegger）在《筑·居·思》中将这个定义进行了引申："空间，即 Raum. 意味着为定居和宿营而空出的场地。一个空间乃是一种被设置的东西，被释放到一个边界中的东西。边界并不是某物停止的地方，相反，正如希腊人所认识到的那样，边界是某物开始其本质的那个东西。因此才有边界这个概念。"①从哲学家对边界的认识可以看出，边界具有事物和空间产生的原型特质。在探讨城市住区边界问题之前，有必要对边界概念本身进行挖掘，从边界原型、属性和效应三个方面说明边界存在的必然性和对于人类居住空间及社会的重要价值。

① ［德］马丁·海德格尔. 演讲与论文集. 孙周兴译. 北京：三联书店出版社，2005：162。

2.1 边界原型

人类学家曾经分析儿童对边界的认识同原始人有类似的过程。划界和越界是人类生存的主题，也是儿童成长的主题。从妈妈的肚子到摇篮、床、卧室的房门、家门，到住区的大门、马路的对面等，儿童对世界的认识逐渐向外拓展，也就是不断冲破边界，拓展边界的过程，但最初的边界意识一定是终生伴随着一个人，并因此逐渐成为一种集体无意识，成为社会共同的空间观念而发挥作用。作为原型的边界就这样建立起来并延续至今。

2.1.1 子宫意象

约瑟夫·里克沃特（Joseph Rykwert）在《亚当之家》中提到："建造围合物的激情，或者'采用'、占用椅子或者桌子下的围合空间作为建造'家'的一个'舒适场所'的激情，是所有儿童游戏中最普遍的现象之一。……心理学家经常注意到儿童游戏的社会特征，他们把这些特征——互相矛盾的恐惧和快感、对排斥和容纳的玩弄——与儿童和母亲的关系联系起来，因为这个关系的核心就是对子宫的恐惧和渴望。"[①]这如同母亲子宫一样的空间意象是人类对于空间的最为原始和本能的意象。

心理学家埃里克森（Erik Erikson）曾做过一个实验，分别发给男孩和女孩一些积木和玩具，让他（她）们随意在地上摆些什么。结果显示男孩无一例外都用积木搭设了高塔式形体，而且互相比赛看谁的最高而不倒。相反，女孩对高耸的结构和形式不感兴趣，反而摆设出围合封闭的场景，以此表现一种温馨的家庭意象（图2-1）。这个实验可以间接证明在儿童的认知心理中母性力量对于产生封闭包围的空间意识具有重要影响。

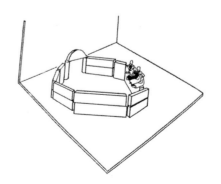

图2-1 女孩的家庭圆圈搭建图示

资料来源：[美]埃里克森.童年与社会.罗一静 等编译.上海：学林出版社，1992：96。

---

① [美]约瑟夫·里克沃特.亚当之家——建筑史中关于原始棚屋的思考.李保译.北京：中国建筑工业出版社，2006：197。

这种黑暗、封闭但同时温暖、安全且极具包容性的空间,在人离开母亲子宫来到世界上以后,依然具有巨大的心理影响,因为这是最初的空间启蒙,在人还处于胎中婴儿的意识混沌状态下,它开启了人对空间和世界的原初意识。韩国建筑师金寿根就说"建筑的内部应该是一个多用途空间,能够包容万事万物,也就像母亲子宫内的空间。换言之,它正是子宫内的空间。我的意思是,它是一个令人感觉非常温暖而安全的空间,宛如母亲的子宫,而且它又灵活多变,能提供场所并容许各种事件在其中发生"①。原始人对边界的认识与儿童类似:人类首先在洞穴②中发现了一个位于自己身体以外而又合用的界限,不仅遮挡了雨也有助于保住体温,他们也极有可能将母亲子宫的意象延伸至住所③。杰伊·艾普勒顿(Jay Appleton)基于对人类行为的观察和理解,提出观察与庇护④是人类最基本的生存模式,而这种生存模式自然影响到人对于庇护所的选择:既提供安全隐蔽的环境,又可以有良好的视线,可以观察庇护所以外的情况。这种人类最基本的生存模式可能还是缘于每个人对母亲子宫的潜意识的怀念。实际上可以把子宫意象看作人类建立生活家园的起点:子宫—洞穴—角落—房间—住宅—住区—城市。

人在面对危险或希望得到安静和温暖时,总会不自觉地退到角落,退到只能容纳身体的空间,不能不说是一种对子宫的怀念。法国著名科学哲学家加斯东·巴什拉(Gaston Bachelard)在其代表作之一《空间的诗学》里极为推崇亲密空间对人的心灵的价值。在对家宅的思考中,巴什拉写到"家宅是我们在世界上的一角。我们常说,它是我们最初的宇宙。它包含了宇宙这个词的全部含义""想象力用无形的阴影建造起'墙壁',用受保护的幻觉来自我安慰,或者相反,在厚厚的墙壁背后颤抖,不信赖最坚固的壁垒。简言之,在一种无穷无尽的辩证法中,得到庇护的存在对他庇护所的边界十分敏感。他在家宅的现实和虚拟之中

---

① [韩]建筑世界杂志社.前卫建筑师——金寿根.张倩译.天津:天津大学出版社,2002:8。
② 在人类还没有建造房屋之前,洞穴是史前人类最为主要的栖息之所。天然的洞穴具有强烈的封闭感,原始人身处其中,以直接的方式体验到围蔽的空间感,并意识到这种围蔽和包裹对于他们的生存具有多么重要的价值,可能会激起他对母亲子宫的怀念。唯一的开口是通向光明,也通向危险,是具有空间实感的庇护所与难以把握的世界之间的边界。洞穴的意象意味着被坚实的边界所包围,意味着安全感和与世界的暂时隔离,同时开口意味着与世界的沟通和桥梁。
③ 坎特·布鲁摩和查理士·摩尔在《人体、记忆与建筑》中写道:"生命中的一切体验,特别是三度空间中的运动及定居有赖于无时不在的人体所具备的独特形式。个人似乎对自己的身体拥有一个无意识的、变化不停的意象,而和他对自己的肉体所有的客观的、定量式的认识相当不同。……在人体意象的构成中最基本的组织原则是,我们无意识地把我们的身体置于一个三度空间的边界内,这边界包围着整个身体,把我们'内部的'个人空间从'外部的'个人以外的空间中区划出来。它是个不稳定的边界,受制于边界以内以及边界以外的事物。它可以被视为延伸成一个意象封套的人体,这封套把影响到我们的力量所造成的心理效应放大或缩小,而修改了我们对这些力量所有的知觉。"[美]坎特·布鲁摩,查理士·摩尔.人体、记忆与建筑.叶庭芬译.台北:尚林出版社,1989:37。
④ 观察-掩蔽理论使人联想到中国古代的阴阳之说,人的安居就是在观察与庇护的阴阳对立统一中找到一种平衡。从这个意义上说,边界的设置就是一种阴阳平衡的艺术。

体验它,通过思考和幻想体验它"①。实际上,人所最需要的就是这样的空间,这是基本空间,这种空间需要清晰和坚实的边界,让人能够感到安全和宁静。个人能够在角落里享受孤独,家庭能够在家宅中体验温情,居民能够在聚落中感受归属感,而这一切都离不开边界,离不开人类最初的子宫意象。

2.1.2　界神崇拜

在原始社会,边界主要在两个方面表现出其价值:一是边界是原始人建立聚居地的最重要的保护手段,高墙、壕沟所具有的封闭性建立了边界的第一特征;二是边界被先民作为神圣物所崇拜,宗教和神话色彩让边界脱离实用的功能,而更多地具有禁忌和仪式的作用。正是这两个方面,使边界具有极为强烈的原型性,从而成为无论在精神上还是在物质上都对人类生活产生重大影响的形式。

各民族在其原始时期都曾有对边界进行神性崇拜的历史。如安藤忠雄就曾说"在日本的传统建筑中,界柱的垂直性具有某种象征意义。例如在伊势和出云神社中,神性的、非结构性的界柱代表一种单纯的宗教信仰"②。这种崇拜甚至与原始的生殖崇拜有密切的关联,如古希腊的神圣界线的看护者赫耳墨神石通常是一块方形的石头,而石头上往往会雕刻着男性的生殖器。

建筑人类学家约瑟夫·里克沃特在其探讨古代建城仪式的著作《城之理念》中,专门研究了边界神圣性。在"中心的卫士,边界的卫士"一章里,界或边界是作为原始社会中神圣的界神崇拜来探讨的。里克沃特提出在原始社会中,标志界限的界石是界神崇拜的对象。在希腊的任何地方,都有horoi(限定区域的界限)来划分公地和私地,而捍卫这些horoi的界神就是宙斯,宙斯不仅捍卫着私人土地的界限,还捍卫国家领土之间的界限。国家在神庙中供奉神龛中的界神,而普通人则在自家的田地界石处供奉界神。由于界石具有的神圣性,古希腊人甚至认为神就住在界石里,土地归属问题是由神所决定的事。所以,任何对界石的挪移或其他侵犯都是触犯了最神圣的法,要受到最严厉的惩罚③。

---

① [法]加斯东·巴什拉.空间的诗学.张逸婧译.上海:上海译文出版社,2009:3。
② 王建国,张彤.安藤忠雄.北京:中国建筑工业出版社,1999:293。
③ 里克沃特写到"古人对于随意挪移界石者的惩罚最为严厉。'努马·庞皮利乌斯下令无论谁在犁地时犁倒界石都是犯法的、该诅咒的,包括人和犁地的牛。'我们不该将这样的律令简单地理解成为对私产的一种保护,因为界石在保护着私人财产的同时还保护着公共财产。还有,努马的律令并不考虑受惩罚者是出于个人或其他什么(私人)目的犁倒界石的。因为犁倒界石者侵犯的是最神圣的法(the leges sacrate),即天、地、人之间的合约,对天条的违背意味着对整个共同体的威胁,对这样的人的惩罚应该是最严厉的。这里,保护着界石的法律再次呼应着有关田地划分的宇宙秩序。"[美]约瑟夫·里克沃特.城之理念——有关罗马、意大利及古代世界的城市形态人类学.刘东洋译.北京:中国建筑工业出版社,2006:122。

城墙是城市边界最直接外显的物质形式。里克沃特认为对于古罗马人,相对于其防御性,城墙的神圣性和仪式性是第一位的。安置一块界石是古代城市奠基仪式的中心内容,而在界石下面埋藏祭献遗物的做法也早已被大量的考古工作所证实。里克沃特说"我这里关心的乃是神话和仪式如何塑造甚至创造了人造环境的方式,以及它们将人造环境理性化并加以解释的方式"[①]。这种回到原始去重新挖掘出来的事物的原初价值颠覆了人们习以为常的观念,边界的概念在这里被重新定义,或者更准确地说是找到了最本源的定义。

刘易斯·芒福德对于边界也持有类似的观点。在《城市发展史》中,他指出最早的城市是一种具有象征意义的世界,不仅代表人民,还代表城市的守护神。"城堡皆有城墙圈围,甚至当城市已经没有城墙之时,城堡依然保有自己的城墙,这一事实并不一定恰好表明它的军事功能是首要的,因为,城墙最初的用途很可能是宗教性质的;为了标明圣界(Temenos)的范围,或是为了辟邪,而不是防御敌人"[②]。所以芒福德认为,古代城堡要塞的象征意义要早于其军事作用。米尔恰·伊利亚德(Mircea Eliade)在《神圣的存在》中也对城墙的神圣性做出如下表述:"早在成为军事设施之前,它们就已经充当巫术的屏障了,因为它们从'混沌'而魔幻的空间中脱颖而出,它们是一个围场,一个空间,井然有序,具有普遍的意义,换言之提供了一个'中心'。这就是为什么在危机时刻(例如围城或者瘟疫流行),全体民众就会聚集在一起环绕城墙游行,以加强这个区域和堡垒的巫术——宗教的属性。在这种环绕城市的游行中,各类圣物和蜡烛等器物有时也采取纯粹的巫术——象征的形式,献给城市保护者一个缠绕而成的蜡烛堆,其长度和城墙的周边一样长。"[③]

恩斯特·卡西尔(Ernst Cassirer)曾对空间和边界的神圣化过程做了深入的阐述。卡西尔认为,在原始社会,"一切思想、一切感性直观以及知觉都依存于一种原始的情感基础",而光明与黑暗、昼与夜的矛盾则被证明是一种有活力和持久的主题,并被他认为是神话思维最初的独特发端。这种二元对立的观念,转化成对圣与俗的区别的认知。"空间区域

---

①　[美]约瑟夫·里克沃特.城之理念——有关罗马、意大利及古代世界的城市形态人类学.刘东洋译.北京:中国建筑工业出版社,2006:15。

②　芒福德认为与宫殿、仓廪和庙宇相比,"城堡要塞本身更具有圣地的许多特征,如最古老的城市要塞墙垣出奇的高度和厚度——克尔萨巴德(伊拉克北部古城),城堡的城墙竟厚达75英尺,这样的高度和厚度对于当时具有的攻城军事手段来说则是完全不必要的。当时人如此劳师动众大兴土木完全是为了敬奉他们的神明。只不过起初为敬神而设计的种种形式,在后来的军事防卫作用方面更显出实际效用罢了"。[美]刘易斯·芒福德.城市发展史.宋俊岭,倪文彦译.北京:中国建筑工业出版社,2005:39。

③　[美]米尔恰·伊利亚德.神圣的存在——比较宗教的范型.晏可佳,姚蓓琴译.桂林:广西师范大学出版社,2008:349。

的每一划分，以及整个神话空间的每一种构造，都与这种对比相关。圣与俗这个特有的神话属性以不同的方式分布在分离的方向和区域，并对其中每一个都打上确定的、神话-宗教标记"。划界便是区分圣俗的基本手段。"当某个特定区域与空间总体分开，该区域与其他区域区别开时，并且可以说是在宗教意义上被分隔开时，神圣化就开始了" "原始空间划分就是存在的两个领域之间的划分，即一个共同的、普遍可接近的领域与另一个神圣的领域的划分。后者被从周围环境中划分出来，被包围，同时被设防"①。

在《神话思维》里，卡西尔对界限和划界做了深入的人类学考察。最初，他标明属于神和献祭给神的神圣领地，根据原始基本宗教的直觉整个天体是一个封闭的献祭区域，因为神殿里居住着神授的生命并由神授的意志统治着。神话-宗教思维通过对天空和宇宙的划分，创造出最初的基本坐标图示。当这个图示从宗教生活被传递到法律生活、社会生活和政治生活的每个领域，并在这个传递过程中得到越来越精确的区分，边界便会深刻影响人类文明的方方面面。例如，它构成财产概念的基础，是保证财产得到明确标示和保护的象征。"因为'定界'的基础性活动，到处都与空间的神圣秩序有关，通过定界，固定的财产才第一次在法律-宗教意义上得以确立。"②

于是，在神话空间中确定的界线就逐渐转变成一种法律、伦理和文化界线。这个体系甚至决定了城市的结构、组织和等级。并且卡西尔在古希腊的经典数学论证中也发现了源自神话空间中的界限观念，并感到"从一开始就缭绕着空间'界限'的深厚敬畏感"③。而每个神话都使其所对应特定的生活环境形成自身的存在圈，并通过固定的界线同周围事物分隔开，从而形成封闭区域。也正是通过边界的划分，神圣性才得以建立。而进入这个圈的一切行动，都必须按照严格的宗教规则，认真举行庄重的穿越边界的仪式。卡西尔总结了神话空间的边界观念："人在自己基本神圣感中设立的屏障，就是这样一种起点：他由此开始设立空间界线，并由此把渐进的组织和构造过程扩展到整个自然宇宙"④。

从界神崇拜可以看出，边界在人类文明的初期就已经在人类的精神世界里占据重要地位，成为建构人类空间观念的重要基础。

---

① [德]恩斯特·卡西尔.符号形式的哲学，第二卷.85

② [德]恩斯特·卡西尔.神话思维.黄文保，周振选译.北京：中国社会科学出版社，1992。

③ [德]恩斯特·卡西尔.神话思维.黄文保，周振选译.北京：中国社会科学出版社，1992：117。

④ [德]恩斯特·卡西尔.神话思维.黄文保，周振选译.北京：中国社会科学出版社，1992：118。

2.1.3 宗教图示

空间或领域的神圣化是所有宗教的重要特征之一，圣所或圣域就是空间神圣化的具体体现。"环绕圣地的石头房屋、墙垣或者圆圈——这些都是已知最为古老的人造的圣所"[①]。圣所即神所在的场所，是精神空间。

王贵祥在《东西方的建筑空间》中提到"宗教的核心问题之一，是'人神'关系问题"[②]，而通过圣域的划分可以将人与神的世界有效区别开来。如佛教中的曼陀罗就是关于圣域的图示。从空间意义上讲，曼陀罗可译作坛、道场、坛城等，是指修炼、作法的场所，是一个经过特别限定的具有强烈中心性的宗教空间，也是佛教的宇宙模型。曼陀罗是一个有中心的场所，而其边界特征往往被忽略。"曼陀罗也是一个有边界的空间存在，即在这一边界内，聚集一切的佛尊大德及其法器，并将一切魔障拒之于边界之外，恰如《西游记》中的孙行者用金箍棒为师徒几人就地所画的一个圆圈，圈内有诸佛、菩萨的冥冥护佑，白骨精者流却不能逾进圆圈半步。事实上，这一圆圈就是一个聚集群佛，屏障诸魔的曼陀罗——一个具有藏聚、屏蔽与生发性的空间。"[③]

曼陀罗的边界形态在许多以曼陀罗为基本模式而建造的佛教寺庙都可以看到。西藏桑耶寺的圆形围墙就是其中之一（图2-2）。

图2-2 桑耶寺平面图

资料来源：旺堆次仁.拉萨.北京：中国建筑工业出版社，1995：26。

佛教的圣域就是曼陀罗的中心。在印度教以曼陀罗为原型的神庙中心部位通常布置一个封闭的密室，这是一个神圣的精神空间。正如卡西尔所言"存在着两个领域的划分"。这种不同质的空间划分，正是将圣域与世俗域区别开来的做法。王贵祥认为"凡属于宗教的，与某种神灵

---

① ［美］米尔恰·伊利亚德.神圣的存在——比较宗教的范型.晏可佳，姚蓓琴译.桂林：广西师范大学出版社，2008：349。
② 王贵祥.东西方的建筑空间.天津：百花文艺出版社，2006：89。
③ 王贵祥.东西方的建筑空间.天津：百花文艺出版社，2006：252。

相联署的空间,如古代埃及、罗马、希腊及希伯来的神殿,或中世纪基督教堂、伊斯兰寺院、印度教神庙、日本神社、玛雅神庙等,都可归之于圣域之属;而在这些神圣的空间领域之外的空间,则应定义为世俗域"①。这种圣域与世俗域的区分在我国汉传佛教的寺庙也一样存在,如寺院大雄宝殿的门槛即为隔绝两个世界的神圣边界,一旦跨入(当然不能踏着门槛),即进入神圣空间,相对而言,门槛外则为世俗空间。扩而大之,寺庙的山门则为圣域与世俗域的边界,门内为圣域,门外则为世俗域。整个城市也是一个圣域,城外则为世俗域,如宗教城市耶路撒冷作为一个整体,对于整个犹太-基督教文化圈而言,即为完整的圣域。中国的例子则是西藏的拉萨——藏传佛教的圣域空间,而其区分世俗域和圣域的边界则由一系列"转经路"组成。

在藏传佛教中,围绕神圣的位置和建筑物的周围进行顺时针绕行是一种具有重要意义的行为,而这样绕行的路线被称为转经路(koras),并且所有主要的圣地和圣物周围都有至少一条转经路。甚至在建筑物建成之前有的转经路就已经存在了。"一条转经路不是一个设计出来的构造物,而是一个宗教习俗的有形结果"。在拉萨,几条最重要的转经路所构成的城市空间边界——融合了宗教空间边界和宗教路径的廊,对整个城市的结构产生了重大影响(图2-3)。其中林廓、八廓、囊廓以及孜廓是四个最为重要的转经路②。林廓、八廓和囊廓是以大昭寺为中心的同心转经路,囊廓在最内部,而八廓街围绕整个大昭寺建筑群,林廓最大,长达7.5km。孜廓则是围绕玛布日山和布达拉宫的转经路。

图2-3 拉萨旧城的廓(1为林廓,2为孜廓,3为八廓)

资料来源:[挪威]Kund Larsen,Amund Sinding-Larsen.拉萨历史城市地图集.李鸽(中文),木雅·曲吉建才(藏文)译.北京:中国建筑工业出版社,2005:77。

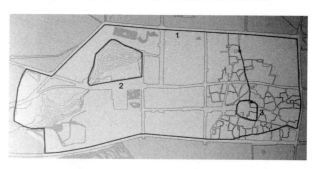

传统的宗教性边界并不是一成不变的,随着城市的发展,转经路线也会发生变化,但转经路作为拉萨城市的一种结构性的边界一直没有改变。尽管拉萨城的宗教边界在当代的城市中是难以想象的,即使在古代,也只有宗教城市才会出现这样的城市边界,但边界在宗教生活中的地位从一个侧面反映了边界对于人类居住空间的精神价值。

---

① 王贵祥.东西方的建筑空间.天津:百花文艺出版社,2006:243。

② [挪威]Kund Larsen,Amund Sinding-Larsen.拉萨历史城市地图集.李鸽(中文),木雅·曲吉建才(藏文)译.北京:中国建筑工业出版社.2005.43。

2.1.4　社会领地

　　1966 年美国人类学家霍尔（ Edward Hall ）发表了《隐藏的向度》,首次提出个人空间（ personal space ）的概念。个人空间通常被描述成为个人的 "空间气泡",借以形象说明人与人之间的社会距离①,气泡的边界即为空间领域的边界。这种个人空间的出现是人类划定势力范围,保持与其他人之间合适距离的一种本能意识。不仅人有这样的本能,动物也对其领域高度敏感,并通过各种方式明确和包围自己的领地,如有的动物用身体或尿液的气味弥漫的范围作为领域的边界②。

　　人类的这种强烈的领地意识是造成社会隔离的最原初的因素。物以类聚,人以群分,可以说,自从人类社会产生,社会文化的边界就同时出现。"如果我们不特指国家与国家之间的界线,那么在大多数情况下,'边界'（ border ）这一概念强调的是不同文化群体之间的差异。"③原始社会,阶级还未出现之前,就已经天然地产生男性与女性之间的社会差异。而当家庭形成之后,每个家庭都作为一个社会基本单位,从而具有自己的边界。一个部落群体,也会形成自己特有的文化,在其与周围环境之间,与其他部落之间建立了边界。当原始的私有制产生,阶级的分化就导致了更为明确的边界产生。

　　边界与社会隔离是相互作用的。由于社会阶层的分化而产生的隔离需要边界这一划分领地的工具,而边界进一步强化了这种隔离。以边界为社会隔离的物质手段在中国传统社会表现尤为明显。王公贵族、穷人富人都有自己的生活范围,北京曾有 "东富西贵,南贫北贱" 的说法,表现了这种城市范围的社会隔离。每一户的私宅也都用封闭的高墙与外界隔离,一墙之隔,天壤之别。

　　原始社会,尤其是在新石器时代,已经产生社会分异。如人类学家列维·斯特劳斯（ Levi Strauss ）所发现的印第安人的村落形态,就明显地表

---

① 霍尔将美国人的互动距离分为四种：亲密距离 （Intimate Distance）,0-18 英寸、个人距离（Personal Distance）,18 英寸 -4 英尺、社交距离（Social Distance）,4 -12 英尺、公众距离（Public Distance）,12 -25 英尺。引自《环境心理学》.危正芬译 . 台北：五南图书出版公司 .131。

② 每种动物都具有一种 "逃跑距离" （当超过这一距离时——羚羊是 500 码 （约 475m）,某些蜥蜴是 6 英尺（约 8m）——这动物就要争取躲开别种动物的侵犯）,还有一种 "临界距离"（这是在逃跑距离和进攻距离之间的一个很小的范围）,以及一种 "进攻距离" （在此距离内动物发生直接的格斗）。动物可以接受其同类伙伴的身体接触而避免同某些别的动物有这种接触,在考察动物的同时,人们发现了 "个体距离" （也就是动物与同伴之间保持的一定距离,使相互不接触）和 "社会距离" （超出这一距离动物就与群体 "失去联系",而这一距离随着动物种类的不同而变化）。简言之,每种动物在与别的动物相处时,似乎都处于一个对它来说是相当重要的 "气泡" 中,而这种气泡的大小已得到很精确的测定。朱文一.空间·符号·城市——一种城市设计理论 . 北京：中国建筑工业出版社,1993.1。

③ ［美］迈克尔·赫兹菲尔德.什么是人类常识——社会和文化领域中的人类学理论实践.刘珩等译 . 北京：华夏出版社,2006：157。

达着该部落的社会结构（图2-4）：二十六间女人住的房子围绕成一个圆圈，中央的大房子是男性会所，椭圆形的场地为跳舞场。女人不能进入男人的会所。理论上一条直径线把人口分成两半，每一半都各是一个半族。这样的划分非常重要：每个人都和其母属于同一个半族，一个半族的男人只能与另一个半族的女人结婚。结婚的时候，男人穿过划分两个半族的想象中的分界线，住到另一边。由于男人会所横跨两个半族的区域，使得这种跨界显得不那么突兀。而另一条边界则垂直于前一条，这样就把整个部落划分成四个主要部分[①]。而实际上，还存在更细的划分。尽管这些边界并不是以物质形式存在，但对于印第安人来说，这些边界存在于每个人的意识里，是所有人都必须遵守的，不能无视和轻易跨越。

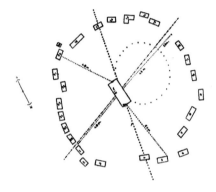

图2-4 客贾拉村的部落布局

资料来源：[法]列维·斯特劳斯. 忧郁的热带. 王志明译. 北京：生活·读书·新知三联书店，2000.267。

又如温内巴戈人的村落大致有径分结构和同心结构，这也与温内巴戈村的部族社会结构的划分有关。又如博罗罗的村落，类似于前面提到的客贾拉村的结构，男人之屋（男人会所）和男人聚会场位于中心，禁止对妇女开放，而妇女则住在周边的房子中，作为神圣场所的舞蹈台也位于中央（图2-5）。

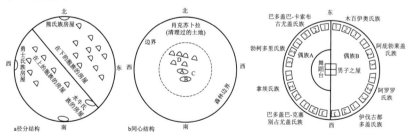

图2-5 温内巴戈人部落结构划分和博罗罗村落的设置

资料来源：张晓春. 建筑人类学之维——论文化人类学与建筑学的关系. 新建筑. 1999（4）.63。

温内巴戈人部落结构划分　　　　**博罗罗村落的设置**

从以上几个案例可以看出，在原始的聚落社会结构中，边界主要起

---

① [法]列维·斯特劳斯. 忧郁的热带. 王志明译. 北京：生活·读书·新知三联书店，2000。

到划分部族以及男女、圣俗对立的作用。而以边界为主要结构要素的住屋形制则反映了独特的生活方式和社会关系,通过物质边界的表层结构体现出社会边界的深层结构。

当代的社会隔离尽管已不如传统社会那么强烈,但由于经济水平、教育程度等导致的社会阶层差异也造成社会隔离,甚至更为复杂。围墙是直接的隔离方式,属于硬件范畴,而各种电子监控手段、保安措施是软件,这些手段无非是防止外人进入私人或一群人专属的领域。这也就如同古代的神庙、传统的王公贵族宅邸一样建立了外人难以进入的城堡,排除了与异类群体发生接触的可能,维持了阶层的单纯性。如何打破这种对城市产生负面影响的边界,同时维护人们与生俱来的领地意识,并促进边界交往是社会学的重要任务,也是当代城市规划学和建筑学需要重点关注的课题。

2.2　边界属性

2.2.1　中心与边界

从二元论的逻辑出发,通常情况下边界是与中心相对照提出的,即没有中心就没有边界,反之亦然。"在几乎所有具有形态特征的文化中,都蕴藉着某种'宇宙中心'的象征性空间内涵"[①]。古代许多民族和国家都认为自己所居住的地方是世界的中心,这当然包括中国。在确立宇宙中心的同时,边界的概念也一并产生。如在佛教的宇宙模型曼陀罗中,一方面具有明确的中心,另一方面有清晰的边界,以建立一个与外界隔绝的场所。英国艺术史家贡布里希(Ernst Hans Gombrich)借鉴了格式塔心理学的心理场概念而提出力场概念。贡布里希说"人们用'中心点'一词来形容某件事或东西,而把另一件东西称为'边缘的'或'外围的'""框架,或称边缘,固定了力场的范围,框架中的力场的意义是朝着中心递增的。……力场本身产生了一个引力场。框架之外的变化与图案中的世界是不太相干的……"[②]。这说明中心与边界是一个辨证统一的概念,它们的相互作用使边界内部产生动力场,从而在中心与边界之间建立了向心的张力,当边界向外扩张时,离心力便产生了。没有边界的中心是不可想象的,正如一个国家只有首都却没有边境,一个细胞只有细胞核而没有细胞膜。相反,没有中心的边界是可能的。一个领域可能没有中心,但边界是不可能缺少的,否则,领域感就会丧失。

在边界与中心的二元辨证关系中,可能存在以下五种形态:强中心-

---

① 王贵祥.东西方的建筑空间.天津:百花文艺出版社,2006:59.

② [英]贡布里希 EH.秩序感——装饰艺术的心理学研究.长沙:湖南科学技术出版社,2000:172.

弱边界、强中心－强边界、弱中心－弱边界、弱中心－强边界、无中心－有边界（图2-6）。从人类聚居空间的角度来看，原始社会就是强中心－强边界的模式，这种关系在从奴隶社会到封建社会的城市历史上一直延续着。尤其在封建集权和社会动荡的时代，无论是西方中世纪的城堡，还是中国历代封建王朝的都城，都建立了强大的城市中心和难以攻破的坚固边界。

图2-6　边界与中心图示　　　　强中心——弱边界　　强中心——强边界　　弱中心——弱边界　　弱中心——强边界　　无中心——有边界

对中心与边界相互关系的分析，可以作为一种工具来考察城市空间的变迁，也可以作为一个衡量空间特性的指标分析当代城市中不同类型居住空间的异同。

2.2.2　分隔与联系

矛盾性是边界的基本属性。对于边界的矛盾性，米歇尔·德·塞托提出边界悖论的观点："……这是关于疆界的悖论：产生于互相之间接触的、两个身体之间的不同点，同时也是相同点。其中相接和断开是不可分离的。互相接触的身体之中，究竟哪一个拥有能把它们互相区分开来的疆界？" "……在创造鸿沟的同时，也创造了同样多的交流；甚至，它只有在说出究竟是谁从别处来穿越此处时，才设置了某个边缘。它也是一个过道。在叙述中，疆界作为第三者而起作用。它是一种'两者之间'——一种'两者之间的空间'" [①]。亚历山大在《建筑模式语言》中用细胞膜来类比邻里之间的边界："细胞膜不是将细胞分成内外两个部分的一个表面，而它本身就是一个自身有关联的统一体，它保证细胞功能上的完整性，并使细胞的内部和周围的液体能够进行一系列的相互作用。" [②] 身体的皮肤也是在机体和外部环境之间进行分隔和联系的边界。皮肤对身体一方面起到保护作用；另一方面，无数微小的毛孔不停地与环境进行着能量的交换，吸收和释放水分，并排出体内的垃圾。大的孔洞如口鼻嘴等吸入氧气，摄取食物，使有机体保持能量的平衡，维持生命。

可见，边界兼具分隔与联系的矛盾性，这种双重特征使边界具有

---

① ［法］米歇尔·德·塞托.日常生活实践1.实践的艺术.方琳琳，黄春柳译.南京：南京大学出版社，2009：210。

② ［美］亚历山大C.建筑模式语言.王听度，周序鸿译.北京：知识产权出版社，2001：233。

了哲学意味。亚里士多德说边界不是事物的结束，而是事物的开始，这种开始便意味着联系的产生。所以，边界是阻隔和交流功能的矛盾统一体。很多时候，边界的交流功能要远大于阻隔作用。城市空间的边界经常表现为凝聚的缝合线或有磁性的线而不是隔离的屏障，正是由于边界的存在，不同领域的人们才会产生交流的需要，并被吸引到边界。凯文·林奇说："对于一个边界地带来说，如果人们的目光能一直延伸到它的里面，或能够一直走进去，如果在其深处，两边的区域能够形成一种互构的关系，那么，这样的边界就不会是一种突兀的屏障，而是一个有机的接缝扣，一个交接点，位于两边的区域可以天衣无缝地连接在一起。"[①]

边界的这种矛盾属性对领域之间的结合部位提出特殊的要求。查马耶夫（Serge Chermayeff）和亚历山大就认为领域之间的接合点或转换点是有决定性的计划要素，领域的层次就取决于接合点和转换点的设置[②]（图2-7）。

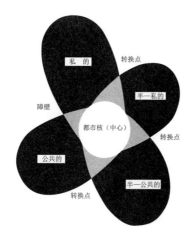

图 2-7　领域之间的转换点图示

资料来源：[美]查马耶夫，亚历山大.社区与私密性.王锦堂译.台北：台隆书店出版社，1984：223。

边界分隔与联系的属性对于探讨今天的住区具有重要的价值。封闭住区围墙否定了边界的联系性，割裂了不同领域之间进行沟通的可能。改变这种不平衡的状态，可以在转换点处寻求解决的办法，如增加转换点的数量，扩大转换点的空间范围，改变转换点的位置和形式等。

2.2.3　内部与外部

边界产生于人们对庇护场所的空间认知。英汉字典对"shelter"的

①　[美]简·雅各布斯.美国大城市的死与生.金衡山译.南京：译林出版社，2005：294。
②　亚历山大提出"无论领域之正确尺度或是数目为何，每一领域必须保持完整。同时，根据领域之间的连接状况，层次所受影响相当大。换言之，即是在前后左右邻接领域之间的接合以及其间的分离程度，彼此连接的正确方法，彼此之间需要的移动类型等，无论领域之大小如何或数目多寡，这些都是非常重要的问题"。引自[美]查马耶夫，亚历山大.社区与私密性.王锦堂译.台北：台隆书店出版社，1984：152。

解释是能提供庇护的建筑物。"修建藏身之所,就是要把四周围成墙,保护人类免受外界威胁,也就是把空间分割成若干部分,这也是建筑的第一个定义"①。但边界也往往是两个甚至多个领域的过渡区域,同时受到几个区域的作用,是内外力汇集的地方。边界在限制内部领域向外扩张的同时,也在防止外界对内部的侵入。荷兰建筑师赫曼·赫兹伯格认为,边界处于内外之间,而内与外是空间最基本的特性。由此边界成为探讨空间的基础。

边界是空间的划分手段,也是空间划分的结果。划分可分为围和隔,其中围包含隔的含义,而隔可以没有围的特征。围的边界更多具有保护和隔离的作用,边界内部是从无限的外部独立出来,从而呈现出内外的差别。而相对简单的隔更强调边界两侧的差异化,少了内外分别的意味。与隔相比,围的边界所造成的空间内部与外部是边界最为重要的特征。

鲁道夫·阿恩海姆(Rdolf Arnhein)在《建筑形式的视觉动力》中写道:"在感知和实践上,外部和内部世界互相排斥,在同一时间,人们不能既在外部又在内部。然而它们的边界是直接相连,人们只需穿过最薄的门就能从一个世界进入另一个世界""在建筑师描绘人类活动的场地的平面图上,在这两个世界之间做的划分只是一些线条,我们的日常活动穿梭其中,来来回回毫不费力。那么对建筑师来说最大的挑战是在(1)和(2)之间的矛盾。(1)自发的相互排斥、自足的内部空间以及同样完善的外部世界;(2)两者作为不可分割的人类环境部分的必要连贯性。这证明沃尔夫冈·朱克的阐释是正当的,即建造一条把内部和外部分离的边界线是建筑的原始行为"②。这提示了内部与外部空间的矛盾性以及它们之间边界的重要性。

埃德蒙·N·培根(Edmund N. Bacon)在《城市设计》中通过解释艺术家保罗·克利(Paul Klee)的图解(图2-8)来说明设计的本质。他认为,"每个人、每个社会集团和每个机构都有这些内部的和外部的空间"③。培根将内部与外部的关系看作任何一种个体感知自我的方式,而处于内外之间的边界则决定了生活的特质、形式和对社会的贡献。

---

① [美]卡斯滕·哈里斯.建筑的伦理功能.申嘉,陈朝晖译.北京:华夏出版社,2001:139。

② [美]鲁道夫·阿恩海姆.建筑形式的视觉动力.宁海林译.北京:中国建筑工业出版社,2006:67。

③ 培根解释道:"克利图解中的原点'I'可以设想为个人,可以是艺术家、创造者、组织者或规划者,也可以是一个机构、一所大学、一项建筑计划或是一项革新建议。在每一种情形下,这个'I(自我)'对他自己的身份、功能、意图和抱负,都有确定的看法。这些将依次影响自我形体范畴的造型,并对相邻空间施加影响,乃至形成上图中的'内部空间'。原点'I'也有他的'外部空间',也就是与其内部更紧密相关的空间,在其中起作用的更广阔的空间。在这个图解中,克莱已把两者之间的分隔者指定为一个固定的界限,一个壳,也可以用更抽象的说法,即视作内部的、紧密的、熟悉的、天生的、习惯的与外部的、不熟悉的、未尝试的、正在挑战的、危险的、痛苦的和可能是灾难的两者之间的流体型的划分"。[美]埃德蒙·N·培根.城市设计.黄富厢,朱琪译.北京:中国建筑工业出版社,2003:39。

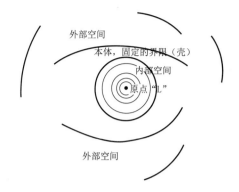

图2-8 空间的感知

[美]埃德蒙·N·培根.城市设计.黄富厢,朱琪译.北京:中国建筑工业出版社,2003:39。

芦原义信曾对内与外做过精辟的分析:"地板、墙壁和顶棚可视为限定建筑空间的三要素。内部空间是由地板、墙壁和顶棚这样的具体边界从外部的自然当中划分出来而形成建筑空间的。在形成内与外的空间秩序上,一定要有明显的边界。建筑是作为同包围它的'外部'相对应的'内部'而被体验到的,当然,它的大小是有限的。无限大的建筑可以说是不会有的,这就说明建筑在本质上是有边界存在的。换句话说,所谓建筑也就是创造边界,区分'内部'与'外部'的技术。因此,对于建筑空间来说,这个边界是非常重要的,在边界内侧的'内部'形成了平静而有防护性的空间。"[①]

由边界所围合的具有内敛特征的内部空间被芦原义信定义为积极空间,而边界以外的扩散性的空间则是消极空间。芦原义信也将消极空间称之为逆空间,并通过比较日本和欧洲地图的图底关系,说明在欧洲传统城市中消极空间(逆空间)与积极空间是同等重要并可以相互转换的,这种转换的基础就是作为内外之间边界的墙体所处的位置和角色(图2-9)。

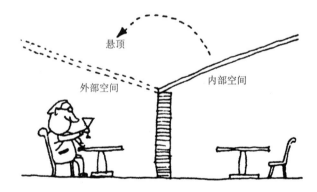

图2-9 内外空间的转换

资料来源:[日]芦原义信.外部空间设计.尹培桐译.北京:中国建筑工业出版社,1985:9。

另外,内与外是相对的概念,比如我在客厅里,但在卧室外,或我在小区里,但在住宅外。所以提到内外时,一般是以人的主体体验为基础的,而这种体验也随着人的位置的变化,或情境的变化而产生转化。这

---

① [日]芦原义信.街道的美学.尹培桐译.天津:百花文艺出版社,2006:4。

一转化具有重要的价值。也就是说，任何空间都应该具有内外转化的可能。比如老北京的四合院和胡同就是这样的空间：在院子里可以被体验成在屋子外面，也可以是在家里面。在胡同里可以被体验成在家外面，也可以体验成在街坊里。无论在什么空间，都能体验到一种领域感，一种愿意停留的亲切感，应该是城市空间品质的重要标准之一。

传统城市尤其是西方传统城市的外部空间也具有强烈的内部特征，这也就是西方传统城市地图可以以图底关系进行翻转却依然合理的原因。现代城市尤其是中国当代的城市外部空间却很难具有内部特征。于是发现当外部空间也具有内部特征时，内部与外部的关系相对和谐；而当外部空间缺乏内部特征时，内外空间会产生剧烈的冲突，实际的生活品质也不会高。

鲁道夫·阿恩海姆说"不和谐的东西不是内部与外部不同，而是在它们之间没有可读关系，或者两种相同的空间陈述是以两种相互孤立的方式表现的"[①]。笔者认为，形成空间内部与外部的可读关系对城市空间具有重要价值，而其关键就是边界。对于建筑师而言，如何对待居住空间边界及其所形成的内外空间，在什么地方设置区别内外的边界，边界的层次如何安排，这对于当前中国的住区和城市的规划设计具有极为重要的意义。

2.2.4 界线与界域

边界一般表现为线性的形态，但任何现实中的线都是有宽度的，当边界线宽到足以容纳人的行为和功能时，就可以理解为边界带或边界域。从词义上来看，域比带更为空间化。边界域是本书最重要的概念之一。

格式塔心理学家勒温（Kurt Lewin）认为生活空间可划分为若干区域（regions），而区域则在性质上彼此有别，并由易通过或不易通过的疆界（boundaries）所分开。勒温亦提出疆界地带（boundary zoon）的概念（图2-10）。

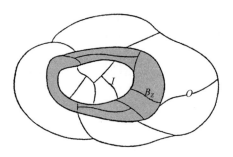

图2-10　疆界地带图示

资料来源：[美]库尔特·勒温. 拓扑心理学原理. 高觉敷译. 北京：商务印书馆. 2003。

两个区域之间的疆界地带。I，内域；O 外域；B_Z 疆界地带

---

① [美]鲁道夫·阿恩海姆. 艺术与视知觉——视觉艺术心理学. 滕守尧等译. 北京：中国社会科学出版社，1984：77。

　　边界域有两种情况：一种是边界线两侧有一定的影响范围或缓冲空间，这种影响从中央边界线向两侧逐渐减弱，如国界的两侧很大的范围都是非常敏感的地带，在这种影响的范围内都可以看作边界域；另一种情况是不同领域的边界之间的空间地带，如北京的胡同，是两侧住宅外墙边界之间的边界域。实际上一般的街道都可以看作边界域（图2-11）。它对两侧的空间起到分隔作用，同时也起到一种联系与过渡的作用。边界域不仅仅依附于边界两侧的空间，其本身亦是具有独立性的空间，而边界域自身作为空间也具有边界。当边界域与其两侧空间的相对尺度发生变化时，空间的性质便呈现出戏剧性的转化，这种转化可以在保证领域完整性的前提下实现领域之间的转换。

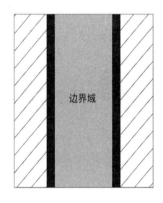

图 2-11　边界域概念图示

　　查马耶夫和亚历山大用"领域或行为场所的封锁"来说明边界域的转化（图2-12）："每一个邻接的领域，不管其间的流通（traffic），必须每时每刻保持其完整性（原有状态），这种情形使我们立刻联想到运河上的水闸（canal lock）（封锁），它可以把不同高度的水位分开；或是气阀（air lock）（封锁），它可以使气体在不同的气压领域中流动。同样的道理，我们可以很容易地想到我们那些类似的社会、视觉、音响、气候以及技术等方面的封锁问题。只要有其特殊的封锁与缓冲带，每一方面的完整性便可获得保持。……在领域之间最初显得次要的接点的转换点，现在已经变成了重要的主要要素，它们已经完全长成，并且成为可活用的实体，有决定性的计划要素，适应于这种机动性大的、机械化的及充满噪声的世界"[①]。亚历山大所提之"转换点"即边界，当该转换点具有空间属性时便可看作边界域。

---

① ［美］查马耶夫，亚历山大 . 社区与私密性 . 王锦堂译 . 台北：台隆书店出版社，1984：41。

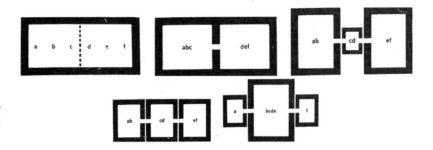

图 2-12 边界域之转化图示

资料来源：[美]查马耶夫，亚历山大. 社区与私密性. 王锦堂译. 台北：台隆书店出版社，1984：263。

街道是两个地块的共同边界，既是分隔也是连接的手段，是外部空间最重要的形式之一。功能主义把街道看作专为交通而设计的空间并成为住区之间自然的分界。但在传统都市中，街道承载着重要的社会交往功能，是住区之间的弥合。把介于住区之间的街道视为边界域，给边界以空间的形式，这样就可以深入探讨边界与街道的关系，因为边界域把这两个概念统一在一起。芦原义信提到"悉尼住宅的前院与其说是供居住的、私用的内部秩序空间，不如说是属于公共性的外部秩序。换句话说，称前院为街道的一部分比较恰当"[①]。这里，前院就属于边界域的部分。

可见，边界域是可以跨越私密和公共两种空间范围的，边界域也是圣与俗之间的可以让人停留和选择的空间。将边界理解为空间领域而不是简单的线是本书在边界概念上的重要观点，也是认识边界的重要基础，这对于人们重新理解边界，管理及设计边界都具有重要意义。

2.3 边界效应

边界效应是生态学中的重要概念，也称为边缘效应[②]。生态学中对边缘效应是这样定义的："由于交错区生境条件的特殊性、异质性和不稳定性，毗邻群落的生物可能聚集在这一生境重叠的交错区域中，不但增大了物种的多样性和种群密度，而且增大了某些生物种的活动强度和生产力，这一现象称为边缘效应。""在两个或多个不同性质的生态系统（或其他系统）交互作用处，由于某些生态因子（可能是物质、能量、信息、时机或地域）或系统属性的差异和协同作用而引起的系统某些组分及行为（如种群密度、生产力、多样性等）的较大变化，被称为边缘效应。"[③]

生态学上的边界效应在人类社会同样适用。最早的人类聚居地往往选择在江河湖海的边缘，城市一般也起源于沿河和沿海的边界地带，如世界上最早的城市就出现在尼罗河畔的埃及，两河流域的美索不达米亚，恒河、印度河流域的印度以及黄河中下游的中国。城市择水分布的

① [日]芦原义信. 街道的美学. 尹培桐译. 天津：百花文艺出版社，2006：33。

② 邹珊刚等编著. 系统科学. 上海：上海人民出版社，1987：282-283。

③ 刑忠. 边缘区与边缘效应——一个广阔的城乡生态规划视域. 北京：科学出版社，2007：10。

特征类似于自然界中某些湿生植物群落的分布特点[①]。人类作为生物的特殊种类也会产生边界效应。丹麦建筑理论家扬·盖尔在《交往与空间》中提到心理学家德克·德·琼治（Derk de Jonge）的边界效应理论，即人们喜爱在森林、海滩、树丛等的边界逗留，而不喜欢空旷的空间，究其原因，主要是边界区域提供了观察空间的最佳条件，并具有一种安全感。也正是由于边界地带的活跃特征，吸引了更多的人，并引发更多的事件。

边界效应对研究城市空间具有很大的启发作用，这种基于人类的基本心理需求而发生在空间上的集聚和交流效应往往被人们所忽视。在人们惯常的设计思维里，只有中心会带来聚集的效果，所以会被重点对待。人们总是会把目光和精力集中在处于中心或焦点的位置而认为边界或边缘是不值得重视的。事物的影响力也被认为是从中心向周围发散并逐渐衰减的，边界处是含糊不定且影响力最小的位置。这种思维倾向遍布各种层次的空间认知，如国家的首都地区与边疆地区的差别、城市的中心与城乡结合地带、住区的中心与住区的边界。中心与边界成为两极，中心处于强势，而边界处于弱势。但人们看待边界的方式与边界实际发生和应该具有的状态是不相符的。边界效应提醒人们，边界并不是事物的结束，而是开始。那么这种"边界效应"是如何产生的呢？

众所周知，无论是自然生态系统还是人工系统都有边界。系统的一个重要特性就是系统为了维持自身的生命力必须不断地与其周围的环境进行能量交换，而这种交换就是通过边界来进行的[②]。"系统的开放性及与周围环境间的各种'生存交换'以及内部各子系统间整体性相干协同的'活结构'激发了交换与协同作用的媒介载体——系统边缘区的生命活力，为边缘效应的产生打下基础"[③]。可见，边界地带作为能量（包括物质流、信息流）交互和碰撞的地带，不可避免地具有动态的特征。这种动态与中心所具有的静态产生鲜明的对比，正是这种动态的交互作

---

① 曾菊新. 空间经济：系统与结构. 武汉：武汉出版社，1996：207。

② 邢忠在《边缘区与边缘效应》中从系统论的角度对边缘效应的产生机制做了较为详细的阐述。首先，他认为"负熵"是产生边缘效应的基础。城市需要建立从外围环境中吸取负熵的通畅的边缘区，吸取包括社会、经济、环境几方面的信息和负熵。对负熵的需求在客观上赋予边缘区"源与汇"的作用，使边缘效应的产生成为可能。其次，自组织是激发边缘效应的内因。认为城市生态系统是自组织系统。它虽由人为划分功能区与用地组成，但用地关系一旦形成，即表现出内在的自组织规律，欲使用地间碰撞出边缘效应，则必须奠定土地利用相互间功能与活动相干协同的自组织基础。同时他认为，城市生态系统是非平衡的耗散结构，它形成和延续的全过程都需要不断地与环境交换物质、能量和信息，一旦把它与环境隔绝，其结构就会瓦解。第三，协同是产生边缘效应之本。协同作用是系统整体性的产物，而非线性则是这种协同整体性的根源。从城市生态系统讲，非线性可理解为子系统间一种互补性需求产生的关联作用，因之产生的边缘效应则是系统整体突变的具体表现——边缘效应产生于子系统间，又凌驾于子系统之上。第四，边缘效应是系统实现超循环自组织的外在表现。城市中各类边缘区产生的边缘效应正是用地间的"互补性"会聚，产生超循环作用的结果。最后，系统耗散结构形成的动力、根源和方式共同促进边缘效应。

③ 邢忠. 边缘区与边缘效应——一个广阔的城乡生态规划视域. 北京：科学出版社，2007：10。

用，使边界产生活力①。

　　边界效应是边界价值的重要基础。边界效应对城市的影响体现在各个层面，从行为效应到社会效应最后到文化效应。用边界效应的视角看待城市，会使人们重新认识城市中的各种经济、社会和文化现象，并利用这种机制创造更多的边界效应。如图2-13所示的水岸场景，人与动物在水岸和谐共处，这种行为只能发生在陆地与水面接近且水岸环境经过精心设计的情况下。如果城市中的边界都能经过人性化的设计，满足人类和其他生物对相互沟通的渴望，则城市生活会处处充满活力。

图2-13　水岸：人与动物的边界效应

　　为了更清楚地解释边界效应，将边界效应分为三种（也可以说是三个层面）：行为效应、社会效应、文化效应。行为效应可以理解为浅层效应，文化效应则是深层效应，社会效应介于之间。

2.3.1　边界的行为效应

　　与动物在生态边界地带的行为一样，人在边界处的行为也具有鲜明的特征，但更为复杂，主要表现为集聚、流动与互动交流。这几种行为模式直接反映了边界所引发的效应对人的行为的影响，这种人在边界的行为效应是社会交往和文化碰撞的基础。边界集聚、边界流动以及互动的

---

① 曾菊新认为"从区域经济学的角度分析，相邻的城市之间、城市和区域之间以及区域之间的关联作用比较符合某些物理学的法则。例如，两个相邻的高等级区域中心城市的关联作用强度远大于两个相邻的低等级区域的小城镇。随着相邻空间的距离拉大，城市之间、城市和区域之间以及区域之间的关联作用减弱。这类似于万有引力定律。又如，静电学中的库仑定律指出两个电荷间的相互作用力与所在空间的性质有关，即库仑力的大小依电介质的不同有差异。相邻空间的关联作用强度也取决于空间实体要素的属性以及周围的地域环境。这种特点与库仑作用力比较相似，具体表现在不同职能的相邻中心城市之间或不同属性的相邻区域之间的关联作用强度较大"。引自：曾菊新.空间经济：系统与结构.武汉：武汉出版社，1996：207-208。

动态特征,也使得边界被认为具有一种无形的力量,可以改变和控制人的行为方式,并因此引发更深层次的社会效应和文化效应。

2.3.1.1 边界集聚

边界是人群集聚的场所。人之所以会在边界集聚,与人寻求安全感的需求有关,边界会提供给人倚靠和定位的作用,给人一种控制环境的作用。同时边界常常是道路等公共空间,人会聚集到边界以寻求对外部环境的接触以及与其他人的交流。所以边界的集聚行为主要表现为两个方面:一是人会停留或倚靠在作为线的边界上,如人在街边和墙角休憩,在水边、山脚处游憩等(图2-14);二是人群处于边界空间内,如街道,人与人在此处交流的机会远远高于其他地带。于是,人群便会自然聚集起来,并成为各种事件的发生地(图2-15)。

图2-14 墙根边界集聚行为
(左图)

图2-15 街道边界集聚行为
(右图)

在对北京住区的调查中发现,尽管围墙造成了住区边界地带的荒凉感,但依然可以看到边界地带对人的吸引。居民,尤其是老人和儿童,相对于住区内部的安静而言,更喜欢看到和感受住区外部城市的活力。老人喜欢坐在街头,因为街道的活力会让他们暂时驱除孤独和寂寞,并感到自己融入城市的生活中。这种对热闹、嘈杂甚至混乱的接触愿望与对处于安静、安全和整洁环境中的渴望是同等重要的,甚至对多数老人来说更为重要。

住区与城市街道之间的绿化缓冲区如果被用作公共开放空间,提供基本的安全和舒适的保障,并具有休息和活动空间,那么这里就会成为极具活力的场所。究其原因,笔者认为城市本身的活力尤其是街道的流动性与变化在住区边界产生了边界效应,如同河流的岸边是各种生物最活跃的地带。经常发现儿童喜欢在较宽的人行道上玩各种游戏(图2-16),就是因为儿童有接触外面世界的内在需要,有在公共空间展示自我的需要,这也是对他们好奇心和冒险心理的一种满足方式。在街头游戏中,在与陌生路人的躲闪和碰撞中,他们学会了成人世界的人际交往规则,并快速成长。所以,既然人有在边界聚集的本能倾向,边界空间的设计就应该得到突出的重视,以容纳和激发公共生活,使城市更具活力。

图2-16 街边玩耍的儿童

资料来源:[丹麦]扬·盖尔.
交往与空间.何人可译.北
京:中国建筑工业出版社,
2002:29。

2.3.1.2 边界流动

作为物质的边界可能是静态的,但生活空间是人与环境共同组成的,人的活动为边界带来动态的特征。设想有人活动的边界与荒无人烟的边界给人的印象是多么不同。动态边界研究边界地带人的流动性,这种流动可以是穿越边界,可以是沿着边界行动,也可以是时间上的变化。如北京知春里街道在早晨会成为集市,成为社会交往密度极高的边界域,但在其他时间只是一条交通功能性很强的街道(图2-17)。

图2-17 知春里街道的早市

边界呈现出的连续性和引导性,使得边界处的人和事物会产生流动。城市中的这种流动现象主要体现在作为边界的街道上(图2-18)。不同的人和物在边界处的流动速度和状态是不同的。如在一条街道上,车行速度最快,自行车其次,人的步行速度最慢。除此之外,还应给人留出停留和休息的地方。在传统的城市中,人车混行,两个方向甚至多个方向的人流和车流会产生冲突和交叉,影响流动的速度,但同时也造成了无数人与人交往的机会。现代的城市高速路或快速路、方向的控制让人流、车流都在各自限定的范围内,不会产生交叉,提高了速度和效率,但也造成了交往机会的减少。应对边界的流动行为加以控制,在提高效率的同时，增加人与人交往的机会。

图 2-18　边界流动行为

　　在现实的社会经济生活中，人们已经认识到现代经济发展不能忽视空间因素的影响和空间关系的变化。空间经济学就是研究空间与经济关系的经济学重要分支。更具体的解释就是，空间经济学是关于资源在空间中的配置以及经济活动区位问题的学科。边界在空间经济学中占据重要的位置。美国著名区域经济学家弗里德曼（John.Friedmann）曾提出核心-外围（center-periphery）的空间结构思想。他认为，"任何区域的空间系统都可以看作由核心和外围两个空间子系统所组成。在成功的经济增长过程中，空间子系统的边界将发生改变，并且使空间关系重新组合。"[①]苏格兰城市学家帕特里克·格迪斯（Patrick Geddes）曾对社区中人类的经济活动进行了研究，他提出"活力经济学"的概念。他把活力经济学与货币经济学很明显地区分开来，他所称作的活力经济学是一种高效率的生活环境，在这里人们的基本生活需求能得到满足。格迪斯认为"我们被钱迷住了却忽略了经济学，真正的生活功能是通过真实的健康而创造出的真实的物质财富。而真正的物质财富只有在一个有效的生活环境中才能实现"[②]。边界自身所具有的活力潜质正符合格迪斯的活力经济观点。将边界看作可以带来高效率生活环境的场所而不是一个界限或被遗弃的地方，将使经济与生活结合起来，共同繁荣。格迪斯所告诉人们的无非是一个被现代社会所遗忘的简单的道理：经济与生活本就是一回事，而人们却要将它们分开。

　　边界处人群的聚集、流动和交往使得边界具备得天独厚的经济区位优势。从宏观角度看，全球区域之间的交流与合作、国与国之间的边境贸易往往都呈现活跃的态势。世界上的城市和人类聚居点多选在水路相交的边界地带，经济发达地区也多位于此。从中观角度看，城市与乡村

---

① 曾菊新.空间经济：系统与结构.武汉：武汉出版社，1996：162。
② [美]阿瑟·梅尔霍夫.社区设计.谭新娇译.北京：中国社会出版社，2002：117。

的交界即城乡结合部，城市之间的过渡地带等也是极具经济潜力的区位。微观层面上，线性或带状分布的连续商业形态自古以来就是商业的主要模式之一，中国早有"金角、银边、草肚皮"的说法，沿街布置商业网点、大型商业街、住区边界的底层商业都证明了边界的商业价值，边界的行为效应因而转化为经济效应和社会效应。

2.3.2　边界的社会效应

比尔·希利尔（Bill Hillier）认为空间是社会生活的一部分，空间的安排能够强化或削弱某种类型的社会现象。吉登斯（Anthony Giddens）也认为"社会行为总是发生在特定的空间环境和时间范围内。空间作为社会行为主体的外部环境条件，使社会行为成为可能，也使社会行为受到限制"[①]。可见，不能孤立讨论城市空间，必须结合社会学的研究。

任何城市空间都与其形成背后的社会学机制不可分割，城市空间和城市形态在某种程度上反映了社会的秩序，边界作为空间和形态的关键要素必然会与城市的社会性产生关联。最为直接的关联就是边界对城市空间公共性和私密性造成的影响，而公共性和私密性又与人际关系密不可分。可以说，城市空间社会学关于边界的探讨就集中在公共性和私密性的关系上。

边界的社会效应主要表现在三个方面：日常生活性、角色转换性和公共私密性。这三个方面并不是截然分开的，而是交织在一起，共同作用，从而产生综合的社会效应。

2.3.2.1　日常生活性

日常生活是与每个人的生存息息相关的领域，是每个人无时无刻不在以某种方式所从事的活动。日常生活总是在个人的直接环境中发生并与之相关，如国王的日常生活范围就不是他的国家，而是他的宫廷，尽管他名义上可以控制整个国家。所以，日常生活是建立在个人的日常体验基础上的，任何抽象的、宏大的，超出个人直接掌握和控制的范围的事物都属于非日常生活。阿格妮丝·赫勒（Agnes Heller）在所著《日常生活》中对日常生活领域和非日常生活领域做出明确的划分。在赫勒看来，工作、宗教、政治以及科学、艺术和哲学是逐渐远离日常生活领域的，但与日常生活也往往交叉在一起。如对于西方中世纪的人或者生活在西藏的宗教信众而言，日常生活与宗教生活几乎难以分离，但日常生活与宗教生活依然存在本质差别，正如赫勒为日常生活所下的定义："如果个体要再生产出社会，他们就必须再生产出作为个体的自身。我们可以把'日常生

---

① 黄亚平.城市空间理论与空间分析.南京：东南大学出版社，2002：54。

活'界定为那些同时使社会再生产成为可能的个体再生产要素的集合。"[1]

日常空间是日常生活在空间上的具体反映。日常交往在其自己的空间中发生,这一空间是以个人为中心的,与日常生活融合在一起。日常生活具有边界,它是人们行动和运动的有效辐射极限。日常空间中最重要的一对概念就是"远与近",主要用于测定人们的有效活动或感知的辐射范围。常说"远亲不如近邻",就是从日常生活的角度来度量距离,这种距离与人的情感体验联系在一起。一般来说,"我们所采取的行动在较近的地域中更可能奏效,某种远离我们的东西较少地落入我们的有效行动范围,特别遥远的物体则完全处在这一领域之外。这一区分也表明达到某一地点的努力。'近与远'的对比也被用作区分习惯的相似(或一致)与不一致的标准。人们和我们具有同样行为方式的地方,被描述为'邻近'或'附近';而在'遥远'的地方,人们以不同方式活动。"[2]日常生活边界就这样通过日常生活的有效行动范围建立起来,成为每个人生活世界的疆域。

人与人之间的日常生活边界差异很大,这与人们的生活方式有直接的关系。对于老人和儿童而言,由于行动的距离限制,其生活的半径远小于青年人。有些老人的日常生活半径仅仅限于小区的范围,或者房前屋后,甚至仅限于家门之内。而对于推销员而言,其生活边界可能是一个城区,甚至整个城市。邻里单位的规划思想也是以确立日常生活边界尺度为基础的,只不过当代社会人与人之间的日常生活边界差异巨大,且个人的生活边界也具有极大弹性,无法以某种固定的尺度作为基准,这使得邻里单位的模式不再能满足当代城市人的生活需求。

边界的日常生活性还表现在边界是日常生活的重要载体。边界的集聚、流动的行为效应制造了边界的社会效应,而这种社会效应是以日常生活为主体的,换言之,发生在边界处的日常生活正是引发边界社会效应的基础。

2.3.2.2　角色转换性

边界划分了不同的领域,也定义了不同的场景。人的行为举止总是与其所在的特定场景有直接的对应关系,如人们在游泳池、餐馆、体育场、博物馆、政府部门以及办公室和家中的行为举止会有显著的差别。并没有人告之应该转变行为方式,但环境的非言语性信息表达让人们心领神会地接受这种告诫。

欧文·戈夫曼(Erving Goffman)将戏剧舞台理论引入社会学研究,将人的社会行为空间分为前台与后台。他认为,在社会的每一处,都可以发现划分前台区域与后台区域的界线。社会中的所有阶层,也

---

[1]　[匈]阿格妮丝·赫勒.日常生活.衣俊卿译.重庆:重庆出版社,1990:3。
[2]　[匈]阿格妮丝·赫勒.日常生活.衣俊卿译.重庆:重庆出版社,1990:256。

都有在其所在区域，无论是住宅还是公共场所划分前台部分与后台部分的倾向，而当人从后台向前台转换或者相反时，人的行为会产生明显的变化。如戈夫曼所言，"观察印象控制最有趣的时机之一，是表演者离开后台区域进入观众场所那一时刻，或者从该场所折回后台区域的那一时刻，因为在这些时刻，人们能看到戴上角色面具和卸去角色面具的精彩场面。"[1]

笔者个人的经历也说明了这种场景的变化所引起的行为转换是多么有效。当我带着我刚上小学的小外甥从清华大学南北干道转向六教的大台阶时，他马上从刚才的活泼好动的举止转变为安静并带着好奇和一点不安的神色和我一起走上大台阶。而当我们穿过大门，进入六教的入口中庭时，他立刻变得紧张并极其小心，蹑手蹑脚，不敢说话，怕发出声音。某个教室传来的读书声更加剧了这种场所特有的氛围，让他感到仿佛进入一个圣殿，神情渐渐从刚才的紧张不安转为庄重。当我们从六教大门走出的一刹那，他深吸了一口气，然后吐出来，紧张的状态一下子放松了，又恢复了原来的活泼。台阶和大门作为场景变换的边界真的如同舞台上前后台的边界，成为有效转换角色的阀门。

拉普卜特认为同样的人在不同的行为场面中采取很不相同的行为，这意味着场面提供了人们理解的线索，他们知道脉络和情境是什么，因而知道恰当的规则和行为是什么。当人们进入任何正式或重要的场合时，在跨入大门之前，往往会整理一下衣服或头发，以郑重其事的姿态走进去，如同演员从后台到舞台的转变，在这种行为转换的过程中，边界起着至关重要的作用。所以，门绝不仅仅是穿越的功能，更为重要的是起到一种空间场景的转换的作用。边界的角色转换性所产生的社会效应不容易被察觉，然而在城市社会中每时每刻都在发生，并真实地反映着人与社会之间的关系，它比日常生活中的社会交往更具社会研究价值。

2.3.2.3 公共私密性

由于公与私在不同的文化、不同的情境和不同的个人和社会中有众多的含义，因此，公与私不应该是单维的概念，而应该是多维的。不应该将公和私做严格的划分和明确的定义，而应该将从公到私看作一个连续统一体，并且是流动变化的。同时对公域和私域理解也应该是相对的。没有固定不变的公域和私域，如家庭对个人来说是公域，对社会来说则

---

[1] 戈夫曼引用一个例子说明人在前台与后台转换的行为变化："观察一个侍者走进旅馆餐厅那真是让人大开眼界。在他通过门口的那会儿，他身上突然起了变化。他的肩部的形状改变了：须臾之间，所有脏乱、仓促、躁怒的外表消失殆尽。他在地毯上悄然行走，露出一副貌似教士的庄重神色"引自 [美] 欧文·戈夫曼. 日常生活中的自我呈现. 黄爱华，冯钢译. 杭州：浙江人民出版社，1989：116。

是私域;学校对学生来说是公域,而对城市来说是私域。这个道理对住区来说当然同样适用。

赫曼·赫兹伯格认为人们经常将公共和私有的概念对立起来,如公共和私有在空间范畴内可以用集体的(collective)和个体的(individual)这两个术语来表达。所谓公共的,即任何一个人在任何时间内均可进入的场所,而由集体负责对它的维护;而所谓私有的,是由一小群体或一个人决定是否可以进入的场所,并由其负责对它的维护。这种公共与私有的对立和明确划分被赫兹伯格看作人类的病征。笔者同意该观点,并认为正是这种二元对立的思维,导致人们在当代城市中在所谓的公共空间和私密空间之间生硬直接地划定边界,并造成空间和社会的割裂。

曾有学者给私密性做如下定义,即私密性是"对接近自己的有选择的控制[①]"。这一定义的要点在于"有选择"和"控制",即人设法控制自己对环境开放和封闭的程度,有选择地决定与环境接触和信息交流的程度。而如何有选择地控制的关键就在于如何处理边界。

C·亚历山大在《社区与私密性》中,强调了创造私密性和保持与他人接触的公共生活同等重要。他说"凡有人居住的地方,无论是住宅、公寓,或是其他形式的住所,其所最需要的而且也是最重要的,便是私密性"。并认为"必须找出各种程度的私生活领域,以及各种程度的社区生活,从最隐秘的私密性起,到最强烈的共同生活止。若将这两种领域分开,并且使它们彼此发生关联,则必须把完全新的实质要素掺进这些领域之间。因为这些新的分隔物质,就其本身而言,是非常独立而重要的单位,从这些领域层次,才可将都市的新秩序发展出来。唯有在都市化的居民有了这种新的秩序以后,我们才可以使社区共同生活与私生活之间的都市生活秩序恢复到适切的均衡"[②]。可见,边界可以是一条线或一道墙,将公共和私密简单划分,也可以如亚历山大所说的,是一个新的、独立而重要的分隔物质,起到不同领域空间联结和转换的作用。

赫兹伯格也提出类似的主张,即处于"两者之间"[③]的门槛理论。"门槛作为一种建筑设施,它对于社会的接触就像厚厚的墙对于私密性一样重要。"[④]门槛适用于各种尺度的城市空间,如住区的入口,不应简单看作将居民"吞入"和"吐出"的开口,而应该是欢迎人们驻足停留进行交往的场所,既属于住区内的居民所有,也对外面开放,任何人均可以进入停留。这样的一个过渡空间,可以理解为亚历山大所说的领域之间的新

① 徐磊青,杨公侠.环境心理学.台北:五南图书出版公司,2005:137。
② [美]查马耶夫,亚历山大.社区与私密性.王锦堂译.台北:台隆书店出版社,1984:41。
③ 赫茨博格认为"两者之间"的概念是消除具有不同领域要求的空间之间鲜明划分的关键所在。因此,关键在于创造一个过渡性的空间。它从管理层次上来说属于私有或属于公有,但同时从两个方面均可进入。也就是说,对于两方面来说,任何"对方"使用这一空间都是可以接受的。[荷]赫曼·赫兹伯格.建筑学教程:设计原理.仲德昆译.天津:天津大学出版社,2003:40。
④ [荷]赫曼·赫兹伯格.建筑学教程:设计原理.仲德昆译.天津:天津大学出版社,2003:135。

的实质要素,或转换点,从而发展出都市空间的新秩序。诺伯格·舒尔茨(Norberg-Schulz)也认为私家领地的概念体现在门槛或边界上。门槛、边界的作用就在于将内部与外部在分隔的同时,又连接成一体。而且,这个边界也是公共空间外部的体现。

　　私密性也与文化和场景有很大的关系。不同的民族对私密性的理解和对待私密性的态度有很大差异。如关于入口——公共和私密领域的边界,在不同的文化中其设置的形式和位置均有较大的差别①(图2-19)。在某种文化和情境中,人们心甘情愿地遵守共同的规则,这时,只要环境中有微妙的线索,就会给人以提示,起到保证私密性的作用。拉普卜特所认为私密性等级依附于各种领域,它能以微妙的方式显示:地面变化、标高小异、一挂珠帘等都会提供线索,让人采取适当的行为以避免对私密性的破坏。如在日常生活中的所见:在住宅单元门口停自行车,将鞋柜放在家门口,在楼下晾衣服等都在暗示一种对于领域的占有权。所有这些取决于一种文化、地域及场景上的一致性。当人们能够清楚地理解这些线索,熟知不同情境人的行为规则并自愿遵守,边界对私密性的价值才能实现。

图 2-19　三种文化中不同的住宅边界处理

资料来源:[美]阿摩斯·拉普卜特.宅形与文化.常青,徐菁等译.北京:中国建筑工业出版社,2007:79。

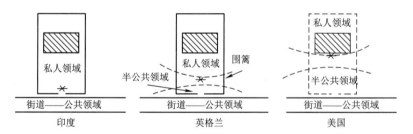

　　边界与公私领域的关系是辨证的。公共领域与私密领域共同形成了边界,塑造了边界的形式和特征。相反,边界也塑造了公共领域与私密领域的形态和特征。可以说,它们是一个统一体。边界既是隔离也是沟通的渠道,在传统社会,由于社会阶层的隔离需要,边界自然起到强大的隔离作用,沟通性较少。当代社会,对开放和沟通的要求使得边界愈加开放。但城市的复杂性要求边界不应只是一条简单的围墙或界限,而是具有弹性的在公共领域与私密领域之间构筑一个缓冲的层次,各种形式的半公共、半私密空间的出现就成为一种必然要求。

　　总之,对于城市社会而言,在公共和私密之间寻求一种平衡是一个

---

① 关于住宅入口设置在不同文化中的差异,拉普卜特提到"入口的神圣性与'领域'界定的恒常需求有关,然而界定的方式在各种文化和各个时期有着千差万别,并处在不断变化之中。不仅入口形式差别甚远,便是所处的位置也各不相同。印度的围场、墨西哥人和穆斯林的宅舍的入口比起西方住宅而言,要更靠前;英国住宅的围篱比美国郊区开敞的宅前草坪更强烈地界定出入口的位置。不论在何种情况下,入口总是作为'公共'和'私人'领域的分界而存在"。引自 [美]阿摩斯·拉普卜特.宅形与文化.常青,徐菁等译.北京:中国建筑工业出版社,2007:79。

巨大的挑战。面对这种挑战需要回答两个问题：如何建立个人领域的私
密性，并保证其不被公共性所干扰；如何建立群体领域的公共性，并保证
不被个人私密性要求所影响①。可以将这两个问题合二为一，即如何在保
证私密性的同时满足公共性的要求。边界就是解决这个问题的关键。

2.3.3　边界的文化效应

2.3.3.1　亚文化区的边界

从文化地理学的角度来看，一个城市可以分为若干亚文化区。C·
亚历山大曾在《建筑模式语言》中对亚文化区和亚文化区边界进行过深
入的阐述。他认为在一个由许多亚文化区构成的城市里，每个亚文化区
都具有独特的特征，并以一条无居民居住的地带作为边界与其他的亚文
化区分隔开来，这样，新的生活方式才得以产生和发展。

在亚历山大所引用的文章《关于以生活方式为基础的环境质量标准
的概念》中提到对大城市的大规模的社会组织解决方案："大都市必须包
含大量的彼此不同的亚文化区。每个亚文化区都是有条不紊、井然有序
的，以其自身的价值观念勾画出鲜明的特征，并与其他的亚文化区泾渭
分明地——区别开来。虽然这些亚文化区必须是轮廓清晰的、各具特色
的、分散的，但不一定是封闭式的；它们必须是相互容易沟通的，所以任
何人都可以十分方便地从一个亚文化区迁往另一个亚文化区，并在他认
为最合适于他的亚文化区定居下来。"②亚历山大最后建议"尽可能把城
市划分成数量众多的、小型的、彼此截然不同的亚文化镶嵌区。每个亚
文化区都有它自己的空间范围，并且每个亚文化区都有权创造它自己的
不拘一格的生活方式"③。

亚历山大认为要实现亚文化区的产生并保持每个亚文化区的文化
独特性，必须设置亚文化区边界。"亚文化区的镶嵌需要成百上千种不
同的文化相互共存，它们以独特的方式充分表现出各自鲜明的特色。但
是，亚文化区各有各的生态环境。如果它们在空间上以边界与外部分隔
开，那么它们才能不受邻区的妨碍而充分显示出自己的鲜明特色。"④亚
历山大建议在亚文化区之间利用自然边界或设置人工边界将亚文化区
区分开，并在边界处设置不同亚文化区居民可以共享的公共空间和服务
设施，使亚文化区边界起到不同亚文化交融碰撞的作用并同时保持各自

①　Ali Madanipour.Public and Private Spaces of the City. London:Routledge，2003，229。
②　[美]C·亚历山大.建筑模式语言.王昕度，周序鸿译.北京：知识产权出版社，2001：153。
③　[美]C·亚历山大.建筑模式语言.王昕度，周序鸿译.北京：知识产权出版社，2001：
159。
④　[美]C·亚历山大.建筑模式语言.王昕度，周序鸿译.北京：知识产权出版社，2001：
211。

图2-20　亚文化区图示（左图）

资料来源：C·亚历山大.建筑模式语言.王昕度,周序鸿译.北京:知识产权出版社,2001:159。

图2-21　亚文化区边界图示（右图）

资料来源：C·亚历山大.建筑模式语言.王昕度,周序鸿译.北京:知识产权出版社,2001:217。

的独立性（图2-20和图2-21）。

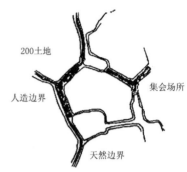

可以说，任何城市都存在亚文化区，如北京传统上就有前门的商业区、大栅栏的文化区、天桥的民间艺术区等。当代北京更是由无数独具亚文化特色的城市区域组成，这些亚文化区正是北京文化多元的体现。从大的城市区位上来说，不同的行政分区也代表一种文化上的差异，也可以认为是亚文化区。如海淀区以教育文化为特色，而朝阳区则以金融商业为特色。人们对北京不同区域的认知也多是体现在对亚文化区的认知上。如问一个人住在北京的什么位置，一般不会得到严格地理意义上的回答，而更多的是基于对亚文化区的集体认知，如五道口、万柳、三里屯、中关村、亚运村、回龙观、上地、牛街、西客站等，每个地名不仅代表一个地理位置，更代表一种特殊的文化区位。

这种亚文化区位的认知影响也鲜明体现在人们的择居选择上。人们选择居住地除了客观考虑多方面的因素外，实际上有很大的主观倾向，这种主观倾向就是对亚文化区的认可程度，这种认可也可以看作对一种理想生活方式的追求。如很多知识分子对居住在高校周边的执着，很多年轻白领对三里屯区域"小资情调"的迷恋是他们选择居住地（购房或租房）的主要原因。

亚文化区的边界往往不能被清晰地划定出来，但总有某条街或某条河会被认为是不同亚文化区的边界。每一个居住在某个亚文化区内的人都会有自己的心理边界，认为越过这条边界即不再是该文化区的范围了。也有很多情况是不同的亚文化区交叠在一起，难以用明确的边界进行区分，而这点亚历山大并没有提到。这些交叠的区域成为文化混杂的区域，往往会产生更为独特的文化现象。

边界的行为效应及社会效应会引发文化效应的产生，即不同的亚文化区的交界地带由于文化的碰撞和交融而产生新的文化现象。从大的尺度来说，处于多个主流文化边界处的地区多呈现出文化特殊性，且其文化的活力也长盛不衰。如从人文地理学的角度来看，土耳其处于欧亚之间，拜占庭文化即发源于此；瑞士处于德法等多国之间，也可称之为在几个大的文化的共同边界处，但这却孕育了独特的瑞士文化并导致瑞士经济的独领风骚。西班牙处于非洲和欧洲之间，其融合了欧洲文明和阿拉伯文明的精华，从而产生出迥异于欧洲大陆的绚丽文化。

从小的尺度来说，一所学校作为文化机构会对其周边地带的文化产生影响，各种与教育和文化相关的产业和活动会汇集到学校的边界地带。如清华大学、北京大学周边的各种教育文化产业的发达就说明了这一点。北京五道口地区就是周边多个大学和住区的边界所形成的文化商业中心。虽然这些行为多半是经济驱动的产物，但从更深的意义上来说是文化效应的结果。

所以，可以将边界的文化效应分为两种：一种是边界地带受到主体领域的影响；另一种是多个文化领域的边界相交地带所引发的文化碰撞和交融（图2-22）。第一种模式是一种单方面向周围辐射从而在边界地带产生影响的模式。如中国文化对其周边国家如韩国、越南、日本等国的影响。由于主体的强大，其边界就会产生文化效应。另一种是相互影响，是双方面或多方面的。

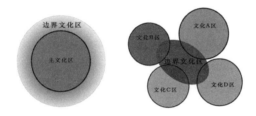

图 2-22　两种边界文化效应模式

边界效应会导致边界与中心的相互转化，从而证明边界与中心的辩证关系，即边界也可以成为中心，反之亦然。如北京五道口地区是众多区域的边界地带，却由于边界效应——行为效应、社会效应和文化效应而成为该地区的中心（图2-23）。

图 2-23　五道口地区的边界效应

资料来源：根据Google Earth地图绘制。

城市经济学者曾菊新认为从城市空间结构角度看，一家商店、一所学校、一处公园、一条马路、一座工厂以及其他各种公用服务设施的出现，都会不同程度地使它的近邻或远邻受到影响。这种影响若给邻近地区生活和生产带来实效和收益，即产生了相邻正效应；相反，则产生负效应[1]。

---

[1]　曾菊新.空间经济：系统与结构.武汉：武汉出版社，1996：206.

五道口地带即为正效应,而城市中大量的封闭围墙地带,往往沦为消极的城市空间,这是由于围墙阻隔了交流的机会,抑制了边界正效应的产生,则为负效应。城中村会对其周边的城市物质环境和社会环境产生负面影响,也会产生负效应。所以,需要对城市中的边界地带重视起来,挖掘边界的潜力,消除边界效应的负面影响,为边界活力的产生创造有利的条件。

2.3.3.2 文化媒介与象征

边界在保护内部不受侵犯的同时,还起着媒介的作用。动物鲜艳的皮肤和羽毛向周围环境传递着如求偶等特定的信息;人类的衣着不仅仅是遮风保暖,更是一种自身的展示,并与他人和社会产生无声的交流;一个彩绘陶瓶更是完全由边界形成的艺术品,上面的图案蕴含着丰富的文化信息;建筑也一样,紫禁城的红色高墙向外部传达着强烈的信号,告诉人们这里是神圣不可侵犯的领地。

边界之所以会成为社会生活的集中地带,与边界的媒介性有很大的关系。媒介即中介或中介物,是信息附着和传播的载体,也是人们之间以及人与事物之间信息交换的中介。在英语中communication(传播或交流)拉丁文原意为分享和公有,并与community(社区)拥有共同的词根,这并不是偶然的。没有传播,就不会有社区,因此可以把传播定义为社会信息的流动。

边界的媒介性几乎是任何类型边界共有的重要特征。动物皮毛的一个重要功能就是向外界传递信号:威吓或吸引。人类的衣着表明着性格、地位、出入的场合甚至心情的变化。建筑同样强调边界的媒介型,如古代城墙的封闭与坚固即表达一种对外拒绝和对内保护的姿态。明清皇城的红墙所传递的信息更加明确,即这里是"禁地"(图2-24)。这种通过边界设置而划分领地的行为大到国家与地区之间的领土争端,小到同桌的小学生用粉笔在桌子中央划定分界线,到猫狗通过撒尿以气味的范围标定自己的领地,边界都在不断传达明确而强烈的信息,以表明对该领域的占有,暂时的或永久的占有。

图2-24 明清皇城红墙

　　占有者除了划定边界，也可以通过在边界处设置标志物使领域人格化，从而使别人认识到领域的特性和占有者的身份。领域的入口处常会提供丰富的信息，如中国古代的酒馆楼前的幌子、发廊的招牌式的灯（图2-25）、肯德基门口的头像等。

图2-25　发廊的招牌

　　对于城市居住空间而言，边界一方面是作为信息的载体，如底层商业和公共设施所负载的商业及公共信息；另一方面，人群的聚集让这里成为信息交流的平台。一个典型的中国住区其边界所具有的媒介性是鲜明的，所承载和传播的信息是丰富的。即便是枯燥乏味的围墙，依然可以让人们了解住区的性格及其与城市的关系，因为不仅仅围墙本身是一种信息的载体，透过围墙看到住区的内部可以让人们了解到这个住区乃至城市的真实生活状况（图2-26）。围墙对外是拒绝的姿态，对内是保护的姿态，但围墙的通透性、开放性，以及材料、色彩、形式等都在向住区内部和外部传达着信息，只不过人们没有意识到，在日常生活中，却不知不觉地受这些信息的影响，从而改变着行为方式。

图2-26　北京某住区围墙

　　与围墙相比，大门的标识性和媒介性更强。在中国传统社会，大门是彰显身份地位的重要标志，甚至门的形制都有严格的规定，绝不可以逾越。当代社会虽然不再有通过门来表明地位的强制性规定，但大门依然在表达群体特征方面占据重要角色。如图2-27所示是清华大学附近清枫华景园小区的大门,由于其居民多为清华大学的教师职工,大门的设计中便参照了清华大学主校门的意象,以表达一种与清华的文化关联(图2-28)。

图2-27　北京清枫华景园小区大门(左图)

图2-28　清华大学主校门(右图)

拉普卜特认为人们是以他们获得的环境的意义来对环境做出反应的。人们之所以喜欢某些住区或城市环境,多半是由于它们含有的意义。可见,很多一般理解所理解的功能,对于使用者来说只能说是一种潜在的功能,是意义,它们起着社会和文化的标志性作用,而不是实际使用的价值,这种意义也可以理解为一种象征性,边界当然也具有这样的意义和象征性。如封闭的围墙就是一种独立领域的象征,尽管很多围墙不过就是可以轻易越过的篱笆,但依然会表达出强烈的地盘象征(图2-29)。最古老的栅栏显然并不是领地的象征,而是用以进行安全防御的,具有实际的用途,但对安全感和占有性的需求就此与栅栏建立了不可分割的联系①。

图2-29　标明领域的围栏

边界是一种领域标记,代表着人们可以察觉到的社会差异,将不同的人群分开。通过标志边界及相应的领域,就产生了明显的、可识别

---

① 关于栅栏的作用,拉普卜特曾提到"从澳大利亚和英国来的游客因美国郊区的住宅没有篱笆而感到吃惊和不解。在他们家乡,房子正面的篱笆不能提供视觉或听觉上的私密性,但代表一个私人领域和边界"。一个英国的栅栏制造商这样说:"人们在大地上打下自己的木桩,维护他们的一小片土地。无论它是多么微不足道,他也希望能让自己的领域突显出来。在其中,他感到安全和幸福。这就是所谓的栅栏。"[美]阿摩斯·拉普卜特.宅形与文化.常青,徐箐等译.北京:中国建筑工业出版社,2007:129。

的有效提醒和警告。很多情况下,这种边界只是一个标识,如"禁止入内",或如国家边境的界碑或告示。很多时候也会通过一种更为强烈的符号做出暗示性的警告,并强调住区与城市的隔离,如很多住区围墙上安装的防盗网,让人怀疑这是住区还是监狱,但对于住区管理者而言,其警告的效果是明显的(图2-30)。如果说边界具有文化媒介和象征的价值,这就是一种负面的价值。

图2-30　防盗网的警告作用

还有很多时候,边界表现为无形,但作为象征,人的行为却会严格遵守这样的无形边界:两个拉美国家的首领在两国边境会晤,以一条象征性的边界做严格的划分,每一方都尊重这条无形的界线,尽管行为上可以轻易跨过去(图2-31)。从这个例子可以看出,边界的象征性要比其物质隔离功能重要得多。

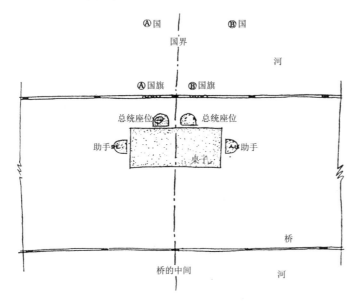

图2-31　边境的会晤

资料来源:[美]阿摩斯·拉普卜特. 建成环境的意义. 黄兰谷等译. 北京:中国建筑工业出版社,1992:81。

第 3 章　城市住区的边界类型（以北京为例）

住区是城市结构形态的基本组成单位，也是城市社会生活的基本空间单元，这就使住区的形态成为城市整体结构的主要影响因素。从北京当代城市住区形态的角度来看，无论是居住区、居住小区，还是居住组团，都具有共同的形态特征，即有边界的城市居住单位。住区边界在住区与住区之间、住区与城市之间扮演着重要的角色，可以说边界在某种程度上塑造了北京乃至中国当代住区和城市的面貌特征。

住区边界的特征主要表现在以下几个方面：

（1）住区边界介于城市私密空间和城市公共空间之间。

（2）住区边界在城市中具有普遍性，在所有空间边界中所占比例最大，对城市结构和景观的影响也最大。

（3）住区边界具有日常生活性，与普通百姓生活密切相关。

3.1 根据相对位置分类

根据边界的位置不同，城市住区边界可以分为三类：一类是住区与城市之间的边界，主要指住区临街空间的边界，也有少量边界与城市空地相接；第二类是住区之间的边界（图3-1）；第三类是住区与其他功能空间的边界。本章主要探讨前两类边界。

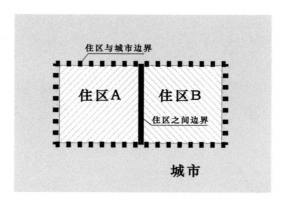

图3-1 住区边界分类示意

3.1.1 住区临街空间边界

城市住区临街空间的边界是住区边界的主要形式，是住区私密空间和城市公共空间的接触地带，往往与城市街道边界重合。

城市住区临街空间边界根据构成要素可分为实体要素边界和空间要素边界。

3.1.1.1 实体要素边界

实体要素主要包括三部分。

（1）围墙：分为通透围墙和不通透围墙。

（2）商业：底层商业（分为连续商业带和局部商业网点）和独立商业（分为依附性独立商业和脱离型独立商业）。

（3）入口：分为象征性的大门、功能性的大门、辅助性入口、车库入口。

从边界实体要素的角度来看，当代住区最具特征也最为普遍的边界类型是围墙和底层商业。以底层商业和围墙为特征的住区边界极大地影响了中国城市居民的日常生活模式，也对城市的公共生活和景观产生极为深刻和深远的影响。

围墙是住区边界的主体，是边界最直接的物质形态，也是人类划分空间最原始和普遍的方式，是中国城市的一大景观特点。学校、住宅区、公园、建筑工地、企事业单位等都被围墙所包围。在北京的任何街道上行走，几乎不可能看不到围墙的存在，很多时候整条街两侧都是单调乏味的围墙（图3-2和图3-3）。

图3-2　北京某小区围墙（一）（左图）

图3-3　北京某小区围墙（二）（右图）

　　封闭住区的围墙主要是防止外面的人轻易进入，一般表现为透空的形式，以使视线可以穿过。有些围墙阻挡人的视线，是更严重的隔离。除了其阻隔功能之外，围墙还具有很强的装饰功能，是住区的重要形象元素。城市中因为无数围墙的存在，有太多无法自由穿越、进入和了解的地带，极大地抑制城市生活的多样性和城市活力的产生。

　　底层商业是城市住区的重要实体要素。边界类型可主要分为有底层商业和无底层商业两大类。另一种分类方式是根据有无围墙将边界分为有围墙边界和无围墙边界。

　　此处需要重点提到的是底层商业空间。由于住区边界往往也是城市道路的边界，沿街设置商业的规则便体现在住区边界上，边界效应也反映在边界的经济性上。线性或带状分布的连续商业形态自古以来就是商业的主要模式之一。中国早有"金角、银边、草肚皮"的说法，沿街布置商业网点，大型商业街，住区边界的底层商业都证明了边界的商业价值。底层商业是市场经济发展在城市商业空间分布上的体现。作为住区的边界，底层商业具有同时服务住区和城市的功能，但更多的是面向城市开放，不仅仅是城市街道景观的主体，更是街道和城市活力的源泉。正是让人眼花缭乱的商业广告、门面招牌和川流不息的人群构成城市的日常公共生活（图3-4和图3-5）。

图3-4　北京宋家庄某住区底层商业（左图）

图3-5　北京上地某住区底层商业（右图）

根据商业形态可以将底层商业分为点式底层商业、带型底层商业、周边型底层商业。点式底层商业源自改革开放初期封闭住区"破墙开店"的行为,并不普遍,且难以形成商业氛围。而带型和周边型底层商业,具备一定的商业集中效应,并成为城市街区景观的重要构成因素和公共生活的重要空间。

入口大门是我国当代住区的重要特征。西方规划理论中将封闭住区称为"gated community",意味着封闭住区是有大门的住区。正是住区封闭的特征才导致大门的存在。可以将入口分为四种:象征性大门、功能性大门、辅助性入口以及车库出入口。

象征性大门主要起到商品标签的作用,是住区的门面,一般来说,象征性大门一般尺度夸张,并且以独立的建筑构成(图3-6);功能性大门一般尺度适中,是真正用于进出人流和车流的出入口,以铁门或电动门作为限制出入的设施,并辅以门卫或保安(图3-7);辅助性入口一般位于住区的角落,作为消防或垃圾等服务性或紧急和临时性的入口,多数时间是封闭的(图3-8);而车库出入口并不是每个住区都有,但是在以"人车分流"为规划模式的住区中会设置若干地下、半地下车库和地上停车场的出入口(图3-9)。

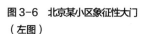

图3-6 北京某小区象征性大门
(左图)

图3-7 北京某小区功能性大门
(右图)

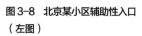

图3-8 北京某小区辅助性入口
(左图)

图3-9 北京某小区车库出入口
(右图)

多数住区都有一个主要的大门作为主入口,辅以次要的大门作为次入口以及一个辅助性入口。而主入口和次入口的位置在一定程度上决定着住区的规划结构。

3.1.1.2 空间要素边界

根据空间要素分类,可以将边界空间分为:
(1)入口空间,分为入口外空间和入口内空间。

（2）转角空间，分为转角外空间和转角内空间。

（3）围墙空间，分为围墙外空间和围墙内空间。

（4）底层商业空间，分为独立底层商业空间和人行底层商业空间。

入口是边界内外或两侧在空间上的通道，是人可以自由通过的空间。但任何事物都具有矛盾的两面，入口在连通被分隔的两个空间的同时也成为另一种分隔。对于戒备森严的入口，其对空间的阻隔性可能远远大于围墙，因为围墙只是物质上的隔离，而入口还可以表现出管理上的隔离以及一种意识上的隔离。

入口内外的缓冲空间对住区具有重要价值，因为该空间有机会将边界内外或两侧的空间沟通融合。对于入口外部空间，能够起到汇聚人流的作用，也是一个由城市公共空间进入住区的过渡空间。而门内部的空间则呈现出亲切和安全的氛围，同时由于处于人流最为集中的地带，容易产生社会交往。在 20 世纪 90 年代以前的小区经常可以看到——入口处是人们逗留、交谈甚至长时间聚集的场所（图 3-10），这是人在寻求对外接触机会的同时还需要安全感的矛盾心理导致的。正是这种看似"模棱两可"的心理需求，导致边界自身的矛盾和多义的特征。

除了住区大门的出入口空间，还存在一种单元入口的空间。在当代中国的封闭式住区中，住宅单元的出入口基本上都在住区内部，而将单元门直接连接城市街道，则是西方国家的普遍居住模式。现在所能找到的单元门直接连接城市街道的住宅往往是改革开放之前的产物，如北京百万庄的围合式街坊（图 3-11）、前三门大街高层住宅等。也正是这种住宅与街道的亲密关系，使得街道空间，尤其是人行道空间具有当代住区临街边界空间不具备的品质，这种品质就是宜人的尺度，舒适的交往空间，公共与私密之间微妙的平衡。当代城市住区对安全感的过度重视，使得这种住宅与街道之间的亲密关系再也找不到了。

图 3-10　小区门口下棋与观棋的人（左图）

图 3-11　百万庄小区住宅临街空间边界（单元入口）（右图）

围墙空间可分为两种：一种是住区与城市之间的围墙；另一种是住区之间的围墙。其中住区与城市之间的围墙将边界空间划分成围墙内边界空间和围墙外边界空间。

（1）围墙内边界空间：是边界域中最"消极"的空间领域。如在住宅建筑和围墙之间,则在形态上比较明确。由于此空间尺度往往狭小局促,不适合人的聚集和活动,同时由于距离一层的住宅外窗太近,对私密感也有很大影响。而如果一层居民将该空间辟为自己的庭院,又容易受到围墙外的干扰。以上原因导致该空间的荒芜,几乎无人利用和活动(图3-12)。

图3-12 围墙内边界空间

(2)围墙外边界空间:围墙外的边界空间包括围墙外围的绿化带、人行道及车行道,实际上就是街道的范围(图3-13)。但对于围墙外是空地的情况,空间呈现离散的消极状态。多数情况下,人行道是围墙外最普遍也是最重要的边界域,也是城市步行系统的基础。西方城市住区边界的人行道往往是最具吸引力的城市公共空间,商店、咖啡厅、酒吧等成为人行道的界面,行人和休憩的人让这个领域极富活力。在中国,绝大多数的该类空间只是解决交通功能,甚至当大量随便停放的机动车占据人行道时,基本的人行交通功能都无法满足,更不用提为残疾人、老人和儿童的户外活动提供便利了(图3-14)。

图3-13 围墙外边界空间

另外,围墙外空间中的绿地作为一种绿化隔离带,经常处于荒芜状态,成为城市住区边界的"伤疤"。原因很简单:没能将绿地与人的活动场所结合在一起(图3-15)。

图3-14 围墙外的"人行道"
(左图)

图3-15 围墙外荒芜的绿地
(右图)

综上,得出几种基本的住区临街空间边界模式,如图3-16所示。

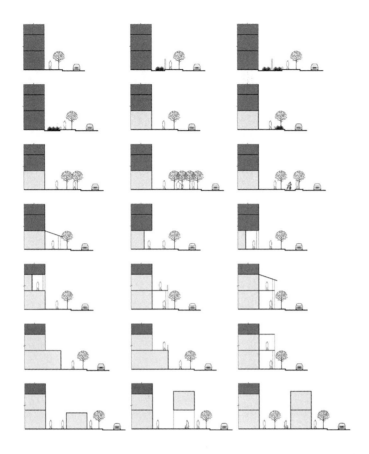

图 3-16　住区临街空间的边界类型剖面示意

3.1.2　相邻住区之间边界

　　相邻住区之间的边界是住区之间共用的边界。当新建住区的基地紧邻另一块基地或早已建成的住区时，为防止住区之间相互干扰，便通过围墙将两个住区分隔起来。

　　住区之间的边界阻隔了两个住区之间交往的可能性，降低了居民交通的可达性，尤其是步行交通的可选择性，也就降低了步行交通和关注相邻住区的愿望。在住区规划中，相邻住区边界两侧往往被设计为车行道路和停车场，从规划结构上更加强了住区之间的分隔，同时边界两侧的空间被沦为失落的空间，会导致土地和空间资源的浪费，也造成住区边界地带成为住区中被人遗弃和忽略的场所，形成一定程度的不安全感（图 3-17）。

图 3-17　相邻住区之间的边界

3.2　根据作用程度分类

从边界对城市空间的影响角度,可以把边界分为两种:积极边界和消极边界。

城市设计就需要对边界进行分类控制,要区分积极边界和消极边界,从而加强现有的积极边界的积极作用,增加积极边界的数量,减弱和消除消极边界的负面影响,并力求化消极边界为积极边界。

3.2.1　积极边界

积极边界主要体现在景观和社会交往两个层面上。景观层面是指城市沿街连续界面的沿街景观效果和边界通透的景观层次效果。社会交往层面是指边界公共空间所形成的促进人际交往,增加边界活力的作用。如底层商业边界往往会激发街道的经济和社会活力,住区边界的小广场或街角公园会促进住区与城市的交流。凯文·林奇就从城市意象的角度将边界看作形成城市意象的五个基本要素之一,肯定了边界在城市结构组织中存在的价值,边界对城市的积极价值第一次从理论的角度被专门提出,并得到广泛的接受。林奇认识到"边界不仅仅是隔离的屏障,也是有效的缝合线"[①]。雅各布斯在《美国大城市的死与生》中引用林奇的话"对于一个边界地带来说,如果人们的目光能一直延伸到它的里面,或能够一直走进去,如果在其深处,两边的区域能够形成一种互构的关系,那么,这样的边界就不会是一种突兀其来的屏障的感觉,而是一个有机的接缝扣,一个交接点,位于两边的区域可以天衣无缝地连接在一起"[②]。

可见,积极边界对于城市来说是非常重要的。在北京,可以找到大量的积极边界,这些边界的形成往往是在住区规划之前的城市规划阶段就形成的,很多属于道路规划设计层面的街道绿化带,作为城市干道与住区之间的缓冲带,却成为城市中品质很高的,具有重要价值的开放空间。如和平街与和平里之间的城市绿地和带状公园(图3-18),清华

[①]　林奇认为"边界是线性要素,但观察者并没有把它与道路同等使用或对待,它是两个部分的边界线,是连续过程中的线形中断,比如海岸、铁路线的分割,开发用地的边界、围墙等,是一种横向的参照,而不是坐标轴。这些边界可能是栅栏,或多或少地可以相互渗透,同时将区域之间区分开来;也可能是接缝,沿线的两个区域相互关联,衔接在一起。这些边界元素虽然不像道路那样重要,但对许多人来说它在组织特征中具有重要作用,尤其是它能够把一些普通的区域连接起来,比如一个城市在水边或是城墙边的轮廓线""尽管边界的连续性和可见性十分关键,但强大的边界也并非无法穿越。许多边界是凝聚的缝合线,而不是隔离的屏障,研究这两种作用的区别十分有趣"。[美]凯文·林奇.城市意象.方益萍,何晓军译.北京:华夏出版社,2006:35。

[②]　[美]简·雅各布斯.美国大城市的死与生.金衡山译.南京:译林出版社,2005:294。

东路与北侧东王庄小区之间的带状绿地（图 3-19），都是城市中的积极边界，为城市与住区之间制造了缝合带，而不是简单隔离，更为住区与城市之间的交流提供了载体。规模较大的土城带状公园，不仅仅是城市中起到融合作用的物质边界，同时也成为亚文化区边界，是城市活力的激发地和文化交融的孵化地（图 3-20）。

图 3-18　和平街与和平里之间的带状公园

资料来源：Google Earth 地图与作者摄

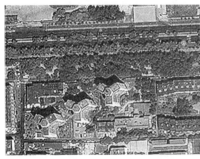

图 3-19　清华东路与东王庄小区之间的带状绿地

资料来源：Google Earth 地图与作者摄

图 3-20　土城带状公园形成的亚文化区边界

资料来源：Google Earth 地图

3.2.2　消极边界

消极边界主要体现在隔离性和封闭性的墙，以及围墙两侧的道路、停车带和空地，不能为公共活动使用的绿带等。消极边界是当代北京城市住区的主要边界，也是住区边界问题的直接体现。如果城市空间分为积极空间和消极空间，积极空间是正空间，而消极空间是负空间，那么消极边界是消极空间的制造者，是城市活力的杀手（图 3-21）。只要消极边界存在的地方,就会生硬地割裂空间、驱逐人群、造成污染和滋生犯罪。如何将消极空间转化为积极空间,将在本书第6章阐述。

图 3-21 制造消极空间的消极边界

3.3 根据封闭特征分类

根据边界的封闭程度或封闭性可以将边界分为两种:视觉通透的边界和空间开放的边界。

3.3.1 视觉通透的边界

视觉的封闭和通透也可称为透明性或通透性,可以大体分为不透、半透和全透。由于城市街道两侧有时一侧有围墙,而往往两侧都有围墙,可以将视觉通透分为单层的通透和双层的通透。图3-22是边界视觉通透的类型图示。

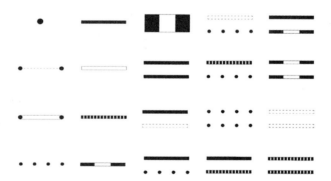

图 3-22 边界视觉通透的类型图示

3.3.2 空间开放的边界

开放和封闭是相对的,没有绝对意义的开放,也没有绝对意义的封闭。同一个场所,对某些人是开放的,而对另一些人可能是封闭的。本书所提到的"封闭住区"是一个相对笼统的概念,泛指被围墙所包围,限制住区外部的人随便进入内部的住区。然而就封闭性而言，根据边界的封闭程度，可将边界划分为以下六类：

（1）存在但人很难或根本意识不到。

（2）能够意识到，但身体和精神均可轻松穿越。

（3）身体可穿越，但存在心理障碍。

（4）身体不可穿越，但视线可穿越。

（5）身体不可穿越，视线不可穿越。

（6）不可接近（危险的边界）。

边界的封闭程度也可以用强弱来说明（图3-23）。当然，边界的强弱也是相对的。这里不仅有视觉和身体行为的感受，也有心理的感受。如军事禁区的边界无论在视觉上、行为上还是心理上都具极强的排斥性。强边界表现出强烈的私密特征，但弱边界也可以表现出私密，边界可有多种方式来界定微妙的领域感。

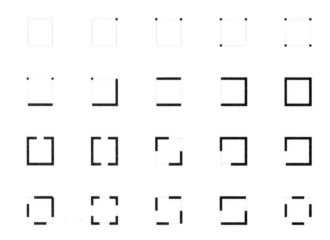

图3-23 边界的封闭与开放图示

3.3.2.1 渗透性

细胞内外一刻不停地通过细胞膜进行物质和能量的交换，这种交换就是以渗透的方式进行。渗透是一种相对缓慢和自然的行为，但具有普遍性。渗透可以表现为人的行为，也可以表现为功能和空间以及景观。如在传统欧洲的广场，人流从周围小巷进出广场的行为就可以理解为渗透。视线通透的住区围墙，其内外空间具有渗透的特征。北京许多小区沿街的底层商业功能渗透进小区内部，从住区内部便可以看到大量商业信息，这是一种功能上的渗透。

之所以会产生渗透行为是因为边界是两个甚至多个领域之间的过渡区域，同时受到几个区域的作用，是内外力汇集的地方。渗透行为只能发生在边界内外或边界两侧，且在边界两侧为异质领域时表现得最为明显。如不同的功能、不同的空间形态或空间容量会导致两侧空间力场的差异,从而使渗透行为发生。

边界的渗透性对于城市空间和城市功能具有重要价值。传统城市细密的毛细血管似的道路网使得城市内部能量的流通自然顺畅,并与人的日常生活融为一体。当代城市对土地粗放的分区使用,道路网密度大大减小,宽阔的车行道其长度和宽度都已经远远超过人体步行的尺度,致使生活化的渗透行为大大减少。能量被集中起来,通过城市干道快速运输,如同输送血液的人体动脉和静脉。然而,缺乏毛细血管的人体,其能量难以输送到每一个细胞,很快就会破坏身体平衡健康的机能,一旦出现运输不畅,阻塞的能量会形成肿块,产生病变。城市中缺少丰富细密的道路网,缺少连通城市各个角落的小街小巷,城市生活的多样性也将会被扼杀。边界渗透的观念就是要打破对城市空间过长的围敝,增加城市中边界的开口密度,而不是开口的宽度,让人在城市中的步行更加容易,出行的选择更加丰富,城市景观也能够向所有人开放,而不是封闭在围墙内仅供少数人享用。

3.3.2.2 可穿越性

穿越是以较快的速度从边界的一边到达另一边的行为。穿越行为不同于渗透,尽管行为的结果类似,都是从边界的一侧到达另外一侧,但穿越更为直接和快速,是边界两侧进行沟通最直接的手段。另外,如果合理妥善处理边界的穿越行为,有效地组织穿越,则穿越行为会转化为一种积极的沟通和交流行为。如位于住区边界的大门是穿越行为最频繁发生的场所,可以通过空间设计让穿越行为更柔和,但同时保持高效。传统四合院进门处的影壁或日本住宅的玄关都起到缓和穿越行为的过渡作用,即在穿越过程中转向或停留,从而防止直接性的穿越行为对边界内部的冲击,并将这种控制与人的行为规范甚至文化联系在一起。

从城市设计和住区规划的角度来看,住区的可穿越性应成为住区开放性的重要指标之一。可穿越的住区可以将住区两侧的城市在交通和空间上有机联系起来,并将城市活力带入住区内部。这种穿越是指城市人流的穿越,不限于住区内部居民的穿越。北京的塔院、沿海赛洛城等半开放的住区规划中,可穿越性的公共空间被作为一种规划结构的主线将城市空间串联起来,并成为城市活力的激活点。

3.4 根据居住模式分类

从1949年新中国成立至今,北京城经历了从一个古代都城到现代都市的巨大转变。在这个巨变的过程中,城市居住空间的发展变化最为剧烈,并对城市结构和城市景观产生深远的影响。北京的城市居住空间从新中国成立初期的单一模式发展到现在呈现出多元化的特征，这是一个渐进发展的过程。从明清时期的街坊体系，到新中国成立后的邻里单位模式，源自苏联的周边式住宅模式，计划经济时代的封闭大院模式，改革开放后出现并流行的封闭小区模式，以及近些年出现的半封闭半开放甚至完全"开放"的模式。每种模式都是时代的产物，同时，这些居住模式共存于当代北京，形成城市特有的结构和风貌。

如果将北京当代比较有代表性的城市居住空间进行比较粗略的分类，可以分为以下五种（以出现时间为序）：胡同街坊、邻里单位、周边街坊、单位大院、居住小区等（外来人口聚居区由于大多未经过规划，不在本书讨论范畴。另外别墅区是我国城市住区的特殊类型，由于别墅区在城市居住空间中占有极小的比例，其居住人群也是特定的高收入阶层，再加上多数别墅区一般处于城市外围的城乡结合或环境质量好的郊区位置，与城市的关系是一种疏离的状态，所以本书不将别墅区列入讨论的范畴）。北京城市住区模式的发展历史见表3-1。

北京城市住区模式的历史　　　　　　　　　表 3-1

	胡同街坊模式	邻里单位模式	周边街坊模式	单位大院模式	居住小区模式
盛行时间	元、明、清	20世纪50年代	20世纪50—20世纪60年代	20世纪50—20世纪80年代	20世纪80年代至今
形成机制	传统空间观念以家族为单位	社会组织形式城市建设需求	苏联影响的意识形态表达	单位社会体制计划经济体制	商业地产开发社会分异结果
边界形式	四合院外墙	街道	沿街住宅	围墙	围墙、底层商业
封闭性	家庭封闭性强大小街坊开放	开放街道是交往场所	空间形态围合但对城市开放	封闭性强	封闭或半封闭
内部功能	居住为主日常生活所需公共交往城市流动性	社区基本生活内部居民交往场所，少量外部交往无城市功能	开放空间类邻里单位公共交往	工作、生活于一体的混合社区生活功能齐全部分城市功能只对内部人员	居住生活为中心内部居民交往场所，排斥外部无城市公共功能

表格来源：作者自绘。

3.4.1　胡同街坊边界

3.4.1.1　街坊体系

中国传统的城市聚落体系源自井田制。井田制是土地划分的制度，在中国有悠久的历史，这从甲骨文的"田"字就可以看出。中国古代城市方格系统的产生就是受井田制影响，这种规划的原型一直延续至今[①]。

---

① 吴良镛先生写到"井田制度，类似西方的'九方格形（nine squares）'（即我们常说的'九宫格'），是一个很值得加以探索的东西；从田地的划分到方格形城市结构的形成，居住里巷系统的发展及以庭院为基础的合院住宅系统的居住建筑组织形式，可能都与这种制度的'原型'有关。"吴良镛.北京旧城与菊儿胡同.北京：中国建筑工业出版社，1994：76。

传统的城市居住体系当然要从属于城市的方格系统,并形成中国古代的城市结构等级体系。

以庭院为基础的合院住宅系统经过千百年的发展完善,成为与城市体系完美统一的居住建筑组织形式。将合院组织在一起形成的居住群落或住区,在古代中国称为"里""闾里""坊里"。从秦汉到唐,坊里是居住区的基本单位,用城市街道来划分,四周围以围墙,以坊门对外相通。一般居民必须经过坊门和坊内的街巷才能通入住宅,到了夜间则宵禁,坊门关闭[1]。宋代,由于商品经济的发展,里坊制度虽然依然存在,但坊墙和坊门均被取消,街坊面向街道。而元大都及明清北京居住街坊的布局即沿用了宋代的形制。以菊儿胡同为例,其所在的大街坊——元代"昭回靖恭坊"(今南锣鼓巷四合院街坊)约84hm²,东西总长1060m,南北宽820m,胡同与胡同间平均为70~80m(图3-24)。菊儿胡同小街坊总面积为8.2hm²[2]。

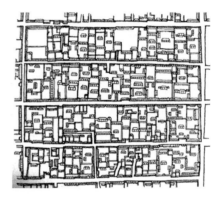

图3-24 北京街坊体系——乾隆京城全图局部(南锣鼓巷地区)

资料来源:吴良镛.北京旧城与菊儿胡同.北京:中国建筑工业出版社,1994:83。

吴良镛先生通过对菊儿胡同及所在的元代昭回靖恭坊的分析,总结了北京这种规划结构的特点:

(1)大干路、大街坊、小胡同的街巷交通体系。

(2)商业与衙署、官府、庙宇、王府、公邸、宅第有分有合,形成混合街区(相当于今天的Mixed Zoning),可以说这种混合分区就是中国的传统。

(3)胡同与四合院住宅在布局上紧密结合[3]。

从以上分析可以看出,尽管四合院是传统北京城市空间结构的基本构成单位,可称之为城市有机体的细胞,但四合院组成小街坊,小街坊组成大街坊,大街坊组成城市这一体系才是北京城市空间结构的核心。四合院本身是封闭的,城市由于城墙的包围也是封闭的,城市内部的皇城及官衙府第也是封闭的,然而从封闭的居住单位——合院到城

① 吴良镛.北京旧城与菊儿胡同.北京:中国建筑工业出版社,1994:76。
② 吴良镛.北京旧城与菊儿胡同.北京:中国建筑工业出版社,1994:81。
③ 吴良镛.北京旧城与菊儿胡同[M].北京:中国建筑工业出版社,1994:81。

市之间的空间等级系统是开放的。从公共性最强的大街进入大街坊，通过胡同和小巷，进入小街坊，再进入四合院，这样的一个行进的空间序列是如此清晰，不着痕迹。真正的封闭边界只在最小的居住单位——四合院的外墙处出现。从住区边界的角度来看，可以说这种街坊式的住区是无边界的。尽管可以将划分大街坊的干道和划分小街坊的胡同称为住区的边界，然而这种边界与城市的开放生活空间是一体的，边界并没有割裂生活，而是融入生活之中。居住的私密性和安全感不是通过边界而是通过空间的层次营造出来，这种开放的层次是北京传统住区及城市之所以能形成适宜人居的城市环境的关键。

尽管从城市的尺度来看，传统的北京依然存在明显的因阶层不同而导致的分区，用现在的话说就是居住分异。但对于一个区域，一个大街坊到小街坊，并不存在隔离性质的边界。正如吴良镛先生所说，传统的街坊是混合分区，富有的人所居住的重重宅院以及官衙府第与普通人所居住的简单四合院都在一个统一的街坊系统之中，城市的公共空间和公共生活是共享的。这是一种结构上的无边界模式，或者说将边界局限于家庭之间而不是群体之间，从而在公共意义上形成了无边界的开放特征。

3.4.1.2　街巷空间

日本建筑师黑川纪章曾说过东方人没有广场生活而只有街的生活。相对于西方的广场，街道没有一个明晰确定的边界。"街道是一个随着时间的推移而变化不定的区域，它与面对着的两边建筑物进行对话。街道一整天里随着人群活动的节奏时时改变着它的面貌。……有时候街道也用作交通空间，其余的时间则是个人生活空间的扩展。它作为具有多元性质和多元意义的空间存在。它是每幢住宅私密的室内空间与公共的室外空间相会的中间领域；……这种室内和室外的共生代表了一种典型的东方式的空间观念。"①当人们在日本的东京漫游，会发现街道的功能具有很大的灵活性。白天还是川流不息的交通空间，到晚上就变成各种室外聚会、群众演出、举行仪式的场所，显现出惊人的活力。人们聚集在街道上而不是像欧洲人更多的是聚集在广场上进行公共生活。所谓在城市中的户外公共生活指的就是街道生活。

同为东方民族的中国也表现出这样的特征。自从宋代城市可以沿街设市以来（图3-25），街道就成为人们最重要的公共交往空间，而在西方传统城市中不可缺少的"城市客厅——广场"对于中国的城市显然成为稀有品。对于中国乃至东方为什么以街道为其主要的公共生活空间而不是广场，则要归因于中国不同于西方的社会文化形态，或者说

---

① 郑时龄，薛密.黑川纪章 [M].北京：中国建筑工业出版社，2004：218.

传统文化的根源。与西方文化相比,中国传统文化具有一种特殊的超稳定结构,这种结构与中国传统的农本社会(或乡土社会)特质是分不开的。

中国人常说的大街小巷,鲜明地概括了两种尺度的公共生活空间。如果说街是边界,巷就是对边界针孔式的打破。与街相比,巷是最小尺度的交通空间,是空间群落中的缝隙。如果把城市比作人体,则城市干道是动脉,生活化的街道是静脉,而这些小巷则是毛细血管。毛细血管的存在对于人体生命具有重要作用,小巷对于城市的作用也是一样的。在传统中国,小巷遍布在城市的任何地方,或直或曲,或长或短,连通的或尽端的,小巷把触角深入到城市的任何角落,成为城市从公共空间向私密空间过渡的重要层次,也是人们日常生活最经常使用的空间。

图 3-25 清明上河图中的汴梁街道

资料来源:清明上河图.(宋)张择端绘;杨东胜主编.天津:天津人民美术出版社,2008。

北京胡同系统就是街巷系统,几乎任何街道都和无数胡同、小巷相连(图3-26和图3-27),这种街坊式的居住模式是邻里生活形成的基础。尽管一个个四合院本身是对外封闭的,但胡同、小巷这些在城市中承担主要交通功能的线性空间,成为公共生活和邻里交往的场所。街道是对城市所有人开放的,是商业的集中地,也是城市信息发布和传播的重要工具。胡同,相对私密和安静,更贴近日常生活。商业网点以及公共服务设施均在步行范围内,并成为人际交往的最佳场所。

图 3-26 北京南锣鼓巷(左图)

图 3-27 北京鼓楼大街胡同(右图)

在胡同街坊边界中，胡同口和街角是最具特征的边界空间要素，同时也是最为重要的社会空间（图3-28）。人们在胡同口打招呼、停留和观望、纳凉和消闲，并等待家人回来；去街角的小卖部买包烟，孩子去街角商店打酱油，到街边理发，乃至上厕所，这些普通的日常行为都成为人际交往的契机。陌生人当然可以进出胡同，各种流动的商贩，附近街坊抄近路的居民，走错路的人，到处乱跑打闹的儿童等，这种陌生人的流动及与居民的交流给街坊带来生气和活力。同时，熟识的街坊邻居，适宜的空间尺度也提供了安全感，任何反常的人或行为都会立刻引起人们的注意。居民自发组成的"安全巡视员"更让街坊充满安全感，于是，街坊起到了既能保证家庭生活的私密性，又能满足日常生活的功能需要，同时形成颇有亲密性的邻里氛围并具有安全感的作用。当然，这种紧凑的聚居模式还带来对不利气候的适当控制，如风沙、日晒等，并通过自发地种植树木和各种植物，饲养宠物等行为使人与自然有机协调地融为一个整体。这一切都体现了邻里最重要的价值即让居民产生一种强烈的领域归属感，而这种归属感是城市社会稳定和睦的重要基础。

图 3-28　胡同口与街角

所以，巷不仅仅是街的补充，巷自身所具有的特殊功能，其对城市交通最末端的贡献，其对城市微观意象的价值都是不可或缺的。小巷在街坊边界处的开口更是老北京街道空间迷人的重要原因之一。简·雅各布斯说过，好的街道其两侧的边界都具有透明性。小巷如同在边界上穿透的缝隙，让人在街上行走会不时瞥进深深的巷中，这种亲切和略带神秘感的体验是一个城市不可缺少的特质（图3-29）。从城市文化的角度来说，缺少了巷的中国传统城市是不可想象的。巷让人们看到城市公共空间最细微的层面，也是城市公共空间深度的量尺。巷是城市迷宫中最神秘的探索路径，只有步入小巷，才能真正感受到城市的呼吸和脉搏，并领会真正的城市文化。

图3-29 传统住区边界的缝隙

由街巷形成的传统城市住区的边界与当今的大马路、高围墙形成的住区边界具有鲜明的对比。城市最终是为人居住的,而街巷正是符合生活尺度的空间模式。当代城市的病症与街巷空间的缺少不能说没有关系。正如汪民安在《街道的面孔》中所写到的,"街道,正是城市的寄生物,它寄居在城市的腹中,但也养育和激活了城市。没有街道就没有城市。巨大的城市机器,正是因为街道而变成了一个有机体,一个具有活力和生命的有机体。"[1]

3.4.2 邻里单位边界

邻里单位规划思想的核心是城市聚居的,规模合适的社会组织细胞。这种形式符合20世纪中后期中国社会的组织特征以及土地制度,并随着城市化运动和房地产的高速发展,转变为富有中国特色、符合中国国情的城市居住模式。尽管居住小区早已不能再等同于邻里单位,但其思想和理论根源依然是邻里单位——现代主义影响下的城市住区规划思想。

中国在20世纪50年代采纳邻里单位思想的原因与邻里单位在西方产生的背景和原因是有差异的。佩里提出邻里单位思想主要是基于当时西方城市化的高速发展,机动交通所造成的安全、噪声以及污染对城市居民的危害,从而提出由城市道路围合,禁止城市道路穿过的邻里单位,主要保证人们可以在安全的步行范围内解决日常生活所需,尤其是儿童上学不必穿越城市道路,从而减少危险。可以说,这是一种人本主义思想体现。中国当年接受邻里单位思想,更多是因为中国社会的制度和社会结构正好契合这种规划模式,也符合大量、快速进行旧城改造和新城建设的需要。上海的曹杨新村便是一个成功的案例。1951年开始修建的上海曹杨新村在某种程度上就采取了邻里单位的形式。整个居住区总面积94.63hm²,从邻里中心到邻里边界约0.6km,步行只需要7~8min,中心设立各项公共建筑[2]。

---

① 汪民安.街道的面孔//都市文化研究 第一辑 都市文化史:回顾与展望[M].上海:上海三联书店,2005:80.

② 由于意识形态的原因,曹阳新村曾被作为资本主义城市规划思想的体现而进行了批判。而当时我国大力推广的苏联居住区规划思想实际上也源于邻里单位思想。

实际上，从百万庄周边式街坊的模式中，也看到该规划受到邻里单位的影响：有社区中心，有明确的边界，从住区边界到中心基本上在可接受的步行范围内，可以看作是典型的邻里单位模式，只不过建筑的布局形式采用了特色过于鲜明的周边式街坊。而在中国逐渐建立起来并盛行的居住小区模式中，邻里单位依然是其鼻祖或者说是原型，只是随着时代的发展，小区的模式发生了很大的改变，以适应社会的需要。

尽管邻里单位有明确的邻里中心和边界，但邻里单位是不设围墙的居住空间，对城市是开放的，其边界主要表现在围绕邻里单位的城市道路及其绿化空间，而其内部道路网还是与城市道路有机相通，内部的公共空间与公共服务设施也是对外部开放的，所以，边界的封闭并不能看作我国邻里单位规划模式的特征，这是与当代封闭住区的最大区别。

3.4.3　周边街坊边界

周边式住宅也被称为周边式街坊，是20世纪50年代受苏联影响而大量出现的住区规划模式。这种源自欧洲的住区模式在住宅建筑群体组合上一般有强烈的轴线，整体呈对称形式，建筑沿街道走向布置，从而形成围合的大院落，表现出强烈的形式主义倾向和秩序感[①]，如北京百万庄和酒仙桥的周边式街坊（图3-30和图3-31）。典型的苏联式周边住宅街坊由四条道路围合，沿周边布置的住宅为边界，形成大尺度的院落，院落中设置幼托等公共服务设施，沿街的住宅同时也形成街道的界面，从街道可直接进入住宅，不与院落发生关系。院落所起的作用，主要是提供相对私密和安静的住区活动空间，但院落并不封闭，而是对城市开放。周边式街坊的形态尽管独具一格，但其规划思想依然是邻里单位的模式：被城市道路包围，公共服务设施位于中央，与边界的距离保证在步行尺度之内。

图 3-30　北京百万庄周边式街坊（左图）

资料来源：Google Earth 地图

图 3-31　北京酒仙桥周边式街坊（右图）

资料来源：Google Earth 地图

欧洲的周边式住宅是一种较为普遍的城市住宅模式，源于文艺复兴晚期巴洛克式的城市规划。巴洛克的典型做法就是通过建立整齐、

---

① 吕俊华，彼得·罗，张杰. 中国现代城市住宅：1840—2000[M]. 北京：清华大学出版社，2003：129.

具有强烈秩序感的城市轴线系统，来强调城市空间的运动感和序列景观①。为了强调轴线、标志物等彰显壮丽和权威的城市景观，均匀的格网构成的城市街区背景就显得十分重要，由宽阔的街道均匀分布所分割成的地块就成为一个周边式住宅的街区 Block。这种 Block 作为一种基本住宅模式，从17世纪文艺复兴晚期直到18世纪工业革命带来城市的变革和行列式住宅的出现，一直是欧洲国家城市住宅普遍采用的模式，奠定了欧洲城市结构与肌理的基础。20世纪初，欧洲城市住宅区重新拾回巴洛克式的街区传统，周边式住宅再次兴起。欧洲的社会主义革命，又赋予周边式街坊以强烈的意识形态。如建于1930年的维也纳卡尔·马克思大院②，是极具纪念性和浪漫主义色彩的巨型住宅院落，被认为是"红色维也纳"的象征③（图3-32）。苏联更是将这种形式发挥至极致，用以体现社会主义大家庭的团结和集体主义精神。

图 3-32　维也纳卡尔·马克思大院

资料来源：王路.维也纳当代住宅区建设[J].世界建筑，1999（4）：17。

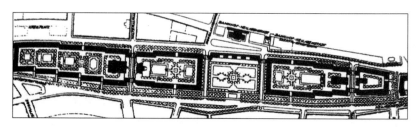

　　苏联在1949年后对中国在政治、经济、文化等各方面的影响也一样体现在城市规划和住宅建设中，周边式街坊曾在20世纪50年代盛行于中国，百万庄小区就是这种模式的代表。甚至在20世纪60年代对北京旧城进行改建规划方案的研究中，北京旧城的四合院曾全部被周边式街坊的模式所替代（图3-33），如果真的按照这样的规划实施，恐怕北京的城市面貌早已成为苏联城市的翻版④。

① 张京祥.西方城市规划思想史纲 [M].南京：东南大学出版社，2005：58。
② 卡尔·马克思大院的设计者是瓦格纳学派的建筑师，社会主义者卡·恩（Karl Ehn）。卡·恩试图在此为工人找到一种自律的、民主化的住屋形式：大型的居住围绕公园般的内院，院中有良好的绿化及活动场地，所有的住宅都有阳台、凹廊等，院中还有托儿所、洗衣店、图书馆、办公室、小商店及门诊所，它在维也纳住宅中具有史诗般的气魄：1km 长，1387 套住宅，94 个楼梯间，至今它还是世界上最大的住宅楼，现在住着17000 位居民。引自王路.维也纳当代住宅区建设.世界建筑，1999（4）：16。
③ 王路.维也纳当代住宅区建设 [J].世界建筑，1999（4）：16。
④ 董光器在《古都北京——五十年演变录》中，较为详细地回顾了这段历史。书中的北京城市规划方案总图是由当时的都市规划委员会与规划局合并的城区规划室（规划局四室）编制的九稿详细方案规划方案中的一稿。另外，北京市建筑设计院也进行了类似工作。这些研究都是规划设计部门的内部研究，其目的不是作为实施方案，而是通过各种不同思路编制的详细规划方案进行详细测算，用模拟试验的方法进行各种可能性的比较，研究旧城改建可能会带来什么结果，造成什么形象。所有的方案基本都没有保留胡同系统与成片四合院。尽管是研究方案，却能体现当时的住区规划在非常大的程度上受到苏联周边式街坊模式的影响。

图 3-33　以周边式街坊为居住模式的北京城市规划方案总图（局部）

资料来源：董光器.古都北京——五十年演变录[M].南京：东南大学出版社，2006.

实际上，北京的周边式街坊与西方城市普遍存在的周边式街坊有显著的不同。西方国家的周边式街坊是城市组成的基本细胞，其四周均为城市街道所包围，建筑的围合性和封闭性较强，并呈现一种匀质性。而北京的周边式街坊是在划定好的巨大城市街块内的一系列半开放围合院落的组合。西方的周边式街坊与其城市街区、街道融为一体，并符合西方人的生活习惯和土地利用模式，其建筑形式也多为底层商业、上层居住的模式，从而使街道的商业和公共生活高效而丰富。北京的周边式街坊却是在原有土地划分的基础上，简单引用了周边式街坊的形态，而忽略了其街道和公共生活的内涵。

周边式街坊只在北京的城市中占有很小的比例，是特定历史时期的特定产物，却是不可忽视的历史片段，一方面是因为它记录了一段重要的历史，另一方面也是对居住模式的一种重要探索。从住区边界的角度来说，周边式街坊的边界形成许多对城市开放的开口，自然形成与城市空间的有机衔接，同时保持了街道界面的统一感和连续性，这一点对于当代住区规划是有启示作用的。

3.4.4　单位大院边界

单位，是我国计划经济体制下的特殊产物。20 世纪 50 年代初，我国开始照搬苏联经验，建立一整套计划经济运行模式。单位成为国家政治、经济和社会结构的基本组成细胞和运行单元。根据性质单位可分为国家机关单位、事业单位、企业单位、军事单位等[1]。但无论是哪一种单位，在物质规划上都以单位大院为特征。北京作为首都，是单位制的发源地和集中地，北京的单位大院也就相应地遍及整个城市，成为城市形

---

[1]　乔永学.北京"单位大院"的历史变迁及其对北京城市空间的影响.华中建筑，2004（5）：91。

态构成的基本细胞①。

单位大院是中国特有的一种居住模式,是特定时代的特定产物。作为一种社会组织形式——单位的物质载体和社会空间模式,单位大院曾极大地改变了北京城市的肌理,并对城市空间、城市生活以及人们对生活的认识产生深刻的影响。居住小区的形成虽然与单位大院形成的原因大不相同,但其共同的封闭性特征显示了它们内在的关联。不可否认,这种曾经的集体主义居住模式在几代人心中刻下深深的烙印,并成为深刻影响当代北京乃至中国封闭住区模式的重要因素。

单位大院作为单位制度和单位社会的物质载体,具有以下主要特征:

1)围墙和封闭性

单位大院是被围墙包围的一个个独立于城市的封闭实体,墙是实现封闭性隔离的手段。外来人要进入大院,必须经过入口大门。一般来说,门口有警卫把守,所以必须经过询问登记等过程和手续才能进入。整个大院如同军事机构的堡垒,具有很强的防范性,而对内部的人来说,会产生较强的安全感。

2)仪式性的大门及入口空间

一般来说,一个大院至少要有两个出入口,一个是主出入口,另一个是次出入口。主出入口的大门是大院的标识,一般设置在主要街道上,是一个单位实体对外的形象展示。当然,作为围墙边界的开口,是实现内外空间沟通和交流的主要渠道。次出入口往往设置在次要道路上,是生活性的出入口,往往是考虑单位"自己人"的交通需要。主出入口一般会结合大门的设置在门内或门外设置入口空间,形成广场,以强调庄重的气派并满足停车的需求。每个大院都会有一栋主楼,主楼往往设置在正对入口的位置,与入口广场和大门共同形成单位大院对外的形象。

3)功能齐备,自给自足

单位大院是独立的,相对完整的社会细胞。因为大院内部各种功能齐备,工作、生活等日常行为都可以在大院内部解决。除了基本的工作、居住功能,大院还包括商业、医疗、娱乐、教育等各种设施,原本属

---

① 在吕俊华,彼得·罗,张杰主编的《中国现代城市住宅:1840—2000》中,对单位大院的产生机制做了如下论述:随着计划经济体制的逐步建立,城市住宅的投资主体逐步趋向一元化。城市新建住宅的投资90%以上来自国家。1956年5月8日,国务院颁布了《关于加强新工业区和新工业城市建设工作几个问题的决定》,强调"为了使新工业城市和工人镇的住宅和商店、学校等文化设施建设经济合理,应逐步实现统一规划、统一设计、统一投资、统一建设、统一分配和统一管理。"……在这种体制下,各个单位、企业负责建设各自的职工住宅。……每个单位无论其居住区规模大小,都要建立一整套基本的生活福利设施,以满足职工的基本生活需要。因此,工作单位不再仅仅是城市社会中的一个经济单位,同时也成为一个基本自足的生活单位。居民不出生活区的大院就可以获得日常生活的所有必需品,保证基本的物质、文化生活,整个城市就是由一个个的"单位社会"组成。吕俊华,彼得·罗,张杰.中国现代城市住宅:1840—2000.北京:清华大学出版社,2003:118。

于城市的功能被分散进各个大院里。很多大院有自己的电影院、菜市场,甚至小学和中学,有自己的派出所和居民委员会。有很多单位大院还有自己的小公园。理论上讲,除了特殊情况需要到外面去,一个人可以常年工作生活在大院中,不需要离开半步。可以说,单位大院就是一个自给自足的小社会。

4）强烈的社区感

大院内的居民基本上都属于同一个单位和组织,工作和生活都在封闭的围墙内,自然就会熟识,且共同的背景让人与人之间的沟通变得容易。频繁的人际交往以及经常性的集体活动使得社区具有强烈的凝聚力,并由此导致"自己人"与"外边的人"之间明显的社会认知差别。

然而,从城市空间和城市生活的角度来看,单位大院对城市会产生以下负面影响:

（1）由于在单位大院涵盖了大多数城市的公共功能,人们对城市设施的依赖感大大降低,走出大院进行社会活动的机会自然就减少了,城市公共生活的活力被大院掠夺,从而显得苍白。同时被掠夺的还有城市空间。围墙外的空间是消极的,且不被重视的。尽管随着市场经济的发展,原有的很多大院通过破墙开店的做法使边界的全封闭性有所打破,但大院依然被围墙所包围,与城市隔离,从而造成院外墙根空间的荒凉和无人问津。

（2）城市结构的破坏。单位大院的建设,缺乏城市整体规划,而是各个单位各自为政,完全根据自己的需要在单位管辖范围内建造"独立王国"。相邻的大院之间在规划结构上毫无关系,致使城市毫无肌理可言。围墙是城市结构的表面装饰,一旦去掉围墙,可以看出众多大院造成城市结构的一盘散沙（图3-34）。这种"无结构"的城市建设模式,一直延续到当今的城市封闭住区规划和开发建设中。

图3-34　无结构的单位大院

资料来源:于泳.街区型城市住宅区设计模式研究[D].南京:东南大学硕士学位论文,2006:14.

北京存在大量的单位大院,大的几百公顷,小的几十公顷到几公顷不等,全部都被围墙包围,围墙之内不允许城市道路通过。多数大院边长在500m以上,使得道路交叉口的距离达到城市次干道甚至城市主干道的距离(表3-2)。如清华大学的东西最大距离和南北最大距离均超过1700m,已经是城市快速路的间距尺度了,这导致清华大学周边交通的不畅,在五道口、清华东路与双清路口的堵车早已是家常便饭。

北京部分单位大院规模尺度　　　　　　　　　　　　表3-2

单位名称	大院占地面积(hm²)	东西向最大距离(m)	南北向最大距离(m)
清华大学	259	1740	1814
北京航空航天大学	88	926	982
钢铁研究总院	30	665	588
京棉二厂厂区	19	448	502
北京工业大学	71	970	870
公安部	15	360	465
某部队	30	953	452

资料来源:张帆.单位大院的分解之路.北京规划建设,2006(2):69。

尽管有学者认为,单位大院的空间模式源于中国传统的居住空间原型——院,是中国人空间观念和传统宇宙观在现实社会的反映。但笔者认为,单位大院并不能与从传统的院落或庭院中提炼出的"院"的概念相提并论。单位大院与"院"有本质上的差异。

单位大院并不是一种院落的空间形态,而是对封闭性社会实体的一种称谓。当然,单位大院与"院"一样是内向的,由围墙围合的空间聚合体。但单位大院除了入口处能找出空间形态的规律以外,并没有模式化的整体空间形态。且大院内部也不是以"空"为特征,而是由各种功能实体组成的"瓤"。大院更像一座"城",城的主要特征就是在围墙内满足工作生活的一切需求。而院的本质是"空"的内部和坚实的边界。与单位大院相比,周边式街坊倒可称为"院",而单位大院则是"城"。这种以内部是否为"空"来区分是"院"还是"城"的角度,对人们明晰当代住区的空间特征有重要的价值。可以将具有综合功能设施,能够相对自给自足的有边界的居住群落称为"城"。"城内有园"可以看作我国当代住区的基本模式或原型,而"院"并不能称为这种原型。单位大院的"城"的模式对我国当代的住区规划有深刻的影响。

尽管大院是社会主义政治制度、社会管理体制和计划经济的产物,但在其封闭性对城市所造成的破坏之外,其功能的混合模式与现代主义提倡的功能分区有极大的不同。在一定的步行范围内,能够解决生活、工作、娱乐等日常需要,反而与混合住区的理念不谋而合。不同的是混合住区是开放的，与城市的整体结构相融合，而单位大院与城市是隔离的。单位大院符合当时的社会需要，在一定程度上也为人们提供了方便、舒适的居住和工作环境，并在社会学意义上形成了真正的具有归属感的社区。在这一点上，单位大院有其存在的价值。

3.4.5　居住小区边界

我国居住小区模式的原型是邻里单位，或者说是以邻里单位思想为基础的住区模式。实际上，我国是从苏联间接引进这一规划思想的。1957 年开始，北京市的城市总体规划正式提出以 30 ～ 60hm^2 的小区来组织城市居民生活的基本单位，城市中出现了完整建设的居住小区。居住区规划思想在当时被认为是社会主义意识形态在城市社会结构上的体现。

居住小区从 20 世纪 50 年代产生至今，可以大致分为以下几个阶段：

1. 开放的邻里单位

最早出现在上海的曹杨新村，表现为很强的邻里中心形式，但边界呈现开放特征。尽管这是基本模仿西方邻里单位的中国实践，但这种邻里单位与西方的不同在于：西方的城市化高度发展，大量汽车造成的危险使邻里单位的内向型很强，作为边界的城市机动车道路使邻里从城市中隔离而成为孤岛。中国当时的现实情况却是机动车很少，划分邻里的街道成为具有生活化的场所，是邻里之间交往以及与城市之间沟通的空间，而不是割裂城市，邻里单位体现为一种开放性和人性化的特征。

2. 变体的邻里单位

20 世纪 60 年代末，开始出现底层商业住宅，利用底层商业一方面作为围合住区的手段，另一方面形成朝向街道的界面。邻里中心的一些功能转移到边界，并为城市服务，中心被弱化，边界被加强。

3. 开放的高层住宅

20 世纪 70 年代末，高层住宅开始在北京出现，被作为节约用地、解决更多人住房问题的有效手段。尽管当时对高层住宅的争论很激烈，但到 80 年代中期，北京住宅建设中的高层住宅比重从最初的 10% 提高到 45% 以上。对于高层住宅而言，由于在较小的地块上容纳了较多的人，甚至一栋高层就相当于原来一个组团甚至一个小区的人口规模，高层住区的节地优势凸显，从而被大力推广。

许多高层住宅没有小区，孤立地耸立在城市中，原来的住区边界转化为高层住宅本身与环境的边界处理，这尤其体现在高层住宅的接地部分。如前三门高层住宅的首层入口直接面向街道开放，而住宅本身也成为城市街道高大的界面，成为城市景观最重要的影响因素之一（图3-35）。这种高大的住宅体量让人想起勒·柯布西耶的马赛公寓，但马

图 3-35　北京前三门高层住宅

赛公寓将公共服务设施设置于住宅内部,仿佛将一个邻里单位压缩在一个漂浮于地面上的巨大盒子中,底层架空使建筑与地面之间的边界几近消失,居住生活也因此脱离了地面,成为真正的"空中楼阁"(图3-36)。实际上,这种模式证明是失败的,其设置于中间楼层的所谓"街道"最终无人问津。这正说明一点,即任何商业或公共设施,脱离了城市的环境,如同鱼儿脱离了水,难以成活。这种住宅综合体,在当代已经不是什么新鲜事物,大量的商业、办公及居住综合体早已出现在城市中,但商业办公部分一般都设置于底层,以与城市环境相衔接。前三门高层住宅只是解决最基本的居住问题,并没有考虑"综合"的可能,但它对城市的开放性是值得肯定的。

图 3-36　马赛公寓的底部"边界"

资料来源:José baltanáS. Walking Through Le Corbusier-A Tour of His Masterworks. London: Thames & Hudson Ltd, 2005.119.

4. 组团式居住小区

80年代,随着改革开放和经济振兴,大规模、完整的居住小区开始出现。规划设计上也开始告别纯粹为了解决居住问题的简单化操作,将规划结构、体量及空间组合作为重点,并以组团为基本单位进行空间组织。

组团的概念来源于对居民邻里关系的研究。当时有研究显示,居民的多数活动都在住宅组团内进行,邻里交往在组团内更容易实现。

同时,中国特有的社会组织形式——居委会在居住生活中的作用被再次强调,居委会根据居民居住情况,按照便于居民自治的原则,一般在100～700户的范围内设立。所以,当进行居住小区规划时,自然就将组团形式和居委会的管理形式结合起来。按照住区规范,小区的规模一般为10～35hm²,很适合分为四个组团,组团规模一般为500户左右,小区由围绕一个公共绿地的多个组团组成。于是这四个组团围绕一个中心绿地的模式被戏称为"四菜一汤",并很快在全国的住区规划实践中流行开来。"四菜一汤"代表了一种程式化的规划模式,无论什么样的地块,都可以如八股文般套用,甚至不顾地域及地形的差异而成为放之四海而皆准的公式,这也造成中国住区及城市形象的千篇一律。但即使是"四菜一汤",也出现了一些品质较高,特色鲜明的住区。如北京塔院小区(图3-37),就是一个经典案例。

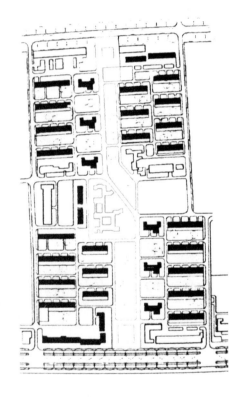

图3-37　塔院小区总图

资料来源:白德懋.评北京塔院小区规划竞赛得奖方案.建筑学报,1981(5)。

　　建于20世纪80年代的北京塔院小区是北京当时具有代表性的居住小区[①]。通过将住区内部绿化景观与外部现存的公园绿化景观联系在一起,以绿化景观带贯穿整个住区,并将住区南北两条街道贯穿连接而形

---

① 该方案是北京市建委和北京市土木建筑学会举办的北京市第一次居住小区规划方案竞赛一等奖作品,评委对该方案的评语是:方案结构明确,布局严谨,住宅组群既有变化,又有规律,公共建筑布置合理,使用方便;绿化成带,道路通顺,便于施工。北京市土木建筑学会.北京市开展居住小区规划方案竞赛.建筑学报,1981(5): 1

成"四菜一汤"的变体。中央景观带设置公共活动场所和服务设施,成为城市公共空间、公共景观和公共服务功能的延续,从而避免了住区与城市之间的隔离。

从总图可以清晰看出塔院小区的规划结构——四个组团被中央绿化带和道路加以明确区分,绿化带贯穿南北,成为整个住区结构的脊柱。商业设施、幼儿园及其他公共服务机构集中在小区的中央,形成住区的中心。中央的绿化带结合开放空间和公共休闲设施以及两侧的道路,形成由南至北穿越小区的极有活力的场所。打球的、遛鸟的、闲逛的、驻足聊天的、围观下棋的、修车修鞋配钥匙的、卖爆米花的、追逐奔跑的、独坐发呆的,以及道路两侧的理发店、饭店、银行、超市等进进出出的人流,这一切如同城市的万花筒,让人感觉仿佛不是身处住区之中,而是在生活气息浓厚的城市街道(图3-38~图3-43)。这与当今众多安静的、无时无刻不被保安管理、被摄像头监视着的住区内部环境形成鲜明的对比。

图3-38　住区内部生活街道
（左上图）

图3-39　住区内部中央景观带
（右上图）

图3-40　住区内部商业街道
（左中图）

图3-41　住区入口（右中图）

图3-42　住区内部修鞋摊
（左下图）

图3-43　住区内部水果摊
（右下图）

塔院小区的南北各有围墙和大门,尽管也有门卫看守,但基本上是对外开放的，所以有很多非小区居民进入小区，有为了抄近路穿越小区的，有流动的商贩，也有其他小区到这里寻找乐趣的居民。中央的开放绿化空间，包括绿地、广场、道路以及商业服务设施成为贯穿小区连接南北城市街道的生活性空间。正是这种连接，让塔院小区具有了某种城市的特征[①]。住区不是隔离城市的孤岛，而是成为沟通城市的桥梁，住区因此融入城市结构和城市生活。

另外，中央开放景观带两侧的一系列院落空间，却呈现出半公共特征，笼罩着安静平和的气息（图3-44和图3-45）。距离中央开放景观带更远的院落也更加安静，几乎是组团内部的私有空间，很少有陌生人到达。这种从城市的公共性逐渐过渡到私密的空间层次，让塔院小区成为城市居住空间设计的典范。

图3-44　组团院落景观1（左图）

图3-45　组团院落景观2（右图）

塔院小区的绝大部分边界是被围墙包围的，但通过有控制的开放，使城市在保持自身居住私密性的同时兼具城市的开放性，以此融入城市。这正是塔院小区历经近30多年拥有持续活力，直至今天依然受到欢迎的重要原因。

5. 封闭的居住小区

用围墙将小区封闭起来，是20世纪80年代中后期我国住宅商品化以及房地产业发展的产物，也是中国城市化运动及经济社会快速发展的结果。封闭住区是当今北京和中国城市住区开发的主流模式，尤其是在20世纪最后十年和21世纪的头十年，我国城市化的历史在一定程度上

---

① 从当年朱自煊先生对总体规划布局的总结中，可以了解到该方案鲜明的城市观："从周围环境分析，北面为北医三院，有较好的绿化基础，南面为古迹和城市绿带，因此规划考虑以一条纵贯小区的宽阔绿带作为构图中心和纽带，把南北绿地联系起来，这样居民出入都沿着中心绿带，使公共绿地和居民生活有最密切的联系，另外小区内外绿地连成系统后给小区居住环境和面貌都创造了很有利的条件。小区商业和服务设施结合道路沿街布置在主要出入口附近。北面商业点可兼顾北医三院需要，南面商业点和林荫路结合，这样既丰富了街景，又避免货运交通和闲人深入小区内部影响居住安宁。其他如中小学、粮店、锅炉房、居委会等各项福利设施，则根据其内容要求做了统一安置。小区空间布局和街景处理考虑了高多层结合并与中心绿带构思相一致，使空间高低错落，富于变化。街景上还考虑到整条街的总体效果，避免流于琐碎，特别是南部滨河绿带的街立面更应有一个完整而有纵深效果的面貌。"朱自煊.想法与建议——参加塔院小区规划竞赛的体会.建筑学报，1981（5）：17。

可以说是封闭住区的开发建设史。本书将在第4章和第5章详细阐述封闭住区边界造成的问题以及问题产生的机制。

6. 开放的混合住区

任何事物发展到一定程度都会发生转化,封闭的居住小区也一样。当它的弊端被人们认识到,就产生了对开放的需求。20世纪90年代,美国新都市主义被介绍到中国,成为学术界重点关注的理论。同时,新都市主义也被视为一种较为成功的地产开发模式被中国房地产市场看作产品创新的一条新路。在新都市主义的影响下,一些住区开始打破封闭的边界,以相对开放的结构规划新的住区,并将城市功能引入住区和居住功能相混合,使住区具有城市性。

3.5 根据开放程度分类

根据开放程度,大致可以将部分北京住区分为五种模式:完全封闭、被迫开放、独立商业、封闭组团、完全开放。

3.5.1 完全封闭

位于北五环外的上地嘉园小区在北京的封闭住区中具有很强的代表性,其边界的主要特征是:边界主要由围墙和底层商业组成,封闭性极强,大门尺度夸张,街道景观与街道生活贫乏。封闭边界范围也即住区的尺度:南北约700m,东西最大约450m(图3-46)。

图3-46 上地嘉园总体规划

资料来源:Google Earth 地图

住区呈现极强的封闭性,主要入口戒备森严,严禁小区以外的人进入住区,只有在得到内部居民的电话确认或亲自引领,经过签字后方可入内(图3-47)。保安在小区内部巡逻,只要发现不明身份的"可疑"

的人，就会如临大敌，马上进行询问，并通过对讲系统通知所有保安。这样，你在小区内任何角落的一举一动都可能处于监视之中。在小区内部拍照当然更不允许，尽管这里拥有公园般的景观。

图 3-47　上地嘉园入口门卫

　　小区内部安静、秩序井然。然而这种对外封闭，对内严格监控的方式将小区的气氛营造得如同军事重地，外来者即便被允许入内，精神也一直处于紧张之中。当然，对于小区的居民来说，这无疑会增强他们的安全感，还有潜意识里的身份感，因为如此般的保护是体面和地位的一种暗示。

　　住区边界内外的空间环境品质有天壤之别：内部安静、安全、景观绿化极佳（图 3-48），而在住区外面，看到的是完全相反的景象，嘈杂，荒凉，难以找到可安静停留和进行交往的公共空间（图 3-49）。一方面是地铁站入口广场人车混杂，缺乏秩序；另一方面是住区边界空间零散，出现大量无人利用的残余空间，可以很明显地感觉到住区外部空间缺乏用心的空间规划。底层商业无疑是上地嘉园与城市之间亲密接触的界面，然而，并没有形成街道感。这种巨大的反差，印证了城市发展的无奈和失败。

图 3-48　上地嘉园内部环境（左图）

图 3-49　上地嘉园外部环境（右图）

　　大门是上地嘉园的标志性建筑，尺度巨大，远远超过功能的需要（图 3-50）。大门前的空间设计成绿篱景观，而不是供人驻留的广场，从使用的角度来说是一种空间的浪费。门的形象价值被如此强调与中国传统文化对门的重视是分不开的。然而，当代住区设计对门或入口所具有的空间价值往往视而不见，导致这种住区边界中最具空间利用潜力和城市公共性的空间节点成为戒备森严、无人驻留的场所。

图 3-50　上地嘉园大门

　　从实际的角度出发，作为开发者和建筑师在面对这样不利的外部条件时，自然会将住区封闭起来，以隔绝外部环境，形成自己的良性小环境。然而，城市公共空间就这样被抛弃，忽视，丧失了营造城市区域良好环境的机会。如果在开发设计时便考虑到边界对于城市和住区的双重贡献，在营造美好内部环境之时，将内与外之间的边界空间作为设计的重点，则以上地嘉园为核心的该城市区域的总体环境将大为改观。

3.5.2　被迫开放

　　华清嘉园位于北京五道口地区。五道口的活力是多个异质区域的边界效应叠加造就的。清华大学、清华科技园及其商业设施、北京语言大学、中国地质大学等大学区、华清嘉园居住区等汇集于该区域，并在这些领域之间形成了五道口的外部空间。经过分析会发现，由于大量的人流来往于清华科技园及中关村与轻轨站之间，致使沿华清嘉园北侧边界的成府路两侧形成两条人流的通道，尤其是靠近华清嘉园的这一侧，底层连续商业吸引了大量的人流，人行道上熙熙攘攘，尤其是下班以后，很多流动的商贩以最原始的售货方式（在地上铺一块布，将商品摆放在上面叫卖，或者将售货车停在路旁，可以随时移动）开始了直至深夜方结束的夜市经营。而那些占据两层的底层商业从餐饮到服装以及包括超市、专卖店在内的各种零售服务机构一应俱全，他们与移动摊位之间形成狭小曲折的通道，人群之间相互拥挤碰撞，更给人热闹的印象（图 3-51）。

图 3-51　华清嘉园北侧底层
商业的人行道边界

　　华清嘉园的商业边界并不局限于底层商业，整个面向成府路的住宅上随处可见的商业标识和广告使这个界面充满了商业气氛。准确地说，正是居住空间的商业功能使用使商业在整个居住项目中尤为显眼。甚至商业渗透了边界，进入住区内部。据粗略统计，整个小区内部仅一层部分就有小型超市 7 家，酒吧、咖啡屋 4 家，地产租赁 10 家，图文制作 6 家，电脑维修、陶吧、服装、书店、洗衣每类各 2 家，此外还有邮局、快递公司、空调专营、瑜伽、瘦身、诊所、足疗、按摩等，共计 60 余家[1]。

　　商业在华清嘉园东侧的边界也依然延续着，但以东北角的光合作用书房为转折点，东侧边界的商业显得安静一些，多了些具有小资情调的酒吧、咖啡厅、饰品店等小型店铺。相对的安静与对面不时经过的轻轨的隆隆声，让这条街道呈现独特的氛围（图 3-52）。

图 3-52　华清嘉园东侧底层
商业

　　华清嘉园的西侧由于中关村二小的存在，边界退到小学的后面，与小学之间用围墙相隔。南侧与另外一个小区也以围墙相隔。但整个小

① 朱怿. 从"居住小区"到"居住街区"——城市内部住区规划设计模式探析 [D]. 天津大学建筑学院，2006：85.

区并不是完全封闭,而是通过开放的小区道路将部分城市功能引入小区内部,在小区内部利用围墙进行第二次领域划分。如"何家宾馆"就在小区的西南角,需要从小区大门进入才能到达。进入小区的居住领域还需要通过一重大门,虽然有保安看守,但并不限制外人进入。尽管华清嘉园有双重边界(实际上是局部双重,在东侧就只有一层),但由于其管理上的开放,功能的混合性,商业和公共服务设施的丰富健全,整个住区从外到内都充满了活力。外部的商业活力与内部的居住活力并存,这可以从小区中心广场及儿童游戏场的活跃特征看出来。但也造成居住生活私密性的部分牺牲,这是在最初规划中始料未及的。

笔者多次前往华清嘉园调研,发现小区内人群混杂,不仅仅是北京当地居民和外来人的混杂,还有各个国家的留学生租住在这,再加上众多小企业散落在小区各个住宅里,整个住区有混乱之感。然而,由于其开放的特征,住区内的社会交往发生率远远高于一般的封闭住区,甚至成为情人约会的地点。

实际上,小区设计时采用的是一种封闭式住区的做法:北面和东面是连续的建筑界面,各留有一个出入口;西面和南面除了出入口外,均以栏杆围合。当时的设计并未考虑居民如此多样的生活需求和该区域城市发展对住区开放的要求。在使用过程中,由于大量Soho一族对城市公共性的需求,大量商业网点对城市开放,导致小区最终无法封闭,所有对外的出入口都处于开敞状态(图3-53)。封闭的边界只能设于每栋塔楼的入口处,而即使在同一栋楼中,其商业的公共性也要求楼栋单元门不能完全封闭,所以导致处处围墙的华清嘉园却处处开放。在华清嘉园的边界处,围墙意识依然浓厚,大量消极和残余空间处于被漠视和浪费的状态,但这围墙无法抵挡对开放的内在需求,于是围墙只能以片段化存在,仿佛摆出一副封闭的架势,但实际上已经开始瓦解了。

图3-53 被迫开放的出入口大门

华清嘉园被迫打开的城市支路,由于其尽端路的特征和商业设施不能跟进而未能起到生活服务功能的作用。如果将该支路处理成商业服务为主，并南北贯通，就会起到分担住区内大量商业网点的压力，还住区内部以安静和私密（图3-54）。这个未意识到的策略在现代城和建外Soho等住区中被自觉地加以运用，并取得较好效果（详见后文）。

图3-54　生活性支路建议

资料来源：根据天津大学朱怿的博士论文《从"居住小区"到"居住街区"——城市内部住区规划设计模式探析》中的华清嘉园总平面图绘制。

可见，住区的活力与商业和公共服务功能的介入和共同作用是分不开的，华清嘉园的被迫开放——空间开放、管理开放、功能开放说明混合功能是当代城市住区的内在需求。当华清嘉园最初的封闭式规划和管理不再适应社会发展的需要，而又缺乏有效的预见和控制措施时，城市功能就逐渐渗透进住区内部，从而呈现出较为混乱的现状。

3.5.3　独立商业

现代城是北京城市住区开发的典范之一，因为其反映了住区规划的城市观，尽管并不彻底。这种城市观体现在其规划中注重住区与城市的关系，并将城市公共生活与居住和谐统一在一个微型城市中（图3-55）。而其具体的规划手段就是将商业建筑独立出来，并在商业建筑和封闭的住区之间引入生活性的支路，从而在一定程度上将城市生活引入住区。

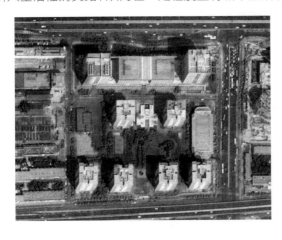

图3-55　现代城

资料来源：Google Earth 地图

生活性支路的引入是该规划的重心。在规划中新开辟了一条东西向支路——现代城中路,与北面的建国路平行,这条道路将地块分为南北两区:北面为商业办公为主的高层建筑,形成整个基地北侧的屏障,并作为城市公共建筑景观和街道的边界服务于城市(图3-56);支路的南侧为封闭的公寓住区。这条生活性支路是机动车单行道,路幅不宽,并对外开放,底层商业一侧宽阔的人行道使这条路成为人行为主的街道。它不仅疏解了北面城市主干道建国路的压力,联系了东、西两条城市道路,还连通了本区南、北两部分的地下停车库,避免了车辆进出对城市道路的干扰。由于其对城市开放,而与相对于基地周边的城市道路而言,车流量很小,住区生活服务和城市开放的商业行为融合在一起,形成了极富活力的街道场景。

图3-56 现代城生活性支路

从整体规划角度而言,北侧商业办公建筑是整个项目的城墙式边界,而城墙式商业边界作为建筑,其自身的边界也是该项目成功的重要因素。北侧高大连续的柱廊显然是城市尺度,实际上也为城市提供了遮阳避雨的人行空间。该柱廊使用率之高足以证明它为城市公共生活做出的贡献。从空间形态的角度来说,此灰空间,模糊了建筑与城市开放空间的界限,丰富了边界地带的空间层次,并以连续的韵律为杂乱的城市街道景观增添了有序的片段(图3-57)。

图3-57 城市边界屏障

3.5.4　封闭组团

　　封闭组团有一个前提，即整个住区的开放。如果说华清嘉园的开放是封闭住区因为环境影响而被迫地具有了开放特征，后现代城则是有意识地打破住区的边界，并从规划结构上体现了开放的特征。这主要表现为城市道路与住区内部道路的无缝交接和将一定规模的商业设施引入住区内部的做法。从城市进入住区并没有明显的跨越边界的感觉，而是不知不觉地进入，这一方面是由于住区没有大门（图3-58），另一方面是住区内主要交通道路（相当于小区级道路）具有城市道路的特征，但限速带的设施暗示外来的驾车者：进入了需要减速行驶的区域。

图 3-58　后现代城主入口

　　中心商业和服务设施集中设置并对外开放，住区的城市感因而加强（图3-59）。商业不仅集中在这里，在与城市道路相邻的北面住宅两侧均有底层商业，住区内部道路两侧的底层商业随处可见。居住组团分布在住区十字形干道的两侧，部分组团有明确的入口和门卫，组团内呈现出极强的半私密特征，但也并非对外来人完全封闭，只是入口的暗示以及组团内部的宁静气氛让人自觉地停住脚步（图3-60）。

图 3-59　后现代城内部街道景观（左图）

图 3-60　后现代城居住组团入口（右图）

　　后现代城在整个住区营造了一种城市开放的氛围，从而制造了"城中之城"的意象。设计者将封闭的住区孤岛划分为一系列小的岛屿，从而让城市生活流入这些小的岛屿之间，而每个小岛依然是私密性极强的封闭体，故居住在这里的人就能在享受都市生活感觉的同时保有充分的私密感,从而建立了公共生活与私密生活的平衡。

另一个较具代表性的开放式住区是沿海赛洛城。其主要特点是利用贯穿式公共商业街和城市公共绿化带将城市空间巧妙地与住区开放空间结合,并通过地块的划分,以规模较小的居住组团为单位,营造城市化的街区感。其中斜贯南北的商业街道打破封闭住区与城市空间隔绝的惯例,将城市的不同区域衔接起来,既满足了住区的商业需求,同时也服务于城市。

在私密性保护方面,将相对封闭的边界设置于组团的入口,与后现代城如出一辙,但这里处理得更为巧妙:将每个组团地块即 Block 小街坊之间的道路处理成尺度宜人的生活次街,成为城市公共空间与居住组团的私密空间的过渡(图3-61)。

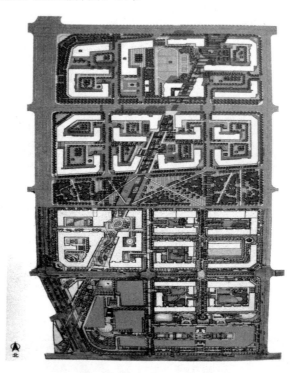

图3-61 沿海赛洛城总图局部

资料来源:沿海赛洛城销售楼书

整个住区看不到围墙。尽管物业和保安与其他住区别无二致,但并不限制任何人进入住区。住区的安全不是通过隔离的手段,而是通过营造一种逐渐地从公共到私密的空间序列,让开放空间成为可防御的空间。与用围墙和底层商业所包围的封闭住区相比,这种开放街区的做法更有效地利用了土地,减少了残余空间,而且将更多的土地贡献给城市,而不是独自享用。由于住区每一个组团都与街道产生亲密的关系,而同时又保证了组团院落内部的安静,使得"均好性"得到真正的贯彻:既能享受到私密的院落景观,又能享受到城市的便捷和街道公共生活(图3-62)。

图 3-62　沿海赛洛城开放步
行街入口

　　另外值得一提的是，该住区街道的设计中对步行空间的重视。首先表现在人行道与车行道的尺度对比中，人行道远宽于车行道。车行道变窄，成为单车道或最多双车道，而人行道的宽度不仅仅容纳更多人行走，更重要的是为行人的户外公共生活和社会交往提供了空间（图 3-63）。

图 3-63　沿海赛洛城内部的
人行道与车行道

　　在住区底层商业边界的处理上，人行道和车行带以微妙的高差和铺地的不同做了明确的领域划分，檐廊的处理也恰到好处，人的空间被清楚地标示出来（图 3-64），从人行空间向外有一个层次明晰而丰富的过渡，而所采取的边界划分手段并不生硬，却取得很好的效果。

图 3-64　沿海赛洛城底层商
业边界处理

正是通过以上对边界的周到细致的考虑,通过街区化处理增加与城市的边界接触,充分发掘边界的公共空间价值,并予以人性化的处理,沿海赛洛城才给人一种安全、舒适地生活在城市中的感觉。

3.5.5 完全开放

尽管建外Soho的开发商和设计者的愿望是将建外Soho打造成真正意义的无边界住区,实际上,在某种程度上来说,这个愿望已经实现。但限制在原有的城市结构中以及其商品的基本属性,让这个项目依然不能逃脱成为都市中的一个"岛"的命运。但无论如何,这是打破封闭住区、塑造全新居住模式的一次重要尝试。其所呈现的功能混合,开放的规划结构,与城市的有机融合,活力的营造等使建外Soho成为开放住区的典范。

为了达到开放街区的目标,山本理显共设计了14条步行小街,宽的地方有6m,窄的地方有4m,总长近5000m。边界处没有围墙,所有的小街都与城市道路连通,并将商铺和下沉花园串联在一起,形成如迷宫般的街道网络(图3-65)。在规划上与现代城类似的是建筑边界和城市支路的设置。在基地的东侧,由于靠近城市高架路,两栋板式高层商业办公楼平行道路而建,成为项目东侧的噪声屏障和空间边界。在这两栋楼的内侧及西侧,规划了一条贯穿南北的支路,主要为商业办公提供交通服务功能(图3-66)。

图 3-65 建外 Soho 总图

资料来源:Google Earth 地图

图 3-66 建外 Soho 内部的开放支路

　　住区的各个部分都不设围墙，而是直接对城市空间开放。高层建筑的裙房顺应街道走向布置，形成连续的沿街界面。在周边道路上设置多个人行出入口，将城市人流由沿街界面引入住区内部，市民可通过连续的步行系统自由进出。外来人员的自由走动在进入每一栋住宅楼的入口处停止，物业部门在此安排门卫，使住区的安全防范边界设置于每栋住宅的入口，从而在地面层形成无阻碍的城市开放空间。

　　比较现代城和建外 Soho，会发现现代城的生活性支路实现了真正的生活化，街道极具活力，建筑边界柱廊、空洞均具城市开放性；而建外 Soho 的支路则主要是交通功能，少生活化，边界建筑缺乏公共性，唯旋转木马为僵硬的城市带来一丝温情（图 3-67）。

图 3-67　建外 Soho 对城市开放的游戏设施

　　建外 Soho 在贯彻开放街区理念的同时，陷入了一种矛盾的境地。与城市街道成大约 30°的格网自成一体，与城市的周边结构产生强烈的对比。整个住区如同一个完整的建筑，独立性和标志性超越了其希望与城市融为一体的初衷，甚至东侧和南侧的绿化隔离带中的人行路都生硬地遵循 30°的格网，这种贯彻到底的形式，更多的是一种构图上的考虑。另外，沿街的商业界面过于简洁、平板的风格处理，让人难以产生亲近感，其尺度也非人体尺度上的考虑，人行道的铺装更缺乏细节，走在上面，只想匆匆离开，而非驻足享受这一空间。作为以开放街区为理念的总体设计，只在内部实现了形式上的开放，而在更为重要的与城市相接的边界空间处理上乏善可陈，甚至可以说是败笔（图 3-68）。

图 3-68　建外 Soho 沿街底层商业

从这些案例中可以看出,商业的设置往往对住区的结构和空间形态具有重要的影响,表3-3总结了七种住区与商业结合的模式。

住区商业空间规划模式总结 表3-3

模式	特征与评价	图示	代表住区
边界建筑与生活支路模式	商业建筑为遮挡噪声之屏障,生活支路形成街道氛围		现代城、建外Soho、富力城
边界底层商业模式	连续底层商业经济价值高,但对居住造成影响,且城市边界形象较难控制		华清嘉园、上地嘉园
穿越式内街与开放空间模式	公共生活空间与商业服务结合,并贯穿城市,为住区与城市结合的较好模式		沿海赛洛城、塔院
入口街道广场模式	住区城市观的折中方案,但具有现实性。局部开放,整个住区依然封闭		沿海赛洛城、万科青青家园
中心商业开放模式	都市感强烈,但内部街道的拥堵和嘈杂可能损害住区环境品质		后现代城
内部散点模式	适合soho为主的住区,需要控制,防止无序蔓延		华清嘉园
内部网络街道模式	未来都市住区的模型。效率高,适合高密度的城市区域		建外Soho

本章从多个角度对住区边界进行了分类,这种分类的意义在于为住区边界概念建立一种类型学的基础,并揭示出边界的多样性和丰富内涵。对照当前普遍存在的将边界仅仅视为围墙或红线的简单化设计和管理观念,这种分类还具有实际的价值,可以据此在住区规划和管理的实践中,对具体的边界进行分类分析,并提出相应的解决策略。

第 4 章　封闭住区的边界问题

当代城市住区的边界问题是城市住区的基本问题之一，同时亦是当代城市所面临和亟需解决的重要问题之一。对城市住区边界问题进行深入分析，有助于理解和把握当代中国城市的本质特征并提出解决的策略。

中国的封闭社区在诸多方面不同于西方封闭社区，主要表现在以下几个方面：

（1）普遍性：中国的封闭住区遍及城市和郊区，其居民更是不局限于阶层、种族、地域而具有普遍化的倾向。而西方的封闭住区在城市中所占比例较小，多分布于郊区，居民以中高收入阶层为主，还有特殊种族或文化独特的群体等。

（2）背景：中国封闭住区产生于中国城市化运动的过程中，这一过程也是传统社会全面瓦解，而新的城市社会远未成熟的巨变过程，这与西方的封闭住区产生背景不同。

（3）规模：中国封闭住区的规模相对较大[①]，占地面积从几万平方米到十几万、几十万甚至上百万平方米，普遍具有规模大、单一化、大众化与高密度的特征；而西方的封闭住区规模则较小，且具有多样化、个性化与低密度的特点。

（4）规范性：中国的城市封闭住区具有一定的规范性，这也是普遍性的前提和结果。规范性表现在设计上需要遵守早已确定的规范，在管理方面尽管每个小区由不同的物业管理公司进行管理，但封闭式的管理模式大同小异，并逐渐形成一种物业管理的行业规范。

（5）产生机制：中国封闭住区的产生具有复杂的内在机制，西方城市的封闭住区产生的原因相对简单。

（6）影响性：中国的城市封闭住区对城市结构、景观、公共空间的影响巨大而深远，其所带来的城市问题也更为严重。但在引发的社会隔离问题上中国城市封闭住区所表现出来的居住隔离主要还是社会经济和权利的分化，并没有如西方的城市封闭住区已经深化到文化、价值观、职业等个性化的社会分异要素。

之所以有这些差异，主要还是因为国情的不同。中国的城市住区具有自身的发生背景，需要针对中国的自身特征进行分析。在这样的前提下，本章试图整合文化研究、空间研究、城市设计研究等多领域的研究成果，并对特定的城市——北京进行深入调研和案例分析，以期建构一个相对完整的城市设计视角的住区边界理论。

除了理论上的探索，在实践方面，尽管封闭住区模式在中国依然是主流，但在近十年来出现了一批具有探索性的住区设计实践，试图打破当前住区的封闭模式。万科的一些住区无疑是具有开拓性的，在保

---

① 缪朴提到"我国一个小区通常占地 12～20 公顷，含 2000～3000 户，而美国的封闭式住宅区平均只有 291 户，其中几乎一半社区只有 150 户或更少"。缪朴. 城市生活的癌症——封闭式小区的问题及对策. 时代建筑，2004(5)：46－49。

证商业利益的前提下，与城市能够更好地融合，如万科早期的城市花园系列，将商业街与住区的入口结合，使住区具有城市特征。万科于 21 世纪早期的造城造镇计划，借鉴美国新都市主义的思想，将居住区建成相对完整的富有活力的"小城市"，并成为大都市的有机组成部分，得到了市场的认可而得以推广。近年来，开放的街区型住区渐渐成为一种新型的住区模式，并得到越来越多的社会认可，如北京的阳光上东住区、沿海赛洛城等。比较有影响力的开放住区案例是日本建筑师山本理显设计的建外 Soho 和美国建筑师斯蒂文·霍尔（Steven Holl）设计的当代 MOMA 住区，均以开放的住区理念与盛行于中国的封闭住区模式形成鲜明的对照。即便如此，由于这样的项目在整个住区建设的大潮中属于凤毛麟角，难以形成实质性的影响。而且，开放也常被作为一种市场的卖点，住区规划形态的开放也并不完全意味着真正的开放，封闭性依然存在。

　　总的来看，我国的城市住区在较长一段时期依然会以封闭住区为主流，在这种大形势下，如何尽可能地使住区向城市开放，同时保证私密性的需求将成为住区设计的主要课题之一。而边界，则是实现开放和保证私密的关键所在。我国城市在城市住区边界的政策和规范制定上还远远落后于欧美等城市设计体系比较完善的国家，规划师和建筑师对于边界重要性的认识还有待加强，国内城市住区的边界空间设计品质普遍不高，导致城市日常公共生活的质量难以得到实质的提升。更为重要的是，这种规划模式在很大程度上决定了城市空间结构，而这种结构是以耗费土地资源，蚕食公共空间，降低出行效率和可达性，并且造成社会隔离等严重问题为代价的，这不能不引起反思。

4.1　规划结构问题

4.1.1　封闭特征

4.1.1.1　结构的封闭

　　人类的基本生活容器都具有封闭的特征，这是人类自原始社会以来寻求庇护的心理需求所导致的空间特性。然而，城市形成的更重要的原因是对交流的需要，这就要求城市必须具备开放的结构以促进交流的发生。而封闭住区将城市划分成互不交流的孤立的居住堡垒，使得住区的封闭性具有反城市的特征。边界在住区封闭性中扮演着关键的作用。

　　形态上的封闭与结构上的封闭有本质的区别。北京城市住区表现出形态上的封闭，即以围墙为主要特征的边界将住区包围并封闭，但更为重要的是结构的封闭。结构的封闭主要表现为以下特征：

（1）孤立、自成一体的结构，与相邻乃至其他住区结构毫无关联。

（2）与城市整体结构和周围环境相脱离。

（3）形成方式是自上而下的，而非渐进式的生长出来。

（4）即便取消围墙边界，也无法形成真正的开放。

另外，边界包围了某一个区域，使该区域自身的结构可以独立于其周围的环境而自成一体。换句话说，边界将空间划分为内部领域和外部领域，内部秩序可以独立存在，而不必考虑外部秩序，这样内部就是有限结构，而外部则被看作缺乏结构。我国当代的封闭住区就是这样，每个小区都具有自己的规划结构，这种内部秩序的形成依赖于边界的封闭性。而住区外部则处于无秩序的状态，与住区内部的结构没有关系（图4-1）。这样，城市就由无数个具有明确内部结构和秩序的住区单位与缺乏结构和秩序的外部环境组成（图4-2）。边界与住区内部结构的共生关系，是当代中国城市住区的基本特征。

结构的封闭性使结构与环境脱离，使其难以适应变化的需要。围墙不仅仅是物质的封闭，更重要的是设计者设计之初在思想上首先就建立了牢固的边界，然后在自己限定的边界内部进行结构和形态操作，这种自我封闭性的思考方式和设计过程必然导致结构的封闭，使每个小区都成为城市中巨大的死疙瘩，难以解开，更难以融合于城市环境之中。

图4-1 边界造成的结构脱离图示（左图）

图4-2 城市中的住区孤岛（右图）

资料来源：Google Earth 地图

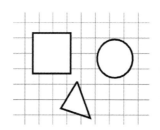

近年来，在北京出现了一些以开放为理念的住区，如当代MOMA，在空间形态的塑造上也确实表现出了"开放"的姿态。然而，这些开放的住区依然无法摆脱作为产品、商品和作品的特征，以自成一体的结构彰显突出的个性，营造了更具封闭性的场所空间，而不是通过协调周边环境，为建立城市整体结构做出贡献（图4-3）。霍尔的"建筑住区"让人想起柯布西耶设计的马赛公寓，同样是用一栋建筑代表一个社区，同样标榜空间的开放和对社会交往的关注，同样用的是底层开放和空中街道的理念，只不过换了另外一种形式。

图 4-3　斯蒂文·霍尔设计的 "开放" 的 "建筑住区"

资料来源：Google Earth 地图

应该说，当代 MOMA 作为建筑本身是优秀的。但笔者认为，霍尔过于关注个别项目的形体和空间，忽略城市背景和环境的做法，对于公共建筑而言也许还能够接受，但对于住区而言，这样做就显得有些草率。与一般的封闭住区相比，该方案在规划结构上依然是 "城与园" 的模式（图 4-4）。应该强调，开放绝不是简单地拆掉围墙，或者制造空间形态上的开放姿态。真正的开放是结构的开放，是将自身结构融入城市整体结构的开放。而住区在结构和空间上的封闭特征，使得住区生活与城市生活相互割裂，这必然导致居住生活的模式化，封闭起来的生活，也会由于长期缺少外界活力的注入和刺激而导致活力的丧失。

图 4-4　当代 MOMA 的 "内部园林"

资料来源：http://bbs.funlon. com

住区的封闭性除了围墙是最直接的手段，人车分流的规划结构也会造成车行道路对住区的封闭。人车分流模式最早源于 20 世纪 30 年代的邻里单位模型，主要是因为汽车的大量增加导致人与车的不信任。这种规划结构也是现代功能主义规划思想的反映：人行与车行是两种不同的功能，应该明确分开使各自不受干扰。然而人车分流造成了一种不良的后果，即围绕住区内部周边的机动车道路和其停车带构成了住区的另一道 "围墙"，它的封闭性和隔离效果甚至比围墙还要明显，而且由于人车分流是规划结构层面的手段，这就导致这个边界难以消除。围墙可以拆除,但负责小区主要车行交通的道路不可能取消,这就形成永久的边界,更加剧了住区的封闭性和与外界城市的隔离(图4-5)。

在很多建成的小区看到围墙内外均为车行道路和停车空间,车与围墙一起共同形成"坚固"的防线,排斥边界内外的人行空间和公共活动,让边界沦为"真空地带"。不可否认,人车分流模式确实保证了住区内部环境的安全和安静以及尾气和噪声的污染,但其代价是人与车的更加不信任,造成住区永久的封闭和边界空间的"无人化"。更重要的是它自成一体的结构破坏了通过住区规划形成城市肌理的机会,破坏了城市进行有机更新的结构基础。

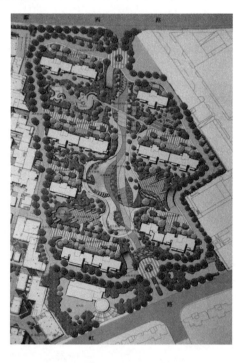

图4-5 某住区规划中人车分流的规划结构

资料来源:时国珍,创新风暴·中国最新获奖住宅设计经典[M].北京:中国城市出版社,2004.34.

人车分流的规划结构在我国近十几年的大规模城市住区建设过程中曾一度成为普遍认可和流行的规划模式,几乎成为一种住区规划的原则。尽管现在已经开始出现一些质疑和反思,但是作为一种较为有效地解决封闭住区内部人车矛盾的规划手段,具备一定的合理性,但这种合理性是针对孤立的住区自身的,而不是城市整体结构的合理性。从城市长远发展的角度来看,这种解决方式会对城市整体结构和城市公共空间造成伤害。

4.1.1.2 管理的封闭

除了结构和形态的封闭,管理也是封闭的重要手段。封闭住区通常由物业公司全权管理,普遍实行类似军事化的管理,除了无法进入的围墙、红外线监控系统、身份识别系统(刷卡进入),还有保安队站岗和巡逻以维持住区的安全,防止外来人进入住区(图4-6)。这种管理方式与军事重地的区别大概仅仅是保安不佩戴枪支武器。这种管理让想进入住区内部的人产生严重的心理障碍,不仅造成行为上的限制,普遍形成的心理上的限制制造了城市社会不平等的潜意识,由此埋下社会矛盾的种子。

图 4-6 某住区的军事化管理

产生封闭式管理的一个重要原因是开发商、物业公司和住区居民之间具有的经济契约关系。开发商将土地开发的成本转嫁给购房者,同时购房者为住区环境的维护和管理向物业公司缴纳了物业费,这就决定了住区内部环境和服务的排他性。物业公司对管理居民集体的财产负有责任,"谁交钱为谁服务"的心理自然存在;而居民也会产生"不交钱凭什么用我们的东西"的心理,对外来人员不经允许的出入自然抱有排斥的态度[①]。

由于穿越小区而造成的摩擦和矛盾经常发生[②],已经说明封闭式的

① 引自搜房网/北京业主论坛/华龙美树第五站的一篇帖子,可以看出住区内部居民对外来人穿越住区的反感:"我一向喜欢看大家的发言,因为本人文笔不好。但是今早我真的忍无可忍了。早上8点出北门去上班,看到成群结队的人正匆匆穿越我们小区去坐城铁或公交车。我就不明白了,物业你们视而不见?我们交的物业费,美化了小区,就是为了让外面的人来践踏的?我一个朋友刚在对面尚东阁买了房子,他很坦诚地跟我说,他们小区的人曾经组织过未来业主聚会,一个话题就是日后去坐城铁从哪里走,大家一致同意从美树穿过,因为路近又没人管。我看到今早的景象,想想朋友的话,真是气不打一处来。大家试想一下,明年尚东阁开始入住以及周边几个小区,每天从我们小区穿越的人不下百人。这对我们小区的绿化是致命的(因为我亲眼看到很多人直接踩着草地走,因为又不是他们自己的小区)。同时也会对我们美树的安全带来隐患。我不知道物业怎么想的,你早晨检查一下出入证应该不过分吧。因为这时候真正的业主肯定往小区外面走,怎么会成群结队进入小区?2008年你们催着交物业费,但是这么多问题不解决,如何让我们业主踏实?可能我表达有些啰嗦,还请大家谅解。如果您觉得我说的对,麻烦回复一下,至少让物业能看到我们在努力,也不枉我下班之前还在拼命打字!"引自 http://bbs.soufun.com。

② 据《北京晨报》报道,2006年7月13日下午,家住北京市新明胡同7号楼的韩女士带着5岁的女儿外出买冰棍,试图穿越旁边的新风南里小区时,由于没有出入证被保安阻拦,后又被20多名小区居民追打了50m远,她全身有十余处伤痕,孩子被抓伤了后背和肩膀。据韩女士介绍,其住所与新风南里小区仅隔一条马路,13日下午,她带着女儿外出买冰棍,如果不穿行新风南里小区,则需要多绕五六百米远的路,且当时正值下班高峰,路上车辆很多,才决定从新风南里小区穿过去。由于没有出入证,她先向南门保安说明了情况,获准进入了,可买完东西准备从北门回去时,遭到小区居民的阻拦,双方争执不下,随后便发生了冲突。

管理会引发社会的不和谐冲突。封闭式管理会造成一种社会不信任感，甚至会让住区内外产生敌对的心理。封闭式管理在一定程度上也是不人性的，它限制了人在城市中行为和生活的自由，而这正是城市活力的来源。

4.1.2 超级尺度

封闭性与尺度关系密切。在传统中国，每家一户的四合院是在家庭尺度上的封闭，而紫禁城和整个北京城是城市尺度的封闭，西方中世纪的城堡也是城市尺度的封闭。而当代封闭小区的尺度从几公顷到几十公顷，容纳居民从几千到上万人，如此大的面积，如此多的人口，又在城市中分布如此普遍，这对城市结构和城市生活会产生重要影响。

在很大程度上，封闭性造成的问题关键在于封闭的尺度。我国城市规划长期实行"宽马路，大街廓"的模式，这就决定了封闭住区的超大尺度（表4-1）。

北京部分封闭住区尺度表（基地道路红线内）　　表4-1

住区名称	占地面积（hm²）	长宽尺寸（最大值）（m×m）
天通苑内典型封闭小区	约25	约500×500
回龙观内典型封闭小区	约15	约500×300
百环家园	约12	约400×300
富力城	约15	约500×300
苹果社区	约9	约400×200
万通新新家园	约27	约640×430
上地嘉园	约20	约700×300

有学者曾对入选《中国小康住宅示范工程集萃》中的居住小区规模进行统计，结果见表4-2。

我国居住小区规模所占比例的比较　　表4-2

占地面积（hm²）	小于5	6—9	10—15	16—20	20以上
比例（%）	4.55	13.64	45.45	15.91	20.45

资料来源：邹颖，卞洪滨.对中国城市居住小区模式的思考.世界建筑，2000（5）：23。

由表4-1和表4-2可以看出，绝大多数小区的规模大于10 hm²，甚至大于20 hm²[1]。这样的用地面积与我国城市路网400m左右的间距有直接的关系。有学者认为，这是以汽车为尺度的规模，这一规模对于人

---

① 在周俭著《城市居住区规划设计原理》中，规定了居住区的用地面积为50～100 hm²，居住小区的用地面积为10～35 hm²，居住组团的用地面积为4～6 hm²。

的认知能力来说尺度偏大[①]。

这种尺度约 400m, 面积约 15 hm² 的被城市干道所包围的封闭街区的规划尺度早在 20 世纪初就已经被提出。现代主义建筑和城市规划的重要奠基人勒·柯布西耶曾经对传统欧洲城市小尺度的街坊模式提出批判。他认为汽车时代需要更大的街区尺度与之相适应, 于是他提出边长为 400m 的街区设计概念(图 4-7), 甚至以一种激情呼唤这种尺度[②]。

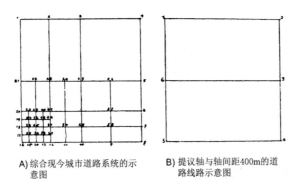

A) 综合现今城市道路系统的示意图

B) 提议轴与轴间距 400m 的道路线路示意图

图 4-7　柯布西耶提出的 400m 路网图示

资料来源: [法]Le Corbusier. 都市学. 叶朝宪译. 台北: 田园城市文化事业有限公司, 2002; 177。

从图 4-8 所示世界城市街区同比例比较可以看出, 以北京望京地区为代表的街区尺度普遍在 400m 左右, 在 1km² 范围内仅可容纳 4 ~ 6 个封闭住区。而世界其他城市的街区尺度普遍远远小于北京的街区尺度, 并形成清晰的城市肌理。传统的欧洲周边式住宅所组成的街区其尺度在 100m 的长宽范围左右。巴塞罗那的街区尺度为 130m, 而纽约城市街区的最小尺度只有 60m, 东京甚至可以达到 30m 的极小尺度街区。在同样 1km² 的范围内, 这些城市可容纳几十个街区, 几十条甚至几百条相互连接的公共道路, 路网的密度和面积远远高于北京。

这里需要专门提到北京旧城的街坊尺度。张杰在《北京古城城市设计中的人文尺度》中对北京古城的各种尺度做了深入的分析, 其中对街坊层次空间的尺度进行研究后得出结论: "78.48m 或 78m 就可以看作北京古城一个街坊加一条胡同的理想用地进深, 而 71.85m 或 72m 则可认为是一个街坊理想的用地进深" "在北京古城, 72m 和 120m 这两个方向的基本尺度不仅控制着街坊区块的大小, 而且制约着区内的道路结构和主要的建筑规模"[③]。可见, 北京旧城的街区尺度与西方传统城市的街区尺度是接近的,这也说明,对100m左右的街区尺度的合理性是一个共识。

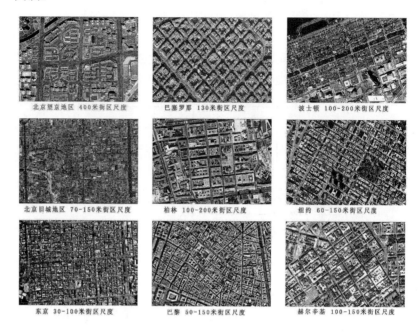

图 4-8 平均1km² 范围内各城市街区尺度比较（注：在相同的比例下）

资料来源：根据Google Earth 地图整理

4.1.3 不可达性

大尺度的封闭住区会造成以下两个问题：

（1）住区内部与外部的可达性大大降低。距离边界较近的住宅,其与边界的距离远远小于其与中心和住区内部其他住宅的距离,但由于边界的封闭性,这种近距离的交流可能性被扼杀,造成该处住宅生活的便利性大打折扣（图4-9）。

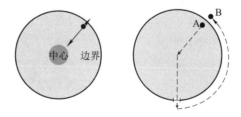

图 4-9 超大尺度封闭住区的不可达性图示

另外,这种大尺度的封闭也让相邻住区之间的穿行和交流变得不可能。如笔者所住的西北小区与荷清苑本都属于学校的教工住宅区,但由于建造时代的差异,它们之间各自具有封闭的边界,并以一道封闭的围墙相隔。围墙两侧的住宅之间的直线距离只有20m,步行十几秒即可到达。然而,由于封闭的边界阻隔,需要绕行800多m,穿越两个小区的大门,大约需要20min方可到达（图4-10）。

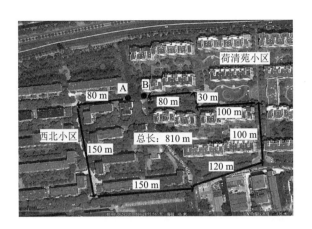

图 4-10　相邻住区之间的不可达性图示

（2）封闭的大尺度住区使得城市本身的交通可达性大大减弱。这样大的尺度，从住区的一侧绕到另外一侧需要步行近千米，早已超出人体步行尺度的限度。当整个居住区甚至城市区域都是这种尺度的住区，城市出行的方便性和舒适性也就无从谈起。如图 4-11 所示，左侧为超级街区，从 A 至 B 只能有三条不走回头路的路线，而划分为若干小型的地块后，从 A 至 B 则有九条交通路线可以选择，可达性大大增加[①]。同时，住区对城市的接触面增加，可提供的沿街商业和公共服务设施也相应增加，且居民到达这些服务设施的距离也普遍缩短，社会交往机会增加。

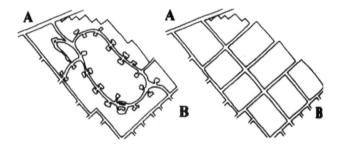

图 4-11　大小块街区的交通可达性比较

资料来源：伊恩·本特利等. 建筑环境共鸣设计. 纪晓海，高颖译. 大连：大连理工大学出版社，2002：2。

克里尔认为，街区的长宽都应该尽可能减小，以可能多地布置街道和广场。小型街区的组合可在较小的区域内产生最大量的街道和临街面，这样的结构使商业利益最大化，同时引发高密度、高频率的社会、文化和经济活动，促进社会交往，激发城市活力。"只有人们可以到达的地方才有商机。因此，一个环境使人们有可能穿越，可以从一个地方走到另一个地方是产生聚合效应的关键手段"[②]。"美国城市设计理论家 Allan Jacobs 认为'最好的街道在它们的边缘都有一种透明感'""Allan Jacobs 根据他对许多成功的传统街道的观察，建议道路交叉口之间不应

①　[英]伊恩·本特利等. 建筑环境共鸣设计[M]. 纪晓海，高颖译. 大连：大连理工大学出版社，2002：2.

②　[英]克利夫·芒福汀. 绿色尺度[M]. 陈贞，高文艳译. 北京：中国建筑工业出版社，2004：160.

大于 90m，特别繁忙的街道应有更频繁的交叉口。他对世界各大城市所做的普查显示，大多数传统老城区内的街道每隔 60～100m 就有一个交叉口"[1]。

与之相反，当代北京的超级街区只有少量的开口，并且限制公共人流的穿越，大量交流行为不是发生在街道和广场，而是发生在被围墙包围的住区里。道路密度是城市活力的重要指标，而北京城市中普遍存在的超级街区所造成的低密度的路网结构势必造成交通的微循环不畅，大量的道路资源都被封闭在住区内，交通无法得到有效的疏通，这就如同人体的血液循环系统只有动脉和静脉而缺少毛细血管，势必造成有机体机能的损害。要知道人体的毛细血管占到血管总量的 80% 以上，"如果血管的微循环不畅，必然会使血液充淤在动脉和静脉，使得血管系统失去弹性，导致血压升高。如果城市的支路系统不完善，无法吸收城市交通脉冲产生的压力，也一定会导致干道的瘫痪"[2]。从日常生活的角度来说，步行交通的可选择性少，也会减少人外出的愿望，从而使城市中的社会交往减少。可见巨大的街区是导致城市生活贫瘠、活力下降的主要原因之一。

4.2 资源利用问题

4.2.1 红线与空间资源

在法规方面，城市中的边界是通过红线来定义的。控制性的红线主要有三种：道路红线、建筑控制线和用地红线。道路红线即城市道路用地的规划控制线；建筑控制线是城市道路两侧控制沿街建筑物或构筑物临街面的界线，一般应后退道路红线一定距离；用地红线又称地块权线，是根据土地所有权或使用权来划分土地的界线。用地红线在道路一侧是与道路红线重合的。这三种控制线都是不可逾越的，其中用地红线受到法律严格保护，而道路红线和建筑控制线则是通过规划和管理法规进行控制。遍布城市的红线以及红线之间的关系，决定了城市公共空间与私密空间之间的关系，决定了城市土地的利用方式，决定了城市街道的空间模式，也在很大程度上决定了城市的公共生活。

我国的当代城市建设普遍遵循退红线的做法，主要目的是为将来道路的拓宽预留空间。但这种做法实际上浪费了大量空间，也难以形成良好的街道空间和街道景观。

红线退后的空间多为停车或绿化，非有意为之，实属无奈之举。

① 缪朴. 城市生活的癌症——封闭式小区的问题及对策 [J]. 时代建筑，2004（5）：47.
② 赵燕菁. 从计划到市场：城市微观道路 - 用地模式的转变 [J]. 城市规划，2002(10)：26.

退后的建筑控制线和道路红线之间是一个较为含糊的边界空间地带（图4-12和图4-13）。对于封闭住区，围墙一般设置于道路红线，也即用地红线处，用以表明对土地的拥有权或使用权范围。这样道路红线与建筑控制线之间的地带是属于地块内部所有，并不对外开放。而对于需要对街道开放的沿街建筑，这条退后留出来的边界地带需要对外部开放，则该地带会显得权属不清。无论是封闭在围墙内还是向城市开放，这个地带往往都被忽视，利用效率低下，成为尴尬的残余空间或无人使用的失落空间。

图4-12 后退道路红线留出的无人空间（一）

图4-13 后退道路红线留出的无人空间（二）

另外，建筑后退道路红线的做法，由于其关注重点在建筑单体上，而不是形成完整的街道空间，这导致街道与建筑之间的关系并没有得到有效控制，而建筑控制线的硬性规定也让街道的边界设计缺乏弹性，从而形成僵硬的边界和单调的街道景观。

如果说城市公园是城市中的面状绿化，河流及周边是城市中的线状绿化，居住区的中心景观是城市中的点状绿化，那么街道绿化就是城市中的网状绿化，是将城市中各种绿化形态联系统一成一体的结构性要素。住区边界与街道有内在的关联，可以把街道看作住区边界。住区边界领域空间与街道的密切关系让边界绿化服务于住区本身,同时又对城市做出贡献。正是遍布城市的住区边界绿化网络,构成城市生态体系的基础。然而,规划中后退道路红线留出的绿化带总是不尽人意,其表现出的大量问题一直以来都被忽视。绝大多数住区边界绿化的设计处理是简单化的,不负责任的,对其管理也常常是敷衍了事,其原因是将绿化带仅仅理解成隔离性的措施和提供城市绿化指标,而对城市公共空间的价值则无人问津。

调查发现,当前北京城市住区边界的景观绿化存在以下问题:

(1)景观绿化占用人行道,尤其是行道树占据本就狭窄的人行道,使人行道的连续通行受到阻碍。出现这样的问题主要是人行道的规划没能充分考虑同时容纳行人和行道树的共同宽度,另外行道树的底部处理过于简单化,树坑占据人行道使行人难以通行(图4-14)。

图4-14　绿化带挤压人行道

(2)景观绿化不能与公共活动空间有效结合,单纯为绿化而绿化,从而大大降低了绿化空间的利用效率。

(3)过长和过宽的绿化带割裂了人行空间,割裂了住区与街道的有机联系,也增加了维护和管理的成本。

绿化带的隔离性在有底层商业的住区边界往往表现出其负面效果。如北京华清嘉园小区北侧边界的商业性被充分发掘和利用,成为该区域城市活力的激活点,但由于在绿化带的设计和管理上缺乏周密的考虑,致使边界空间的环境品质并不高(图4-15)。一条隔离型的绿化带将人行空间划分为内外两条人行道:一条是底层商业专用人行道,主要为有购物需要的人流使用;另一条是专门的人行道,只为步行赶路的行人设置。为了更明确地区分这两条人行道,并使其不相互影响,还加设了栏杆。应该说设计和管理的初衷是好的,考虑到人流的差异。然而在使用中,底层商业部分的人行空间过窄,在高峰时间拥挤不堪,购物的环境品质当然也不高。而绿化带的宽度较宽,其隔离型过强,很长的距离才出现连接两侧人行道的开口,使得步行的自由度大大降低。

图 4-15　华清嘉园北侧边界
的绿化隔离带

　　对于没有底层商业的住区边界绿化带所体现出的问题是几乎很少考虑景观绿化与公共活动空间的结合。宽阔的绿化带制造了住区被绿化带围合的"高品质"假象，为公共空间提供了表面性的品质。然而，公共的人行空间被挤压，并被远远地隔离在围墙之外（图 4-16 和图 4-17）。设想如果这宽达六七米的城市绿化带设计成行人能进入活动的绿化空间，岂不是更好。

图 4-16　后现代城住区北侧
边界的绿化隔离带

图 4-17　逸城国际小区沿街
绿化带

　　在这种粗放的土地使用模式和规划模式下，城市土地不是被细致、有效率地经营，而是在无意中被大量浪费。住区的边界就存在大量被浪费的土地。如同在一块布料上裁剪一件衣服，完整的衣服完成之时，大量的边角余料被丢掉，成为废品。造成这样的结果，与布料品质和裁剪技术毫无关系，而是制衣的思维出了问题，即在裁剪之前已经预设了一个前提：制造一件完整的物品势必要丢掉无用的东西。西方的雕刻家在一块石头上雕刻，其思维类似，即凿掉不必要的部分，留下构思好的形体。以上思维均带有同样的特征，即将创造事物看作将有用的和无用的分开。

残余空间是封闭住区的必然产物，是现代主义设计思维重视实体设计而忽视关系所致，这导致一种内向性、封闭性的设计思维。在住区规划中，人们习惯于从完整性的思维角度出发，将任何一块基地都处理成独立、整体的结构。将规划结构的强烈和清晰与否作为评价设计的重要标准之一，但忽略了一点：往往这种明晰的结构是封闭的结构，与其相邻的和周边环境可能毫无关联或关联较弱，这就容易在边界地带造成大量消极的残余空间。

多数情况下，设计者并没有意识到残余空间的存在，而将注意力放在规划出来的空间上，忽视了规划主体以外被剩下的部分。齐格蒙特·鲍曼（Zygmunt Bauman）在《废弃的生命》中提到"为了被视为'现实'可行，设计必须简化世界的复杂性。它必须将'相关'和'不相关'区分开来，仅仅抓住那些不能操纵的部分中可控制的现实碎片，注重那些现有条件下就可以'控制'的'理智'的目标，还有可以凭借即将获得的条件就可以控制的东西。在这些已经列出的东西中，为了迎合需要，很多东西就要被丢到一旁——抛弃出视野、思维和行动。除此之外，那些被抛弃的东西要迅速成为设计过程中的'废弃物'。设计的根本策略和肯定结局就是将世界上的东西分成'举足轻重'和'无足轻重'的，'有用的'和'无用的'"[1]。

在当代住区规划者看来，住区边界是"有用"土地和"无用"土地的分界，他的精力当然放在"有用"的部分，而对"无用"的部分弃之如敝履，这种思维必然导致大量住区边界土地的浪费。

图4-18 被忽视的边界空间——街道转角

资料来源：Google Earth 地图

---

① [英]齐格蒙特·鲍曼.废弃的生命——现代性及其弃儿.谷蕾，胡欣译.南京：江苏人民出版社，2006：18。

北京乐成国际住区的街道转角很有代表性（图4-18）：总图设计对规范中"视距三角形"的遵守导致街道转角处的三角形土地被搁置，由于其功能和权属不清，无法加以有效利用。而这里又是城市街道景观的节点，相对而言较负责任的做法就是作为绿地来使用，对转角进行有限的美化；而不负责任的做法就是任由其荒废，或成为临时的停车空间。中国有"金角、银边、草肚皮"的说法，而当前这种对待边角的态度完全无视空间的价值，浪费空间资源，对城市公共空间和环境造成损害（图4-19～图4-21）。确实需要反思现行的规划思维和设计方法，这种思维一直在主导整个中国的城市和住区建设，主导城市空间的形成，更主导普通人的生活。现在看来，是这种规划思维到需改变的时候了，尽管这比城市物理空间的改变要难得多。

图 4-19　街道转角（一）（左图）

图 4-20　街道转角（二）（中图）

图 4-21　街道转角（三）（右图）

北京后现代城是近年来以"大开放，小封闭"为理念建设的住区，将对城市开放的街道和商业引入住区，让住区内部呈现出都市感，住区的活力也得以激发。然而，边界问题也被严重忽视。与其相邻的两个封闭小区以围墙和底层商业为边界，在三个住区交界地带呈现出与住区内部的生机勃勃完全相反的景象：裸露的土地成为可随意停车的停车场。这是一块飞地，如同剪裁衣物的废料成为被遗弃的空间（图4-22～图4-24）。

图 4-22　后现代城与相邻住区之间的边界残余空间

资料来源：根据 Google Earth 地图绘制

形成此类空间是我国的土地开发模式导致的：在住区开发和规划之前，没有对住区所在区域进行城市设计，也没有对公共空间进行规划。快速的城市开发导致开发商在城市功能进驻之前已经在划定的地块中建造了自己的"产品"，住区外部并不属于开发商的责任范围，应该由政

府负责。而政府并没有建立保证城市公共空间的开发机制，甚至可能完全没有这样的意识。

图4-23　边界残余空间（一）
（左图）

图4-24　边界残余空间（二）
（右图）

这块飞地当然不会一直处于被遗弃的状态，总有一天会被宽阔的马路所替代。金港国际花园（即后现代城相邻封闭住区）南侧宽阔的马路就是这块飞地的不远未来（图4-25）。但铺上沥青的飞地依然是飞地，没有空间规划、没有环境设计的边界空间是城市公共生活的坟墓。

图4-25　住区之间的街道

后现代城在住区内部营造了城市感，可在其与相邻住区的边界地带却无所作为。从空中俯瞰这块飞地和飞地周边封闭在住区内部如同私家园林般的内部环境，可以看到这一现象背后是强大的商业力量主导的土地投机和对公共利益的巨大漠视。边界飞地如同毒瘤随着城市的扩张而扩散，并蚕食着城市的公共空间，扼杀城市的公共生活。

残余空间问题所反映出的是规划思维和规划思想的问题，不是简单地通过装饰美化和城市市政管理可以解决的，需要从根本之处反思当代住区和城市规划的严重误区。可以看出，这种设计思维和方法存在很大的缺陷，难以充分利用设计资源，对土地和城市空间造成极大浪费。另外，由于政府、开发商、设计师漠视公共利益和公共空间，在进行住区开发和设计时才不会意识到这是在剥夺小区以外的人享有该处公共资源的权利。这种漠视导致在设计还未开始，边界已经建立，设计只能从边界出发，把基地边界以外的城市当作"荒漠"，而把住区当作"绿洲"来设计。可以说,设计思维的局限和主观意识的忽视导致这些残余空间成为设计过程中的盲区。

然而,对于百姓来说,残余空间往往会成为他们的避风港;对于城市来说,边界残余空间具有巨大的公共价值。

作家老舍曾写道:"……北平在人为之中显出自然,几乎是什么地方既不挤得慌,又不太僻静:最小的胡同里的房子也有院子与树;最空旷的地方也离买卖街与住宅区不远。……北平的好处不在处处设备得完全,而在它处处有空儿,可以使人自由地喘气;不在有好些美丽的建筑,而在建筑的四围都有空闲的地方,使它们成为美景……"①

现代城市难以见到老北京的"空闲"之地,但是人们对于空闲和角落空间的热爱是一种本能,他们会在整齐划一的单调城市中自发地找到各种残余空间,并用自己的方式利用这些空间。与荒废的残余空间相对应,在城市中会发现人们自发地利用并没有经过设计的残余空间进行各种活动,并享受着在无处藏身的城市洪流中被遗忘的地带——残余空间中的时光:人行道上被城管禁止的流动商贩,墙根底下围坐下棋的老人,走来走去东张西望的行人,这一切所构成的都市风景是城市活力的象征(图4-26)。空间的荒芜、仅有的人行道被汽车占据、城市的喧闹和污染,这一切都无法阻挡人们在边界地带活动的需求,因为这种边界效应是人类的本能所造成的。

图 4-26　街角残余空间的利用(一)

在实际调查中发现,残余空间多位于城市道路旁,尤其是丁字或十字路口的角部。"由于城市规划中视距三角形的控制,丁字路口处视野开阔,形成两个三角形的负空间。这种空间没有明确的归属,它们不属于任何具体的所有者,这里不仅避风阳光充足,而且不受交通与行人干扰②(图4-27和图4-28)。"这种残余三角形如同城市中众多的小岛屿,是洪流中的短暂栖息地。很多老人喜欢这里,因为他们需要找到一种既能享

---

① 老舍.想北平 // 钱理群.乡风市声——漫说文化丛书.上海:复旦大学出版社,2005:2。
② 李志明,袁野,王飒.有心花不开,无意柳成荫——城市"残余空间"与户外活动调研.新建筑.2001(5)。

受自由与宁静，又能接触生活现实的心理平衡①。

图4-27　街角残余空间的利用（二）（左图）

图4-28　街角残余空间的利用（三）（右图）

除了老年人，儿童也喜欢残余空间，并善于发现和利用残余空间。荷兰建筑师阿尔多·凡艾克终生致力于将城市残余空间改造成开放的儿童游戏场的工作，并在阿姆斯特丹设计和建造了遍布城市各个角落的开放游戏场，使阿姆斯特丹成为游戏的都市和孩子的天堂（图4-29和图4-30）。阿尔多·凡艾克的儿童游戏场计划，是对城市残余空间的有效利用，并将残余空间的价值提升至城市人文精神关怀的层面。

图4-29　阿姆斯特丹1961年城市街边游戏场分布图

资料来源：Liane Lefaivre, Ingeborg de Roode. Aldo Van Eyck—the playgrounds and the city. Rotterdam: NAI Publishers, 2002.

残余空间不应是被忽视的角落，其对城市空间的价值应该得到重视。一方面，在规划中尽量避免残余空间的产生；另一方面，对残余空间应加以充分利用，使之成为私密的居住生活与公共开放的城市生活之间的润滑剂。城市中大量残余空间不是城市的空间垃圾，而是城市中极为宝贵的空间资源，尤其对于缺乏城市儿童活动场所的城市而言，

① "残余空间"所在之处都为市井喧哗之所，但常说老年人好静，这不是矛盾吗？其实老年人有更深层次的心理需要。任何人都惧怕孤独，尤其是老年人。他们不愿静静地看着生命脱离多彩的生活而一点点地逝去，生命的活力和匆忙的人群是他们所向往的，也是他们曾经历过的。流动的车流、喧闹的叫喊声，这些让他们清楚地感觉到自己生活在现实之中，他们也可以和年轻人一样享受这个城市带给他们的各种强烈体验。同时，曾经沧海的他们，每日平静地望着眼前一个个忙碌的身影，会产生一种成就感、一种洞穿生命奥秘的心理慰藉，这使得老年人那颗暗含悲凉的心得到一些平衡，这平衡使他们得以平静。李志明，袁野，王飒.有心花不开，无意柳成荫——城市"残余空间"与户外活动调研.新建筑，2001（5）。

残余空间的价值更大。

改造前　　　　　　　　　　　　　　　改造后

图 4-30　阿尔多·凡艾克在阿姆斯特丹的城市游戏场改造

资料来源：Liane Lefaivre, Ingeborg de Roode. Aldo Van Eyck-the playgrounds and the city. Rotterdam：NAI Publishers，2002.

　　建议在城市中充分利用街角、路边的被忽视、遗弃或利用效率低下的边界残余空间，设置开放的儿童游戏场地，使之能为城市中的儿童所共用，同时城市街道和广场的设计应该考虑儿童活动和游戏的需要。北京不缺少尺度巨大的集会广场，也不缺少功能齐全、设施先进的大型游乐场，当然更不缺少封闭在围墙之内的园林般的住区景观和公园景观。北京所缺少的正是街头巷尾经过精心设计的小型甚至微型的开放空间，让孩子们在城市的任何角落都能找到可以安全自由游戏的场所。在这里，他们可以结交新的小朋友，可以观察城市和成人的生活，可以学会躲避危险，保护自己，学会寻求帮助和帮助别人。在城市里，在游戏中，他们能够快速成长。

　　除了住区临街空间的边界，相邻住区之间的边界也会造成空间资源的浪费。相邻住区之间的围墙边界封闭了住区之间可能的空间和社会交流，本来可以共同享用的空间和环境资源也被放弃，这也导致边界地带沦为被汽车占据的空间，更不可能产生边界地带可能的活力。图 4-31 和图 4-32 所示是北京某两个被围墙分割的相邻住区边界，可以看到被同一围墙分割的两侧边界地带均被停车带或车行道占据，空间环境的品质也均为各自住区中最低的。这两个小区之间一排高大的杨树，通过环境的设计本有机会成为共享的环境资源，但分隔替代了共享，景观资源也被围墙的分隔可惜地浪费掉。本可以共享的边界空间就这样被共同放弃。

图 4-31　相邻住区围墙边界一侧（左图）

图 4-32　相邻住区围墙边界另一侧（右图）

4.2.2　配套与服务资源

　　我国《城市居住区规划设计规范》中对服务设施的配套建设标准多年来是通过"千人指标"作为主要依据。每个小区拥有自用的绿地、游戏场、会所等。"居住区公共服务设施（也称配套公建）应包括教育、医疗卫生、文化体育、商业服务、金融邮电、市政公用、行政管理和其他八类管理设施"，居住区配套公建的配建水平，必须与居住人口规模相对应。2018年最新版的《城市居住区规划设计标准》提出15分钟、10分钟及5分钟生活圈的概念，并相应地将配套设施进行了分级，但依据人口规模确定配套设施控制指标的方式依然延续。这样的规范规定更多地是出于城市管理的需要而制定的，同时也为设计人员和规划管理提供了统一的参照标准，有利于住区规划过程的顺利进行。然而，依据这样的规范进行住区规划会造成以下问题：

　　（1）这样的规定没有考虑到地域、城市生活条件以及居住人群的差异，而这种差异在当代的城市中表现得愈加明显。当代城市的快速发展和市场经济的普遍运行早已经让社会服务设施变得多样化，人们对服务的需求也呈现出前所未有的多元化。此外，社会的流动性也使人们有更多的选择服务设施的机会，并不会像几十年前的单位制时期那样局限于使用住区内部服务设施，这就造成住区内部的公共服务设施不能得到有效利用，造成服务资源的浪费。

　　（2）由于每个小区都各自为政，拥有相对完整的服务设施，拥有自己的会所、幼儿园、游戏场乃至商业设施等，会造成城市中服务设施的大量重复建设。公共服务设施被分割在不同的小区，而不是为城市所共享，为更多的人所使用，从而失去了将资源集中起来为居民提供更为实用和多样化的公共设施的机会。

　　（3）住区的商品化造成不同档次的住区服务配套标准的差异，高档住区拥有高标准的设施，但可能少有人使用。笔者曾调研过多个住区内部的儿童场，很多高收入人群的住区内部游戏场很少有人使用，尽管其游乐设施的标准很高；而中低收入的住区内部通常只有较低标准的游乐设施，甚至根本没有，无法达到基本的公共服务的要求。这势必造成一种社会资源的不公正使用，导致社会的差异化，并滋生矛盾的社会情绪。

　　（4）公共服务设施除了提供生活配套服务的功能外，还起到建立社交空间和场所的重要作用。在传统聚落的村口，水井作为不可或缺的公共服务设施往往会成为社交的中心。在老北京的街坊，胡同口和街道转角的小卖店也会成为公共社交的场所。然而在当代住区，公共服务设施没能起到社交纽带的作用，"由于单个小区使用自有设施的人数有限，使用者的收入水准及文化背景也可能单一化（特别是在新建小区中），这些设施对激发不同社会群体之间的社交没有多大助益，难以被称为真正的公共场所"[①]。

"……公共服务设施以'千人指标'核算,进行自我配套,将每个住区看作一个独立的系统,不考虑其与城市空间的融合;更无视市场的自发调节功能,对居住用地规划与控制手段滞后且缺少动态反馈机制"[②],这种规划模式必然造成规划与生活的脱节和土地资源、空间资源、服务资源的巨大浪费。

4.3 社会隔离问题

4.3.1 社会孤立

住区边界的封闭使得住区内部形成与城市隔绝的相对独立的生活场所。然而对住区内部的居民来说,封闭在一个有限的空间里,并不会必然造成亲密的社区感,因为仅仅是经济条件所形成的共同点难以形成真正的社区文化。调查发现,越是封闭的住区,其内在的活力越低;反而相对开放的住区,由于与外界的交流反过来促进了住区内部居民的交往。在笔者调研的几十个住区中,完全封闭的住区内部确实总是处于冷清的状态,人影寥寥,即使有人活动,也多是形单影只,或与宠物为伴,人与人之间极少交流(图4-33)。而相对开放的住区内部,总是呈现出生活的氛围,人与人之间交往频繁,社会性的活动随处可见,社区的活力远高于完全封闭的住区(图4-34)。

图 4-33 北京某高档封闭住区冷清的内部(左图)

图 4-34 北京某开放住区充满活力的内部(右图)

另外,封闭住区减少了住区内的居民外出享受城市公共空间和公共生活的愿望,而是越来越只关注自己生活的小环境。封闭造成了人与人之间的不信任的氛围,人与人之间的关系被商业化物业管理所取代,社会联系的纽带因此被无情切断,邻里交往自然难以形成。这自然会造成一种集体和公共责任感的丧失,并产生社会排斥。当城市社会到处都是排斥的力量而非交流和融合的力量时,社会必然会由于缺乏凝聚力而走

① 缪朴.城市生活的癌症——封闭式小区的问题及对策 [J].时代建筑,2004(5):47.
② 王彦辉.中国城市封闭住区的现状问题及其对策研究 [J].现代城市研究,2010(3):87.

向分裂。

4.3.2 社会分异

居住分异是社会空间最基本的特征之一。自从人类社会有了阶级的划分,居住分异就同时产生。贵族与平民在居住上一定要划清界限,不能逾越,处于不同阶级或阶层的人,在居住的空间上要明确分开,边界自然就成为不同居住空间之间的界限。这种分异现象及所产生的边界贯穿城市的各个尺度。从城市的尺度来说,不同阶层的人住在不同的城市区域,如在北京的历史上就有"东富西贵,南贫北贱"的说法。从某一户的尺度来说,户内长幼尊卑要有明确的居住空间划分,以北京四合院为例,长辈住在正房,而晚辈要住在厢房,仆人则要住在倒座。这样的划分当然也与居住的舒适性以及象征意义有关,但分异是明确的。

种族的差异也是居住分异的重要因素之一,在前工业社会的中东国家的城市如非斯(摩洛哥)、阿勒颇(叙利亚)等,种族隔离制度造成城区或行政区的形成,这些城区靠围墙使彼此隔离开来,这些围墙的大门夜间是要上锁的,反映了尖锐的地域社会划分现象[①]。北京在清代早期也是满汉之间在居住地域上要严格区分的。美国城市的种族隔离现今依然存在,很多有色民族居住区如黑人居住区在城市中成为被孤立和隔离的区域。

在当代中国,经济发展水平的不平衡也会造成分异。如北京以长安街为边界,北面的整体收入水平要高于南面,这就造成城市尺度的居住分异。住区之间通过围墙分隔以防止不同住区的居民相互干扰(主要是防止低收入群体或整体教育程度较低的群体干扰高收入群体或教育程度较高的群体)。这种差异通过不同群体购买的不同档次的商品——住区体现出来,将城市切成无数价值不等的空间区域,社会在住区这个层面便产生剧烈的分化。

当代社会,这种居住的分异现象依然普遍存在,并主要表现在社会经济地位、教育程度、种族差别等方面。贫富不均造成社会分化,明显体现在居住地的选择上。"物以类聚、人以群分"的逻辑,导致所谓高档社区和低档社区的出现。为了彰显经济地位和社会地位的差异,不同档次的住宅尽可能地从地域的角度区分开,而在同一地域,则需要通过围墙和封闭式的管理将"低层次"人群阻隔在外。封闭住区的边界作为一种隔离手段,将不同收入和阶层的人群强行分开,在空间分割的同

① 陈淳.前工业城市//都市文化研究(3).阅读城市:作为一种生活方式的都市生活[M].上海:上海三联书店,2007:245。

时，造成了不同群体间社会距离的加大，形成居住空间的等级化倾向和社会隔离。如北京西郊的万泉新新家园是为城市新贵开发的高档封闭住区。为了安置被拆迁的农民，专门建造了两栋高层住宅，就位于新新家园小区的围墙外，但同属于一个小区的名称。这两个收入差异巨大的社会群体被放置在一起，但围墙将他们分开，这是社会分异的结果，而围墙造成的分隔更加剧了这种社会分异。

如果社会分异现象不能得到有效控制，而是任其发展，社会矛盾就有可能由于长期的积累而激化。

4.4　城市空间问题

4.4.1　城市肌理碎片化

当代中国的绝大多数住区规划几乎不考虑对城市结构和城市公共空间的贡献，这使得城市结构失去完整性，城市空间难以形成场所感。城市住区的随机性规划导致城市结构的碎片化和城市空间的疏离，这种城市结构的碎片化和空间的疏离带来城市社会的碎片化和城市居民间人情的冷漠与隔离。以往的和睦相处，"街坊互助""邻里守望"等传统邻里关系也几乎消失殆尽（图4-35和图4-36）。

图 4-35　北京某城市区域的空间碎片（一）（左图）

图 4-36　北京某城市区域的空间碎片（二）（右图）

资料来源：Google Earth 地图

对住区边界的忽视是结果，也是造成这种后果的原因之一。

C·亚历山大曾指出，威尼斯这样看似随机的城市，实际上一开始就有一个结构性的规划存在，并在其千年的发展过程中，这种结构性的约束一直存在，成为这个城市的内在特征，而当代城市却丧失了这种结构性的约束。克里尔曾比较欧洲传统城市与现代城市的特征（图4-37），中国当代城市正如图中所表现的那样已经和正在走向碎片化。

尽管在城市化的进程中有大量的"优秀"住区建成，但住区内部环境的高品质是以外部城市空间的低品质为代价的。无论每个小区自身的规划做得多么出色，其对城市整体结构和城市公共空间的破坏都使这些住区规划在某种意义上是失败的。

在本书第2章讨论边界属性时,提到内与外的关系是边界的基本属性之一,并且形成空间内部与外部的可读关系对城市空间具有重要价值,而其关键就是边界。鲁道夫·阿恩海姆所说的"不和谐的东西不是内部与外部不同,而是在它们之间没有可读关系,或者两种相同的空间陈述是以两种相互孤立的方式表现的"[①],这句话在中国当代城市中成为真实的注解。内外关系的可读性依赖于紧密和整体的城市结构,依赖于能将内与外有机联系起来的生活化的公共空间,依赖于连续性的城市景观。而当代住区缺少传统城市那种紧密的城市结构,缺少生活化的公共空间,缺少景观上的统一感和丰富性。区域内各个封闭住区呈现出一种松散的碎片状特征,而整个区域也是在城市中的一个更大的碎片。如果希望重塑城市的结构肌理和公共空间,必须向中国传统城市和西方城市的优秀传统学习,强化每一个街区的边界,以塑造明确的街道空间形态和城市肌理。

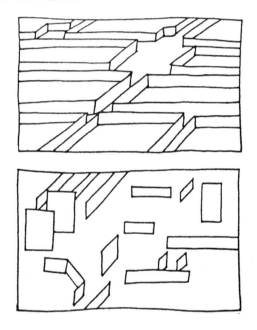

图4-37 传统城市与碎片化的现代城市

资料来源:罗伯特·克里尔.都市空间规划设计.台北斯坦编辑部编译.台北:台北斯坦编译有限公司,1992:117。

4.4.2 空间层次单一化

奥斯卡·纽曼在《可防御空间》中提出从公共空间到私密空间之间应该有半公共空间、半私密空间加以过渡,从而保证城市空间和城市生活的连续性。中国传统的居住空间非常注重由外而内的层次性,作为边界的墙体也以多重形式存在,从而有效地加强了居住生活的私密性。

---

① [美]鲁道夫·阿恩海姆.艺术与视知觉——视觉艺术心理学[M].滕守尧等译.北京:中国社会科学出版社,1980:77。

当代居住空间单一层次的围墙边界与庞大的住区整体相比显得过分单薄和轻率,居住的私密性很难得到实质的保证。从城市公共空间到城市的私密空间仅一墙之隔,而不是通过空间的逐渐渗透和过渡来保证私密性,这便造成公共空间与私密空间的相互影响,空间品质大打折扣。

从城市景观的角度来说,边界本应是制造空间层次的主要元素。老北京城的魅力与其丰富的城市空间层次是分不开的,而层层叠叠的四合院的院墙便起到营造空间层次的作用。当代住区的围墙边界与四合院的院墙不同,围墙的尺度过大,且不参与塑造城市空间,本来住区中建筑之间会产生的空间感被围墙"化零为整"而成为巨大的单一的城市细胞。连续的、光秃秃的围墙生硬地切割了城市景观,破坏了空间的层次感。即便是通透的围墙,也只是隔靴搔痒,难以形成整体的城市空间层次。

4.4.3　私有化的公共空间

封闭住区将原本属于公共的土地私有化,成为这个住区居民共同拥有的独立于城市的群体私有空间,"将原先属于城市的道路、绿地等封闭入私人或少数人使用的空间范围,部分剥夺了市民享受城市地域资源的平等权利"[①]。而对住区边界外部公共空间与公共利益的漠视,使得城市中出现大量无人使用的消极空间,或者说失落的空间(lost space),这不仅是一种空间浪费,也扼杀了城市的公共生活,导致城市活力的丧失。通过边界将城市中的人群圈划分在无数封闭的堡垒之中,人们的公共生活都局限于自己的住区之内,与城市脱离,城市的有机性和生活的多样性被破坏。

公共空间的私有化在城市中以各种形式表现出来,如被围墙包围的公园、大型购物中心等。但封闭的居住小区是最直接的以保护共同利益为理由的空间私有化行为。传统的城市整个被围墙包围,内部是围墙围合的以家族或家庭为单位的私有空间,而当代城市更多的是一个群体为了保护共有的利益而将城市空间划归己有(图4-38)。这种现象不只出现在以北京为代表的中国城市,"20 世纪80 年代的美国便开始出现大批的有门社区,这表现出一种同样支持具有私人安全服务和私人停车场的公寓楼的逻辑""这种私有化包括普通的城市职责,如警察力量的组织和教育、休闲、娱乐等社会文化服务等""1990 年已有11% 的美国人居住在这种孤立的社区或 '具有共同利益的房产' 之中"[②]。而中国的城市

① 徐苗,杨震.论争、误区、空白——从城市设计角度评述封闭住区的研究 [J]. 国际城市规划,2008(4):25。

② [荷] 根特城市研究小组.城市状态——当代大城市的空间、社区和本质 [M]. 敬东译.北京:中国水利水电出版社,知识产权出版社,104。

将这种趋势无限扩大化。这种封闭性是一种保护的本能所导致,是为了防止犯罪危险对城市的自动隔离。然而这种隔离所导致的城市住区外部公共空间的消极性反而成为滋生犯罪的温床。

图4-38　私有化的住区内部景观

公共空间的私有化在我国住房商品化后迅速蔓延,开发商将整个小区甚至整个居住区作为一个完整的商品出售。同时,小区居民也以公摊面积纳入房价和环境物业费的形式体现出对住区内部公共空间的集体占有权。城市公共空间就这样被蚕食掉,城市公共生活被住区内部的半公共生活所取代,且处于隔离状态,城市的公共生活被这些隔离的岛屿所抽空,变得苍白而乏味。

4.4.4　街道生活苍白化

尽管传统中国城市的街道生活是人们最主要的日常生活空间,但到了现代社会,这种街道生活却遭遇巨大的挫折。现代主义规划对街道的忽视在当代中国城市建设中体现得尤为明显。大马路替代了具有人性尺度和生活化的街道,最常见的景象是疾驶的或拥堵汽车以及匆匆行走在狭窄人行道上的行人。对于老人和孩子来说,今天的街道是危险的地方,穿越马路几乎是一场噩梦。路易斯·康(Louis Kahn)曾说"在城市中,街道是至高无上的。它是城市中第一位的场所。街道是一种共同的房舍,公共的房舍。它的墙垣属于所有的施主,奉献给城市公众使用。它的天花板就是天空。……今天,街道上满是不相干的运动。街道不属于其两旁的房舍。因此,只有路,没有街道"[1]。简·雅各布斯也对现代主义对街道的泯灭表示出不满:"废除城市的街道,而且尽可能地降低和缩小它们在城市生活中的社会和经济作用,这是城市规划正统理论中最有害和最具破坏性的思想。"[2]可以说,无论是西方还是中

---

① 李大夏.路易斯·康.北京:中国建筑工业出版社,1993:146。
② [美]简·雅各布斯.美国大城市的死与生[M].金衡山译.南京:译林出版社,2005:95。

国,当代城市与传统城市在城市空间上最大的不同点之一便是街道的消失。

在传统的北京城市中,街道生活几乎是人们公共生活的主要形式,而当代北京的街道公共生活正在逐渐丧失。笔者认为,主要是以下原因造成的:

(1)街道两侧边界多为围墙,景观枯燥乏味,缺少与行人的互动,而在两侧均是围墙的街道上,行人只顾匆匆赶路。

(2)底层商业设计粗糙。作为街道边界的底层商业是与行人接触最为密切的部分,其设计应当更为精心,尤其在人体尺度方面,应当建立一套设计原则进行规范。

(3)人行道普遍过窄,车行道普遍过宽,且缺乏限制车速的有效措施。人行道的铺装和公共设施品质较低,难以形成宜人的空间环境。空间上,人行道缺少供人停留、休息、游戏的公共空间设计,尤其是对退休老人和儿童的空间和设施需要缺乏考虑。

(4)住区北侧往往布置高大的板楼,导致北侧街道边界常年处于阴影之中,对公共生活,尤其是冬天公共生活的产生极为不利。且住区北侧的高层因日照原因造成北侧街道尺度过大,难以形成适宜的街道空间感。

(5)连续的停车位往往占据人行道、自行车道等公共空间,造成行人活动空间大大减少,安全性和环境质量(主要是空气和噪声)也令人担忧。

(6)残余空间的浪费,尤其是街道转角空间普遍存在废置不用的土地。

位于北京东三环与东四环之间的乐成国际区域是多个封闭住区组成的城市区域,该区域的街道即表现出街道景观与街道生活单调贫乏的非人性特征。

乐成国际区域由多个居住小区组成,在一个如此巨大的地块内分布着若干彼此封闭的住区,且整个区域缺乏整体的结构逻辑,呈现一种随机的状态。这是北京居住群落模式的一个常见现象[①]。因为城市原有用地的复杂性,开发商拿到的土地经常是不规则的,而政府并没有对整个区域进行整体的城市设计工作。开发商只针对红线以内的范围进行建设,对外并不负责,这就导致在如此大尺度的范围内竟然没有像样的公共空间。甚至由于每个小区都只关注自身的品质,完全忽视小区以外的环境和空间的营造,造成这个区域公共空间灾难性的后果。

与北京其他新建住区类似,乐成国际区域居民的生活基本上封闭在

---

① 另一个比较类似的区域如奥林匹克公园西侧的住区群落,包括倚林家园、奥林春天各期、融域家园、畅春园各期等。各自封闭,区域内部道路只起到交通作用,缺乏公共空间和公共生活。显然整个区域并没有经过统一的设计。

自己所在的小区围墙内，街道两侧的建筑也毫无关系，因而无法形成真正具有空间领域感的街道空间（图4-39～图4-41）。于是，这里便成为无生活性街道、无公园绿地、无休闲广场的城市公共生活极为贫乏的区域。

图4-39　荒凉的"街道"（左图）

图4-40　消极的边界空间（中图）

图4-41　狭窄的人行道（右图）

　　这里可以看到巨大空旷但无人的荒凉街道和狭窄的仅容一人的人行道。这种尺度对比，更加强了街道的非人性化倾向，从而导致一年四季都冷冷清清的萧条。不可否认的是，这里每个小区都是热销的楼盘，商业上无疑是成功的。然而，从城市和社会的角度来说，这个区域是失败的。因为它没能营造出一种都市感，没能利用土地潜在价值为经济和社会做出贡献，这与城市开发的初衷背道而驰。

　　从边界的剖面（图4-42和图4-43）可以看出，城市街道与住区之间关系比较生硬，车行空间远远大于人行空间。较好一点的处理是将底层商业人行界面高出车行界面，使得人行空间可以自成一体，但遗憾的是，这样的处理仅仅是住区边界的片段，并没有形成连续的态势。

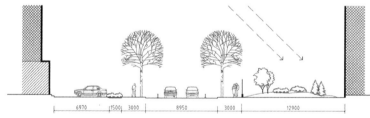

图4-42　乐成国际区域住区街道剖面（一）

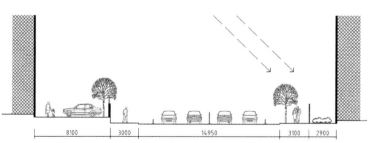

图4-43　乐成国际区域住区街道剖面（二）

　　高大的建筑对北侧街道的阴影影响在这个区域有突出的体现。乐城国际住区和苹果社区北侧街道在任何时候都看不见一丝一毫街道"生活"的影子。乐城国际北侧街道由于是贯通的街道，车行速度快，沿狭窄的人行道的大量停车已经抑制了街道生活的产生，而常年的阴影尤其是冬季的阴冷更让这里成为行人避之不及的区域（图4-44）。苹果社区北侧街道更是如同被遗弃的场所，荒凉和冰冷感极强（图4-45）。这两条街道两侧均是围墙或绿化隔离带，没有设置任何商业公共设施，这也是缺乏人气的重要原因。但即使设置了这些设施，常年的阴影也会阻止人们对这里产生好感。

图 4-44　乐城国际住区北侧阴影中的街道（左图）

图 4-45　苹果社区北侧阴影中的街道（右图）

　　街道生活是人在城市中的基本需求，这种本能的需求需要合适的物质形态与之相适应，这种形态就是街道。所以，作为住区边界的最普遍的空间形态，街道对城市公共空间和公共生活而言具有极为重要的作用。作为边界域的街道，是城市最重要的交通功能元素，同时也是最重要的公共空间。没有街道，城市里的人际交往是难以想象的，城市的活力也会因此而丧失。

　　街道对于儿童成长的作用也一直被严重忽视。住区内往往根据面积分配的统计原则来规划游戏场所，位置也是随意而定，儿童的活动基本被限制在一块固定区域，这样就排除了街道与儿童的关系，对此，简·雅各布斯有精辟的论述："城市里的孩子需要各种各样玩耍和学习的地方。此外，他们还需要有机会接触各种各样的运动，进行锻炼和培养身体技能——更多的比之现在已有的更能容易获得的机会。但是，同时他们也需要一个户外的非专门的活动场地，在那里可以玩耍、嬉闹并且形成对世界的了解""在实际生活中，只有从城市人行道上的那些普普通通的成人身上，孩子们才能学到成功的城市生活最基本的东西：人们互相即使没有任何关系也必须有哪怕是一点点的对彼此的公共责任感"[①]。街道曾经是孩子们的乐园，然而在当今城市的街道上已经很难见到孩子的踪影。边界作为红线、围墙以及纯粹交通功能的街道对城市生活毫无贡献可言。只有将边界看作边界域，看作能够容纳公共生活的场所，让街道有人行活动的足够宽度，有阳光，街道才有可能重新回到孩子们的生活中。

　　街道生活的丧失化还与底层商业设计的粗糙有关。底层商业是与行人直接接触最为频繁的城市界面，然而当前中国城市住区的底层商业

---

① [美] 简·雅各布斯.美国大城市的死与生 [M].金衡山译.南京：译林出版社，2005：89。

设计普遍缺少人性尺度的设计考虑,且设计简单化,缺少细节的设计,并少有考虑让人停留的空间。底层商业的层高一般都比较高(不低于4m),这导致在其立面设计上容易出现超出人体舒适尺度的情况。另外由于建筑控制线的规定,底层商业的连续立面单调乏味,缺乏亲近感。人行道地面的处理欠考虑,缺少人性化的细致处理,让商业门前空间难以吸引人停留下来。

街道转角自古以来被认为是"金角",是一块地中商业价值最高的位置。在西方城市中,对于城市街道的转角是极为重视的,转角位置不仅仅设置重要的商店,也成为重要的公共空间,并从城市设计的角度对转角位置进行规范,以导则和图则的形式强调其对城市公共空间、景观和生活的重要价值(图4-46)。

图4-46 美国城市设计图则中的街道转角

资料来源:[加]约翰·彭特. 美国城市设计指南——西海岸五城市的设计政策与指导. 庞玥译. 北京:中国建筑工业出版社,2006:79。

我国的城市规划法规对街道转角的规定是欠缺的。尽管对于商家而言,转角位置一直备受青睐,商业效益自不待言,但同时对于转角的公共空间利用价值却极为忽视。如北京华清嘉园住区边界东北角的商业充分利用了用地边角的价值,成为该区域的亮点,也是该区域的文化地标。然而,这里依然逃脱不掉未经设计的残余空间的消极影响,店门前的空间并未得到有效利用,本有机会成为高品质的小型城市广场,最终沦为待用的停车场和人们匆匆而过的"荒地"(图4-47)。这样没经过设计处理的边界转角底层商业空间在北京的城市住区中随处可见(图4-48)。难道不是边界意识的缺乏让开发者、规划者和管理者都对这块本可以取得商业利益和社会利益共赢的"黄金宝地"如此忽视的吗?

图4-47 华清嘉园小区边界的东北角(左图)

图4-48 石韵浩庭小区的边界转角(右图)

4.4.5　社区公园稀缺化

缺乏中小尺度的边界公共空间设计，是北京当代城市住区的通病。在当代北京的很多新建城市区域中都难以找到小尺度的边界公共空间，如街区型的小公园、小广场以及街道旁的袖珍公园和可容纳公共生活的公共绿地。

但是，北京旧城不必说，在北京20世纪80年代以前建设的城市街道旁，经常会看到两种边界公共空间：一种是带状的城市绿化空间和活动场地，设置有座椅和运动器械，如清华东路南侧的绿带、和平西街西侧的绿带等。另一种是街区型小公园，如双榆树社区公园（图4-49），南礼士路社区公园（图4-50）等。但这些公共空间在城市中并不普遍，在近年新建的住区中更为少见。笔者认为，北京缺乏一个住区尺度的边界公共空间规范来指导和制约住区的开发。城市应该建立中小尺度的公共空间系统并大力进行改造和建设，因为这是城市居民最直接享用的公共空间，它们遍及城市的各个角落，在居民的步行范围之内很容易到达。中小尺度也易于与城市结合，并具有可操作性，可通过法规制定强制开发者建设对城市开放的中小型边界公共空间，由政府统一管理。

图4-49　双榆树社区公园
资料来源：Google Earth 地图及作者摄

图4-50　南礼士路社区公园
资料来源：Google Earth 地图及作者摄

被围墙包围的巨大尺度的奥林匹克公园被誉为北京的"绿肺"，但其形象价值远大于其使用价值，利用率低下，维护成本高昂，不能为多数市民所享用（图4-51）。要知道，北京并不缺少规模巨大的公园，那些皇家园林足以成为北京的大"绿肺"。北京需要的是遍布城市的，可为每个居民享用的日常生活性社区公园。设想如果将北京奥林匹克公园的近千公顷占地面积分摊到城市每个住区的边界角落,将每一个小的社区公园控制在0.5 ~ 1hm^2,则会增加近千个遍布城市的小公园和袖珍公园,使居民可以就近享受到小"绿肺"的价值。与现在的需要驱车或搭乘公共交通花费半天时间到这个需要买门票进入的巨大奥运"盆景"参观的做法相比,其对城市生活的贡献应该大得多。

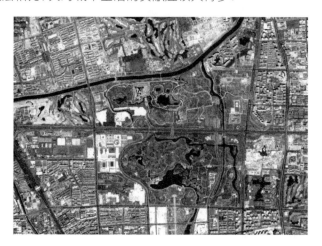

图4-51 占地巨大的封闭性
的奥林匹克公园

资料来源: Google Earth 地图

第5章 中国当代城市封闭住区边界问题的机制

任何问题的产生都有其原因或者说根源，也可以称之为问题的机制，边界问题也不例外。表面上看，城市住区边界问题是一个空间和形态的问题，然而，造成边界问题的机制却不是单纯在空间和形态上能够解释的。只有将边界问题的机制或者说为什么会产生边界问题以及哪些因素导致边界问题弄清楚，才能更深刻地认识边界问题的本质，并提出有效的解决策略。

5.1 文化特性与空间观念

5.1.1 墙与门的文化基因

墙与门是中国传统建筑空间的基本构成元素。作为边界的墙和门与中国人的空间观念和文化特性有着密切的关联。墙划分空间，围合成院落和庭园；门则是不同空间领域的转换点，让人能够穿越空间，是空间体验的关键环节。墙虽分隔，但可通过虚实手法实现空间的协调、统一和丰富。门虽代表开放，但其暗示的心理疆界却难以逾越，这就是中国建筑空间的矛盾与辨证。也正是这种矛盾、辨证以及相互转化的机制，让人们更清楚地认识到中国空间观念相对于西方的独特性。

5.1.1.1 作为边界的墙

从人类早期的"住区"——原始聚落开始，边界就是人类群体聚居不可缺少的要素。从陕西临潼姜寨母系氏族村落遗址的复原图中可以看到，壕沟作为村落的边界起着保护居民和防御野兽与敌人的作用（图5-1）。可以说，边界的这个初始功能也是最重要的功能之一延续至今，成为居住空间的标志性特征。这种功能在中世纪的古堡和世界各地的传统聚落中一再以高大的，难以攀爬和破坏的"墙体"出现，表达了人类对居住安全性的高度重视。从原始聚落的栅栏和壕沟发展到古代及近代的城墙，这是东西方城市的共同特征[①]。但在中国，城墙更有其特殊性。

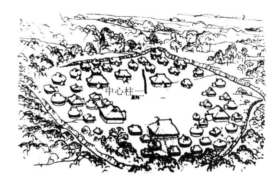

图5-1 陕西临潼姜寨母系氏族村落遗址

资料来源：孙大章. 中国民居研究. 北京：中国建筑工业出版社，2004：11.

---

① 刘易斯·芒福德在《城市发展史》中提到："城市的另一个特征是城墙封闭的城堡，四周有一个或数个聚居区。大约是发现城墙作为统治集团的保护手段的价值以后，它才被用来圈围那些被统辖的村庄，使之保持一定秩序。马克思·韦伯认为，把城墙看作城市概念的本质因素，这是一种狭隘的误解。但直到18世纪，在大多数国家中，城墙仍旧是城市最显著的特征之一，这却是个事实——主要例外是古代的埃及、日本和英国，这些国家以一些自然屏障在一定时期使其城镇和村庄获得集体性的安全；还有些国度，如罗马帝国和中华帝国，则以一支庞大的戍边军队或一道很大很长的、跨越国境的石墙代替了各地的城墙。"[美]刘易斯·芒福德. 城市发展史. 宋俊岭，倪文彦译. 北京：中国建筑工业出版社，2005：69.

　　李允鉌在《华夏意匠》中写道："城"字有两种含义,其一是"城墙",其二就是"城市"[①]。城市的"城"是由城墙的"城"而来的,显然因为城墙就是城市的一个主要的代表性的具体形象。中国古代城市多半是先修筑城墙后形成市区的,这与西方不大一样。西方古代的城市,大多是形成了市区后才修筑城墙。所以,wall(城墙)在西方并没有代表城市的意思[②]。在中国古代的城市设计思想中,建城就等于计划建一座庞大的建筑物。中国目前发现最早的城市遗址——河南郑州商代城市就已经是一座按计划建设起来的城市,其中城墙遗址周长7km[③]。这表示至少在公元前15世纪以前,我们的祖先就已经通过建造巨大的城墙来作为城市的标志。周代城市的大小、规模及类型形式已被纳入"礼制"中去。在《周礼·考工记》关于王城的插图和图解中也可以看出,城墙以及城门是整个城市意象的基础,是城市最重要的象征(图5-2)。

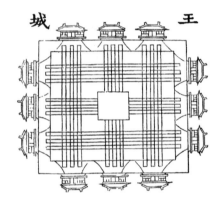

图5-2　《周礼·考工记》中的王城图

资料来源:李允鉌. 华夏意匠 [M]. 天津:天津大学出版社, 2005:378.

　　图5-2中体现出中国古代城市的三个基本要素:边界(城墙和城门)、中心、道路,并成为中国历代城市的基本模型。

---

① 李允鉌. 华夏意匠 [M]. 天津:天津大学出版社, 2005:377.

② 阿尔多·罗西在《城市建筑学》中提到:"……古希腊城市具有一种由内向外发展的特征;城市的构成元素是神庙和住房。只是纯粹出于防卫上的需要,古风时期以后的希腊城市才用墙体围合起来,因而这些墙体绝不是城邦的初始元素。东方的城市则与之相反,城墙和城门成了神圣而主要的元素;城墙以内的官殿和神庙又用其他的墙体围合,如同一系列的连续闭合体和堡垒。这种同样的界定原则被传入伊特鲁里亚和古罗马的文明之中。但是,古希腊的城市中没有任何神圣的界限;它是一个场所和国家,是市民活动的中心。它的初始并不是君主的意愿,而是一种与自然的关系,这种关系以神话的形式表现出来。"[意]阿尔多·罗西. 城市建筑学. 黄士钧译. 北京:中国建筑工业出版社, 2006:136.

③ 在我国考古界,对于从田野中挖掘的一处遗址是否是城,习惯上以是否有墙为依从,但是这也常引起争议。一种意见认为,既然是城市就必定有城墙,而另一种意见认为,城墙是一种防御性设施,城市的特质在于具有作为政治中心的"都邑"地位,它和有无城墙并无必然关系。钱耀鹏认为,有城墙的聚落往往被称为城址,但是未必是城市,而城市也未必都有城垣。这往往成为认识史前城址性质最容易引起争议的主要原因。他指出,城墙或城垣不能作为城市的根本标志,但是古代城市大多有城墙是不争的事实。修筑城墙毕竟体现了当时社会发生的一些重要变化,比如冲突加剧和社会组织管理能力的提高。引自:陈淳. 聚落形态与城市起源研究 // 都市文化研究(3). 阅读城市:作为一种生活方式的都市生活. 上海:上海三联书店, 2007:210。

墙在中国具有的普遍性是在其他任何国家中都难以想象的。长城是一个国家的围墙,长城内是无数被城墙包围的城市。不仅仅在城市与外部之间需要城墙,城市内部居民的生活也被墙所包围。城市内是无数被各种尺度墙垣包围的院落。中国人早已习惯了在到处是"墙"的世界里生活,意识不到墙对生活所造成的深刻影响。而对于初到中国的西方人而言,墙几乎是他们所发现的最令人惊讶的城市特征。

瑞典学者喜仁龙(Osvald Siren)在《北京的城墙和城门》一书中写到"可以说,正是那一道道、一重重的墙垣,组成了每一座中国城市的骨架和结构,……墙垣比其他任何建筑更能反映中国居民点的共同基本特征。在中国北方,没有任何一座真正的城市不设有城墙。……在中国不存在不带城墙的城市,正如没有屋顶的房子是无法想象的一样"[1]。"墙垣确是中国城市最基本、最引人注目而又最坚固耐久的部分;而且,除了省城和县城,中国的每一个居民区,甚至小镇和村落,都筑有墙垣。我发现在中国北方几乎每一个村子,无论规模之大小、历史之长短,它的草房和马厩都至少有一道土墙或类似土墙的东西围住。无论一个地方如何贫困、偏僻,一间土房如何简陋,无论一所庙宇如何残破,也无论一条道路如何肮脏、泥泞,在那里总能看见墙垣,而且这些墙垣往往比乡镇或村子中其他建筑物保存得完整些"[2]。可以说,正是一重重、一道道墙垣构成了中国古代城市的基本骨架或结构,墙比任何建筑元素都更能反映中国古代城市的基本特征和风貌。

城墙是墙的一种特殊形式。中西方城墙的一个重要区别在于中国城墙具有同构特征,西方则不然。北京的城墙就有四重之多:外城、内城、皇城、紫禁城。在唐代还有坊墙,用来将居住用地分划成一系列适于管理的分区。城墙同构的最小一级是四合院的院墙,体现了中国古代从国家到城市再到家庭的封闭的经济和社会系统。这种多重城墙的城市结构对中国文化和中国人的性格产生了深远的影响;反之,正是由于中国特有的文化才产生这特有的城墙。这些墙,将国家与国家以外,城市与城市以外,家族与家族以外明确地区分开,同时也区分了天子与王侯、贵族与平民、长辈与晚辈、主人与仆人。所以说,墙不仅仅是空间和物质的边界,也是社会和制度的边界,是那个时代物质世界和精神世界的直观表达。

墙是中国文化深层结构的一种体现,是民族性格的一种象征。孙隆基在《中国文化的深层结构》中写到"中国可能是世界史上唯一如此的人类社群,即除了用一道长城将自己与外界隔绝之外,还把所有大小的城镇都用城墙围起来。西欧的封建时代并非如此,盘踞在城郊的封建领主的堡寨是有围墙的,至于城市,有些是有墙的,有些则没有。现代之前的日本也如是——在平安朝时代,甚至连首都平安京也是不设防的。在

---

① [瑞典] 喜仁龙. 北京的城墙和城门 [M]. 许永全译. 北京:燕山出版社,1985:1.

② [瑞典] 喜仁龙. 北京的城墙和城门 [M]. 许永全译. 北京:燕山出版社,1985:2.

传统中国, 则不止是大小城镇都有围墙, 有时连乡村也有土墙""中国人喜欢画圈子的这种偏好, 似乎已经被'中国'这两个字所决定。在周代, 每一个封国都是用城墙将自己圈起来的独立山头。从字形本身来说, '国'就是在一个圈内用'干戈'镇守住一批人口。在春秋时代, 每一个被圈住的范围内部都被称作'中国', 以别于'四鄙'。因此, 当中国人终于统一了天下, ……就不期然地筑起了万里长城, 以别于'四夷'"①。

这种封闭性在传统的中国以家族为单位的社会组织上体现得更为明显。如山西的家族大院, 高高的围墙在今天只有在监狱这种形式的建筑中才可以看到, 然而在当时这却是家族力量的象征(图 5-3)。这种封闭性除了防止盗窃和抢劫的基本功能, 更为重要的是通过墙的封闭性强化对家族的统治以及对思想的禁锢。福建的土楼则是用最为纯粹的墙表达家族的形式, 将墙的防御功能和文化特性完美融合(图 5-4)。

图 5-3　山西平遥的大院围墙(左图)

图 5-4　福建土楼(右图)

中国人的性格呈现内敛性, 这一方面表现在人与人、团体与团体、国与国的关系之中, 另一方面表现在空间观念中。内外有别、小国寡民、老死不相往来、各扫门前雪的心态, 使中国人"人为地选择一个界限, 筑一道长城, 将自己这个'天下'圈起来"②。这种内向性格的负面作用即"画地为牢"、"闭关锁国"致使活力丧失。对于当代社会的群体化生活, 这种内向封闭的心态也是导致住区封闭性的深层原因。画圈子、闭关锁国、壁垒森严的性格和行为特征, 在民族文化的深层结构中根深蒂固, 直至今天, 依然强大。

图 5-5　中国文字中的边界

资料来源: 张永和. 非常建筑. 哈尔滨: 黑龙江科学技术出版社, 1997。

---

① 孙隆基. 中国文化的深层结构 [M]. 桂林: 广西师范大学出版社, 2004: 338.
② 孙隆基. 中国文化的深层结构 [M]. 桂林: 广西师范大学出版社, 2004: 362.

墙在中国文化中的重要性也可以在汉字中得到验证。中国的文字起源于象形，从某种意义上来说是一种"图画"，是对具体事物的精简表达。无疑，建筑或空间也一样会通过文字表达出来。《康熙字典》中有古"围"字：囗。形象地表达了围合一周的墙体所形成的整体形象。张永和认为中国人是从内部体验空间的，这个字表达了中国人内向的空间思维和时空经验。而西方人是从外部体验空间，所以他们可能会质疑这围合的空间没有门如何能够进入，而中国人不会考虑这样的问题（图5-5）[①]。这种以封闭的"墙体"围合形成的文字几乎都与建筑和空间的内向性有关联，如围、国、园、回、困、囚、田等。可见，在文字产生以前，用"墙"围合出内向的空间就是中国人理解空间的基本思维和营造空间的基本方式，而文字，这一文化最重要的载体也历经千年对中国人的空间观念产生深刻的影响。围合的边界就是这样在中国的文化和民族的集体无意识中牢牢占据它的位置。

在中国文化中，墙既具体又抽象。如围棋就是运用边界围合决定输赢的游戏。围棋与国际象棋及中国象棋的对立式棋局不同，围棋采取的是围而歼之的策略。每个子是平等的，没有地位的差别。围棋就是用一枚枚的子来围成尽可能大的空间，封闭的空间成为胜败的关键。同时这种通过简单的规则，运用没有等级的个体去产生千变万化棋局的思维与中国传统建筑运用"间"和"院落"来组织建筑群体空间的思维是类似的（图5-6）。

图5-6 古画"胡笳十八拍"中的院墙

资料来源：李允鉌.华夏意匠.天津：天津大学出版社，2005.82。

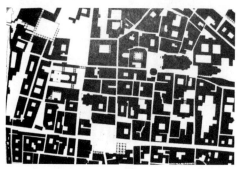

图5-7 帕尔马·图-底平面

资料来源：[美]柯林·罗，弗瑞德·科特.拼贴城市.童明译.北京：中国建筑工业出版社，2003：63。

---

① 张永和.非常建筑[M].哈尔滨：黑龙江科学技术出版社，1997.

那么,东西方在对待边界的观念上有什么不同呢? 格式塔心理学①认为,图底关系的产生与否依赖于边界是否清晰。西方古典建筑具有厚重坚实的墙体,室内外空间基本上是隔绝的。清晰的边界是传统西方建筑的重要特征,这种清晰也反映到街道、广场等城市空间,也正是这种清晰使诺利的"图底翻转"成为可能(图5-7)。芦原义信曾比较西方古典城市和日本传统城市的地图,得出日本人不重视公共空间塑造的结论。总的来说,在城市内部,西方传统城市的边界是明晰的,是塑造城市公共空间的主要因素。而东方城市缺乏制造明晰边界的动机和观念,城市中的边界就显得模糊。尽管中国传统城市无不是被坚实的城墙所包围,中国的家庭也与外界以高墙相隔,但是围墙所包围的总是一个群体单位,而不是作为个体单位。在中国,作为个人存在的空间总是与公共空间存在缓冲的余地,在个人空间和公共空间之间还存在一个集体的空间。

这一空间观念和文化的差别可以从国际象棋和中国象棋的棋盘布置体现出来(图5-8)国际象棋的棋子集结在最底的两排,棋盘中部有四排空格,这表面看似平淡的空间实际上存在着一条紧张明确的边界,也即双方前线的重叠。也可以将这四排空格看作厚厚的边界域,是真正的公共空间,亦即战场。棋子所处的两排没有回旋的空间,棋子一动就马上进入战场,也即进入公共空间。

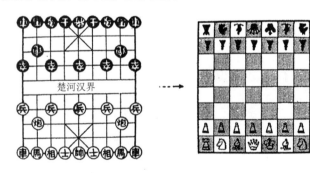

楚河汉界

边界重叠

图5-8　中国象棋与国际象棋的布局比较

资料来源:潘桂成.棋局——文化地理之空间透视.师大地理研究报告(22).1994:8,9。

而反观中国象棋,在棋盘的中央有一条明确的边界楚河汉界,两侧的空间相对独立,可以看作是各自的集体空间,棋子有很多空位作为回旋的空间。在整个棋盘上并没有专门的战场——公共空间,楚河汉界也只是一象征性的独立边界,并无国际象棋那样的重叠边界空间。棋局可

---

① 格式塔心理学诞生于1912年,起源于对视觉领域的研究,但又不限于视觉甚至感觉领域。它强调经验和行为的整体性,认为整体不等于部分之和,完整的现象具有它本身完整的特性。在格式塔理论的代表著作卡尔·卡夫卡的《格式塔心理学原理》中,提出人的空间知觉的组织规律:图形与背景、接近性和连续性、完整和闭合倾向、相似性、转换率、共同方向运动等,并第一次提出"心理场"的概念。这些观点对于人们理解空间具有重要的意义,如图形和背景理论已经成为城市空间研究的重要工具。但更重要的是启发人们从格式塔的角度思考边界问题:图形和背景之间的边界如何界定? 心理场的边界又是什么?

以反映城市空间的文化,国际象棋棋局反映的是西方城市建筑与公共空间的紧密关系,个人与公共的关系是直接的,这也就造成公共生活的发达。而中国城市中很少见到被建筑的墙体围合出的公共空间,而是独立的墙包围了不同的集体空间,如家庭、官府、宫城乃至整个城市和整个国家。在边界内部,是一个可以相互照应和互动的内部空间,而不存在西方城市那样明确的公共空间,这与中国人不重视公共生活,更强调家庭和集团内部的生活有直接的关系。

5.1.1.2 作为边界的门

在中国,独立的门普遍存在于人的日常生活中,并体现在民族文化的方方面面。门在中国建筑文化中的独立性使门发展出很多形式,如门屋、门廊、垂花门、门楼、牌坊等。门从最原始的防卫功能,渐渐转变成具有象征性的建筑形式。

实际上,早在汉代,"阙"就已经具有象征的功能。到明清时期,北京紫禁城的一道道高大威严的城门更是远远超出了实用的价值,而具有体现无上权威的意义。而牌坊,更只是一种作为古代居住街区——坊的入口标志,实际上就是坊门。这种坊门也被应用在城市中公共领域的入口标志,如北京前门大街的牌坊、东四西四的牌楼、重要的场所入口更需要通过牌楼来彰显其庄重,如国子监大街的入口牌楼、颐和园和十三陵的入口牌楼等。当这种标志入口的门被赋予了浓厚的文化意义后,就具有了象征和纪念性特征,如"贞节牌坊"等。

门的功能除了供人出入,还具有仪式性、象征性和纪念性,穿越边界往往与仪式性的行为结合在一起,这一点从西方的凯旋门,日本的鸟居,中国的城门、牌坊等均可以看出。中国建筑由于是多重墙体边界围合的空间组织结构,通过一系列大门的穿越边界行为就成为最为正式的仪式性行为。同样是体现仪式感和纪念性,但西方与中国也有很大区别,这种区别正是体现在边界上。西方的纪念性主要体现在纪念物及到达纪念物前的路径的强烈透视效果,或者说是从标志物到标志物的历程。凯旋门更多的是一种纪念碑的作用,用以记功,其边界的意义并不是首位的。而中国的纪念性则体现在穿越重重边界的历程之中。换句话说,西方是用"向心性"来组织仪式的纪念性(图5-9),而中国则通过穿越边界来组织仪式并体现纪念性(图5-10)。

对门的讨论不能避开的还有门槛。虽然相对墙而言,门是沟通不同领域的通道,代表一种开放的姿态,但门槛的存在,让门所暗含的边界意义比墙还要丰富。门槛在中国传统建筑空间序列营造以及等级观念的分化中起着重要作用。行为上虽然可轻易跨越,但它所象征的等级制度是难以跨越的,所谓门第即指此意,其心理的边界作用远远大于其物质边界作用。在佛教思想中,门槛是分隔净土和红尘的界限,这使门槛得以成为神圣的疆界①。

图 5-9　西方城市的标志物特征

(描绘古罗马城的版画)

资料来源:[美]埃德蒙·N·培根. 城市设计 [M].黄富厢,朱琪译.北京:中国建筑工业出版社,2003:136。

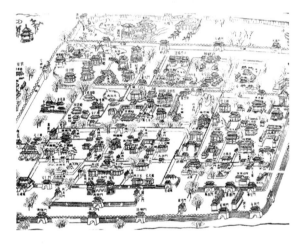

图 5-10　中国城市的多层边界特征

(描绘唐长安皇城的插图)

资料来源:李允鉌. 华夏意匠 [M]. 天津:天津大学出版社,2005.396。

　　大门是与围墙紧密关联的边界元素,建造围墙势必要设置出口,建造大门。在中国城市的街道景观中,大门是不可忽视的景观要素。当代城市依然重视大门的建造及其象征性,无论是城市的大门、单位的大门还是住区的大门无不在表达或封闭或开放的姿态。尽管不再做等级的划分,但门的仪式性仍然存在并在某种程度上被强化。几乎任何封闭的

---

① 李晓东则从对《石头记》中的建筑空间研究中提出了中国式空间的概念,并将"围墙"和"门槛"作为中国式空间的本质性元素来进行探讨。作者认为围合是中国空间的特征,"但'墙'并不代表它所围合的空间。只有持续地穿越这些墙的游览过程才能真正反映空间的意义"。与墙相比,作者更深入地讨论了"门槛"这个概念。"我们需要清晰的分界,使无限的自然空间可视化且易于了解。为此我们创造了'门槛'这样的物理界限,将内外世界分隔。""这里与外界那些'女子不宜'的空间由一个假想的界'门槛'作为分隔。""在佛教思想中,门槛是分隔净土和红尘的界限。"李晓东,杨茳善.中国空间.北京:中国建筑工业出版社.2007.119。

住区都有一个庄重堂皇的大门,并作为门面而被强调,以独立建筑物的形象标示入口。大门的尺度也经常远远超出其功能性的要求,甚至达到夸张的程度,从而起到一种象征作用。

另外,门不仅仅起到标识的作用,门前门后以及门所占用的空间也共同组成一个门区,因其是私密与公共的交汇处,从而成为住区环境中最重要的场所之一(图5-11)。门区主要分为三个部分:门前区、门中区、门后区。门前区是入口与公共空间相接的地方。在中国传统民居中经常看到门前区利用和门相对的照壁与门共同形成领域感极强的半开放空间。实际上,这是一种将本属于公共交通空间的小巷划作私人空间的做法。于是,这里成为一个含混暧昧的模糊领域,既属于公共空间又给人以私家空间的感觉。这样的空间可以称为复合空间(图5-12)。中国传统民居的入口空间也因此集中体现了门在中国传统建筑空间序列组织中的重要性。

图5-11 清华西北小区的门区(左图)

图5-12 退思园的入口门前区(右图)

在传统中国,很多事件的发生都与门有关,如无数与官司有关的事件都会发生在"衙门口",村口也是村落社会中最重要的公共空间之一,是公共事件发生最为频繁,也是最具戏剧性的生活舞台。而当代住区的大门却失去了这样的生活功能,成为冷清无趣的场所(图5-13)。

图5-13 北京乐城国际小区大门

然而,在北京的旧城中,今天依然可以看到人们闲坐在四合院的大门口,打量路人,与经过的街坊邻居打招呼,或聚在一起聊天的场景。门前小小的本属于公共的空间,却不自觉地在心理上被认为是自己家的领域。当回忆起童年的生活，"家门口"发生的事情往往记忆也极为深刻。这一切说明，在私密与公共交接的地方，空间或环境对人的行为的影响极其微妙、敏感且重要。门口既具有安全性，同时满足人们与外界交流的需要，另外门口是人流交叉地带，这里自然成为人群聚集和社会交往的场所，无数事件在这里发生也就不足为奇了（图5-14）。

图5-14 北京传统住宅的"家门口"

门在中国的文化里已转化为一种深层结构，在中国人心里，门具有特别的含义。"门道""门当户对""歪门邪道""走后门""门里开花门外香""门庭若市""开门见喜"等，可能"门"是中国成语里出现最多的字之一，这充分地反映了门早已是中国文化的重要内容，其含义也远远超出门的物质和功能特性，而具有"泛文化"的特征。

以"走后门"为例，就是中国封闭型社会人际关系的体现。由于缺乏开放的渠道和体制解决私人问题，同时缺乏透明民主的规章制度约束人的行为，希望进入封闭的利益群体的唯一途径就是"走后门"。正门是面向外界的，冠冕堂皇，但把守森严，从正门进入解决私人问题是受到严格限制的。后门是隐蔽的，只供自己人进出的通道，唯有托关系、找熟人才能从后门进入，进而在不公开的情况下解决私人问题。这种社会情形与单位大院的边界构成具有类似的特征：单位大院有正门和后门，正门当然不容易进入，但后门是自己人的通道，如有内部人的引领，就畅通无阻了。

所以，中国人对门的理解，即是想实现某事必须进入一个社会的权利空间，唯有通过"门"才能进入。能否找到门，从什么门进入，如何进入就成为能否成事的关键。当然，不仅仅是社会关系，对于一切向未知领域进发的行为，都必须通过"门"。如说一个人学习或思考终于"入门了"，即是指思维上的突破。所以，对中国人来说，没有什么世界是能够轻易进入的，而门是通向另一个世界的唯一通道。这种思想，反映在社会结构上，就是封闭的家庭、家族、团体、权利或利益集团；反映在城市空间中，就是围墙所包围的封闭而孤立的领域。

5.1.2　乡土本性与公私观

出于防御和政治统治需要的城墙,实际上也是中国"以农立国"思想和儒家文化的产物。费孝通在《乡土中国》中提出"从基层上看,中国社会是乡村性的"。这种乡村性并不是单指乡村,而是包括城市在内的整个中国的社会结构特征。这种乡土本性决定了社会单位自身的封闭性,抑制了社会单位之间的交流。从地域或省级行政单位之间,城镇之间,到家族之间都在自身的小圈子里转。从城市空间上来说,表现在独立的封闭单位与公共空间几乎没有必然的联系。中国的政治也正是通过这种分而治之的策略从而保证整个国家的稳定。这种乡土本性直至今天依然顽固地存在于中国的社会结构中,发挥着深刻的影响力。

以农立国,便要限制商业的发展,限制人们的行为方式。所谓边界,在中国唐代都城"里坊制"的规划中是以"坊墙"的形式出现的(图5-15)。坊的意义和现代城市规划的小区或者邻里单位有点类似,它们都是由主干道分割成的街区,作为一个细胞构成城市的组织单位。唐长安是当时世界上最大的城市,城中有110个封闭的方形的坊,规定临街坊墙一般不得开门,只有三品以上的官员才可以在临街的坊墙上开门。坊门定时开启,夜间不准出入。这种里坊制严格限制人们的行为和社会中商品交换关系的发展。直到宋代打破里坊制,破墙开店,中国的城市才接近近代城市的发展模式,具有了一定的经济功能。儒家讲"克己复礼",就是让人坚守自己的行为操守,不得逾越。这种思想造成中国社会形成多层次的自成一体的社会单元。英国学者帕瑞克·钮金斯在《世界建筑艺术史》中说:"如此重重包围的结果,使中国社会每一部分都保持自己的本质,因而形成各自与外界发生关系的方式。"①

乡土本性是与城市文明对立的。古希腊时代奠定了西方城市文明的基础,同时也奠定了西方民主制度的基石,反映在城市结构及空间上即强调群体的集会和交流,强调公共生活,公共空间于是成为西方城市的中心。如希腊的雅典卫城,作为城市的中心,是对所有市民开放的,是集聚的场所,其神圣性体现在公民共同的神话信仰。相对地,中国古代城市的中心则为"禁地",是王权的象征,是对普通人完全封闭的空间。这样中国人就生活在城市的边界和中心之间,对内永远不能到达中心,对外被边界所限制,难以逃离。

---

① 　[英]帕瑞克·钮金斯.世界建筑艺术史[M].顾孟潮,张百平译.合肥:安徽科学技术出版社,1990.

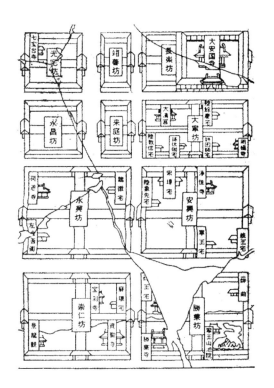

图 5-15　唐代里坊图

资料来源：李允鉌. 华夏意匠 [M]. 天津：天津大学出版社, 2005：399.

　　从对国家的理解上来说，希腊人倾向于将国家理解为"城邦"，即国家的概念源于公民的城市。"城邦一词不仅指城市，而且也指国家，它最初出现在卫城一词中。卫城最初是供人们避难和进行宗教活动的场所，同时也是管理机构的所在地，这样的功能使它成为雅典人聚集的初始场所。卫城和在国家意义上的城市整体就是城邦一词的双重意义。"[①]这种"城邦"观念与中国的"家国"观念是对立的。中国人将"国"看作是放大的"家"，皇帝如同"家长"，长幼尊卑的家族观念渗透到社会结构的每一个层次，在建筑上体现出以"四合院"为原型的同构性。这种家与国不分的观念和乡土本性一起严重束缚了中国城市的公共生活，使整个中国成为无数家长管辖下的社会单位的集合，从而丧失了产生具有公共性质的城市文明的基础。

　　伴随着资本主义的发展，产生了西方近代的城市文明，其建立的基础要素是商品贸易经济、市政立法组织和市民民主意识。城市文明与乡土本性最大的不同是：前者是一个群体的文明，而后者是孤立和对立的，组织系统松散，效率低下，缺乏内在完整的运转机制[②]。中国在 20 世纪开始接触西方城市文明，改革开放以来更是通过学习西方城市文明逐步建立起不同于传统乡土本性的城市化过程。商品经济的发展、法制社会的

① ［意］阿尔多·罗西. 城市建筑学 [M]. 黄士钧译. 北京：中国建筑工业出版社，2006：137.
② 余军. 城市不是墙——中国城市结构研究初探 [J] //北京市建筑设计研究院学术论文选集. 北京：中国建筑工业出版社，1999：168.

健全以及市民意识的萌醒也在这期间极大地促进了中国城市文明的发展。然而，乡土本性依然在发挥作用，封闭孤立的观念依然存在。

另外，中国人对于公共和私密的态度也是当代中国城市居住空间具有封闭边界的重要因素之一。公共与私密的边界是社会学关注的重要课题，在公共与私密的研究中，隐私是一个避不开的概念。"我们可以把隐私理解为日常生活中表现出的习惯性行为，这种行为通过把个人的行为和个人的信息控制在一定的自认为安全的范围之内来保护自我"①，可以说，隐私是对个人边界的保护②。有西方学者认为，"个人对隐私的控制主要是控制以下四个方面：身体隐私、互动（社会）隐私、心理隐私和信息隐私"。其中"身体隐私是指个人空间免受不必要的干扰和监视的自由，这样的区域是个人在空间上、物理环境上和时间上的缓冲区，可以缓解大量的感官刺激，衣服、私人住宅的围墙就可以起到保护身体隐私的作用；互动隐私是指个人或群体可以控制何时、何地、以何种方式与何人交往，实现可以预期的社会关系所体验的隐私，互动隐私是获得安全感和亲密感，避免不必要的会见和干扰的努力"③。心理隐私主要是"保护个体免受思想、情感、态度和价值观等方面的干扰"。信息隐私是"一种在某种情境下收集自己或所属群体的信息的能力"。对于空间社会学而言，身体隐私和互动（社会）隐私是关注的重点，因为这两种隐私直接与空间的私密和公共性有关。

以上西方学者对隐私的分析是在西方的社会文化背景下所做的。西方学者对隐私的界定是从个人出发，强调隐私权是个人的天然权利，

① 王俊秀.监控社会与个人隐私——关于监控边界的研究 [M].天津：天津人民出版社，2006：132.

② 不同的社会学者对于隐私有不同的定义，如万斯汀认为隐私有四个基本状态：①独处（solitude），就是个体从群体中分离出来，免受他人的审视；②亲密（intimacy），就是个人作为一个单元的一部分，主张与大单元分割开来，实现少数人之间的亲近与坦诚的关系；③匿名（anonymity），即使个人在公共场合也因为没有身份识别和监视而可以保持自由；④缄默（reserve），通过对与自己有关系的他人的意愿的判断来保护自己，限制自己与他人的进一步的沟通。彼得森则把隐私分为六个方面的内容，其中四个方面来自万斯汀的成分，这六个方面分别是：①独处（solitude），独自一人生活免受他人注视；②孤立（isolation），表现为独自一人远离他人的愿望；③匿名（anonymity），在群体中不愿被注意到，不希望成为注意中心；④缄默（reserve），不愿与人交谈，尤其是陌生人；⑤家人亲密（intimity with family），远离他人，最大限度地与家人亲近；⑥友人亲密（intimicy with friends），最大限度地与朋友保持接触。吉弗森认为隐私由三个方面的元素构成，这三个元素彼此独立，但又相互发生着联系。这三个因素为：①保密（secrecy），是关于个体被了解的程度；②匿名（anonymity），是指个体被注意的程度；③独处（solitude），是他人与个体在物理上的接近程度。戈圭斯认为隐私是通过分隔和控制来实现的，通过分隔使得个人避开他人的感知，通过控制使得个体可以保持对个人事物的掌控。据此可以把隐私分为信息隐私和决策隐私，采用第一种方式的人通过保密、隐蔽、隐居、匿名等手段来保护个人的隐私，采用第二种方式的人则采用公开、自我表现，实现个人的自主性。王俊秀.监控社会与个人隐私——关于监控边界的研究.天津：天津人民出版社，2006.

③ 王俊秀.监控社会与个人隐私——关于监控边界的研究 [M].天津：天津人民出版社，2006：135.

这与西方文艺复兴以来对个人自由和权利的尊重有直接的关系。从"公"与"私"的角度来说,在以上对"私"的定义中没有发现对"公"的界定,尽管"公"与"私"是相对的概念。可见,在西方文化中,"私"是大于"公"的,换句话说,"公"是以"私"为前提的。这就与中国传统文化中对"公"与"私"的理解有本质的差别。

在中国传统文化中,"私"是被抑制的,而"公"被强调,并被置于比"私"高得多的地位。如"大公无私""公而忘私"。有学者认为,中国"公与私"被"义与利"所替代。中国人的公私分界的划分包含着价值判断,而判断标准是利益。个人的利益被看作"私",共有的利益被看作"公","义"被认为是"善",而"利"被认作是"恶"。这样,追求被看作"利"和"恶"的"私"成为传统道德规范中所不齿的行为。所以,由于对"公"的强调和放大,抑制了对"私"的追求,更不用说"个人"的权利,这就导致中国没有真正意义的"私"。

王俊秀认为"私"与"公"是互依的关系,没有真正的"私"也就没有真正的"公",似"私"非"私",似"公"非"公",公私之间的边界模糊。中国人的"私"是隐藏在"公"的后面,或者说在真正的"私"与真正的"公"之间,还存在一层既"私"又"公",既"非私"又"非公"的领域。中国的家庭和宗族就是这样的中间领域。个人早已融化在"公"中,而"公"也融化在更大的"公"中①。这样理解的话,就可以解释中国人的传统居住方式——四合院,这一以家庭为单位而不是个人为单位的社会和城市组织形式。而单位大院和今天的居住小区,也可以认为是处于公与私之间的中间领域。

在西方城市,可以发现这样的特征即"私密"的居住生活与城市的"公共"生活是融为一体的,公共空间与私密空间仅一墙之隔,通过窗户即可得到直接的沟通,底层一般则直接向城市开放,使建筑与城市的关系更为亲密。居住生活与公共生活之间并无明确的边界存在,人们并不倾向于营造隔离于城市的自我小世界,而是随时准备投入到城市的公共生活中去。而中国传统社会的家庭或家族是封闭的社会单位,表现出强烈的对内向私密的家庭生活的诉求。这就导致在中国大多数城市中,居住生活的院落与城市开放空间之间的高墙式隔离。这种隔离的心态,在当代的封闭住区中依然强烈地发挥作用。

发达的传统农业文明以小农经济为基础,小农经济的稳定性长期抑制商品经济的发展和社会化大生产的形成,也抑制了以公共生活为主的

---

① 王俊秀提到"由于私域总是公域中的私域,因此,私域的主体自主性就不可能是绝对的,而必然是在公域的制度性制约前提下有着相对的程度和范围;同样,由于公域总是由私域以某种方式构成的公域,因此,公域的制度制约性也不是绝对的,而必然是以私域的主体自主性为基础有着相对的程度和范围"。王俊秀.监控社会与个人隐私——关于监控边界的研究.天津:天津人民出版社,2006.

非日常的社会生活,使中国传统社会成为一个巨大的"日常生活世界",造成了绝大多数人口的相互隔绝与封闭的居住方式和生存模式,形成了相对典型和纯粹的日常生活世界:狭小和封闭的共同体。所谓日常空间,就是"日常消费活动、日常交往活动和日常观念活动在其中得以展开的空间"[1]。从空间特征上来说,相对于非日常空间的开放性,日常生活空间具有固定、狭窄和封闭的特点。即使是在现代生活中,由于传统中国文化模式的超级稳定性导致的顽固和保守,日常生活空间依然具有狭窄和封闭的特征。最主要的日常生活空间就是以家庭生活为中心的庭院和以日常公共生活为中心的街道。广场,则源于商品经济的发展、人们对公共事务的关心、对民主的普遍接受,而这与中国的小农经济为基础的文化相悖。中国人倾向于营造自我的小世界,社会公共交往也只限于相对私密的封闭小圈子,这便导致对城市公共空间的漠视。可以说,西方社会是居住生活都市化,而中国是居住生活的非都市化。

然而当代社会对于公共性和私密性的需求变得比以往任何时代都强烈。西方人渐渐觉得,公共性对私密性的侵犯越来越大,所以开始有一种在城市住区中追求私密性的倾向,但其居住公共性的本质是无法改变的。而中国面临的最大问题是公共空间和公共意识的缺乏,是对私密的过度关注,而这是对当代城市造成伤害的最重要的原因之一。所以对中国住区而言,开放是一种必然,但在开放同时应保证原有的私密性不受损害。公共与私密这两个问题在中国当代住区中是交织在一起的,与保证私密相比,如何有效合理地开放,如何使住区为城市做出贡献才是当前城市发展所面临的紧迫任务。

5.1.3 城与园的空间模型

与西方人相比,东方人性格内向,重视家庭和宗族,不重视公共生活[2]。中国佛教和道家所讲的壶中天地,袖里乾坤,以及帝王的"移天缩

---

① 衣俊卿.文化哲学十五讲 [M].北京:北京大学出版社,2004:262.

② 边界在不同的文化中代表了不同的内外空间观念。对于实际的居住生活而言,不同的文化其居住空间边界所造成的内与外的空间观念也有极大的差别。芦原义信提到:"对日本人来说,穿着鞋进入的空间是'外部',脱了鞋进入的空间是'内部',日本人的'内'就是家,家以外的社会就是'外'。"日本人以家庭为单位,通过封闭的边界强调与外部城市的区别。但在家庭内部,空间的划分则十分模糊,这与欧洲的内外观念有很大的不同。在西欧的家中和在外边一样要穿着鞋。西欧住宅的基本思想在于,它是城市或街道那样公共的外部秩序的一部分。而日本住宅的基本思想在于,它是家庭私用的内部秩序。中国古代社会有强烈的内外有别的观念,这与邻邦日本是类似的。这种以家族为中心,以宗法制度维持内部秩序的方式,也导致对"外部"一定程度的漠视。这可能也是中国、日本等亚洲国家相对于欧洲而言缺乏外部空间营造传统的原因之一。但中国与日本依然有很大不同。中国的"门"的观念可能更强,因为对于家与外部世界以明确坚实的围墙分割,同西欧一样不用脱鞋,但进了大门,就进入内部。这个内部是分层次的,逐级深入,边界呈现出多重化特征。在内部,也不是如日本那样边界模糊,而是依然有严格的划分,如长辈与晚辈之间、男宾与女眷之间,不可轻易越过边界。

地在君怀" 思想使得中国人喜爱独享, 不喜分享, 倾向于营造自我小世界。从皇宫苑囿到文人园林, 到普通人家的四合院, 无不是在自己的小天地内尽力营造, 对于围墙以外的事情几乎不过问。内与外的观念深深隐藏在中国人的集体无意识中。现代的居住小区模式也依然残留着这种文化的影子。每个小区与相邻小区几无来往, 空间和规划逻辑可以完全不同, 与城市的结构也可以完全不相符合。自己是独立的天地, 有小区居民自己享用的 "私家" 园林景观和公共设施。而西方人从个人生活到公共生活之间缺少家庭和宗族这一环, 这也就是西方城市和居住建筑不需要以家庭和集体为单位进行边界划分的原因。

这种内向的民族性格自然影响到生活空间, 形成 "城与园" 的人居空间模式。"城与园", 是中国传统居住空间营造的基本模式, 经过历史的沉淀已成为一种空间原型, 是中国人世界观的一种理想图示, 是中国人的乌托邦。在 "城与园" 的模式中, 重要的是 "封闭" 和 "独享", 而不是开放和共享。也许对于古人来说, 要求开放和共享确实过于苛求。但即使在现代社会, "城与园" 依然被广泛接受。

城与园林的结合是中国古代城市的特征, 几乎中国古代的每一座城市中都会有园林存在。这种结合的思想, 在大尺度上体现在城与园的结合, 小尺度上也体现在宅与园的结合。无论是城与园还是宅与园, 构成的方式都是封闭性的; 无论是皇家园林还是私家园林, 都不是开放的。没有共享的园, 只有各自独立存在的私密的园。于是, 城中的私家花园成为一种模式, 围墙和建筑将园林封闭起来, 与外部世界隔绝, 从而成为园林主人独享的个人世界。童寯先生在《江南园林志》的开篇就谈到 "园之布局, 虽变换无尽, 而其最简单的需要, 实全含于 '园' 字之内。……"[①](图 5-16)。而园字的外框即代表墙垣边界。可以说, 中国的园林基本上是私密的, 这与中国的院落具有同样的封闭性特征。这种封闭性, 赋予了园以神秘感, 对绝大多数居住在传统城市里的人来说, 一个个私园是他们终生都无法进入和了解的世界。

图 5-16　园字的拆解

资料来源:张翼.读《江南园林志》// 童明,董豫赣,葛明编.园林与建筑[M].北京:中国水利水电出版社,知识产权出版社,2009:111.

园的形成被认为是对中国建筑 "规矩准绳" 束缚的一种对立和补

---

① 童寯.江南园林志 [M].北京:中国建筑工业出版社,1984:7.

充，也是中国人在清规戒律的礼制之外寻求自然放松的需求所致，一般认为这与老庄哲学有直接的关系。"房屋和城市由儒家的意念所形成：规则、对称、直线条、等级森严、条理分明，重视传统的一种人为的形制。花园和景观由典型的道家观念所构成：不规则的、非对称的、曲线的、起伏和曲折的形状，对自然本来的一种神秘的、本源的、深远和持续的感受"①。当然，把园林的产生归结为道家思想的影响还是将问题简单化了。实际上，园林凝聚着中国人的美学观念和情感性格，是中国民族性的一种表现。在中国人看来，园不仅是物质性的，更是精神性的。拥有园，不仅被认为是财富和地位的象征，更是为园林主人提供了寄放情怀和表达自我的载体，是人与自然、人与天地、人与自我对话的私密空间。一方面，这是中国人倾向于内省性格的真实写照；另一方面，也体现了一种独占自享的负面心理。这后一种心理，从清代帝王将天下诸园纳入"万园之园"的做法和"移天缩地在君怀"的表达中可见一斑。这种对自然的独享心态，普遍存在于从帝王到百姓的内心，并积累成整个民族的集体无意识，"占有"最终取代"分享"，成为一种被广泛认可的社会价值观。

在"城与园"模式中，城是封闭的，园是藏起来为自己独享的。将好东西藏起来，轻易不让外人看到的心态在中国文化中以各种形式表现出来。如对待珍藏的国画，平时是以卷轴的形式装入卷匣并束之高阁，只有在心境好或需要与个别友人共同鉴赏之时才将之请出，当然也是在私密的房间里。荆轲刺秦王的"图穷匕见"只能是中国式的暗杀方式。这种文化所导致的封闭的城和隐藏私园的理想居住模式可以认为是今天封闭小区的原型。

城与园一起，构成中国人的理想世界。一个小区就是一座封闭的城，小区的大门如同城门。每个小区拥有一个只对小区内部开放的居民共同拥有的"私家园林"，小区外面的人是不可以享用的（图5-17和图5-18）。从拉普卜特的观点来看，园林真正的使用功能是次要的，重要的是园林存在的意义。园林代表了一种对自然的拥有，尽管不是个人拥有，但毕竟是少数人共同拥有，这暗含着传统的中国贵族生活，体现了一种生活质量和生活品位。"城与园"是中国人的"乌托邦"，城内如同绿洲，是与城外荒漠般的公共环境截然不同的世界。城如同扩大的家，只要家里面好，外面如何是不必关心的。这难道不是中国人根深蒂固的一种心态吗？

---

① 李允鉌. 华夏意匠 [M]. 天津：天津大学出版社，2005：306.

图 5-17　封闭在"围城"中
的园

资料来源：Google Earth 地图

图 5-18　封闭在小区内部的
"私家园林"

　　"城与园"模式也是开发商将整个住区作为产品去生产，作为商品去销售的有效手段，以求得在形态和形象上独立于城市，区别于其他居住商品而具有品牌特征。但是，自上而下、由外而内的设计方法，以及围墙的包围使得所有居住小区呈现出结构的相似性，而形态上也呈现类型化的特征，这种类型化与住区规划设计过程中的程式化操作互为因果。正是对类型化住区的需求，导致规划设计流于程式化，而程式化的设计，是建成住区类型化的主要原因之一。如 20 世纪 80—90 年代流行的"四菜一汤"住区模式，甚至被写入居住区设计原理，成为建筑系居住区规划设计课的范本，在学习的开始就被灌输进学生的大脑。又如一种曾盛行于香港和广州的住区规划程式，可以概括为"中央大绿洲，居住小组团，人车分流，周边环路，入口会所"。这种模式是如此有效地被各个事务所的建筑师所熟练运用，成为一种套路，并通过快速的"方案生产"，不分具体情况，不经过基地和城市的认真分析就直接套用在中国各地的城市住区规划中，住区的类型化就不可避免了。再如北京东三环与东四环之间"城与园"的规划模式被广泛复制，这种模式也是土地划分、日照间距以及容积率要求等多方面相互作用所导致的必然的开发结果。但对于城市来说，这造成了城市住区空间模式的单一和城市公共景观的乏味（图5-19～图5-21）。

图5-19 北京乐城国际小区
资料来源：Google Earth 地图

图5-20 北京石韵浩庭小区
资料来源：Google Earth 地图

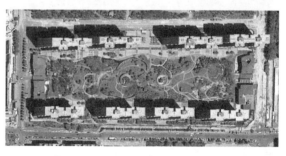

图5-21 北京苹果社区小区
资料来源：Google Earth 地图

有学者认为"类型是社会的认可"（type as a social agreement）[1]，不可否认，当今这种住区规划的模式和类型的普遍存在，已经被人们在不知不觉中所接受。然而，被接受不等于说就是正确的、合理的。人们接受的重要原因之一是没有其他的类型可以选择，只能在同一种类型中去寻找差别。诚然，传统的北京居住街坊、胡同和四合院也是一种类型，是最具舒适感和人性化的居住模式。时代不同，人们的生活早已巨变，多元化的需求要求居住空间与其相适应，要求居住模式和类型的多元化，更要求这种类型能兼顾私人与公共的生活，而不是只顾及某一个方面。这也就对当今类型化了的封闭住区模式提出了挑战。

① 吴良镛.北京旧城与菊儿胡同 [M].北京：中国建筑工业出版社，1994：128.

5.2　物权观念与公共利益

物业管理是在城市房地产发展基础上形成的一种社会化、专业化的行业，主要对房屋、公共设施及其相关场地进行企业化和经营性的维护和管理。1994 年，国家颁布了《城市新建住宅小区管理办法》，将物业管理以法规的方式确立下来。正是物业管理的介入，直接促进了居住小区的封闭，因为物业管理部门需要对小区的卫生环境以及安全负责，这就导致封闭或半封闭管理模式的出现。现代科技的智能化发展，也为封闭式管理提供了技术保证。可视对讲系统、无线防盗报警系统、电子监控系统在当代小区已经是不可缺少的硬件要求，而保安队伍的规模化和专业化也随着小区规模和"档次"逐步升级，居住小区逐渐成为城市中对外封闭的"堡垒"。

物业管理是物权观念的一种体现，但真正将物权尤其是私人物权和群体共同占有的物权做出法律上界定和保护的则是《物权法》。

2007 年 10 月 1 日公布的《中华人民共和国物权法》①（以下简称《物权法》）明确规定："建筑区划内的道路，属于业主共有，但属于城镇公共道路的除外。建筑区划内的绿地，属于业主共有，但属于城镇公共绿地或者明示属于个人的除外。建筑区划内的其他公共场所、公用设施和物业服务用房，属于业主共有。"②这里提出了"专有部分"和"共有部分"的概念，这是从法律意义上产权（ownership）的角度对小区内物业进行的分类，也充分体现了《物权法》的立法精神在于对国家、集体和私人的物权给予平等保护。《物权法》明确规定业主对建筑物内的专有部分享有所有权，对专有部分以外的共有部分享有共有和共同管理的权利，体现出对私人不动产权利的保护。这种对私有产权的界定和保护保障了私有物权不受公共利益的损害。

这里与本节密切相关的是对于"业主共有"的权益的规定。既然建筑区划内的道路、绿地以及公共服务设施属于业主共有，并且业主在购房时已经分摊了开发成本，那么，作为整个小区的开发者（中国的开发模式是"谁开发、谁配套"，开发商负责建设住宅小区的所有设施，包括专有部分和共有部分），就需要确定其所开发的共有部分具有"排他性"，就要防止小区以外的人群使用和侵占"业主共有"的权益。于是，"共有"的物权得到有效保护，围墙也就很自然地将小区包围。由于《物权法》明确强调了对私有权利和私人共有权利的保护，封闭住区就作为私有权属的范围被法律保护起来，这也就为将小区"业主共有"的城市土

---

① 《物权法》作为民法的重要组成部分，主要"调整因物的归属和利用而产生的民事关系"。
② 《物权法》第七十三条。

地和空间排除在城市公共空间利用的范围之外建立了法律保障,也为居住小区封闭式的开发和管理模式提供了合法依据,封闭住区作为一种居住空间模式和社会管理组织模式就会以一种合法化的形式而将长期存在。在这种情况下,在中国法制化越来越受到重视的今天,希望从行政、经济或规划等手段扭转建设封闭住区的趋势就难上加难。

可见,《物权法》赋予了私人产权和共有产权以合法性,这也就相应地明确和加强了产权边界的法律效应。然而,从城市公共利益的角度来看,《物权法》并未明确界定"公共物权"和公共利益。被《物权法》所强化了的私有物权对于城市公共利益的发展也可能造成负面影响,未让中国人淡薄的公共空间意识有所改善,相反却可能造成过于追求私有和共有的利益,从而损害公共利益。

笔者认为,有必要出台新的法律,如类似"公共物权法"这样的法律或增加新的法律条文,加大对城市公共利益的保障,以平衡当前由于《物权法》出台所带来的对私有产权保障力度的过度倾斜。归根到底,城市社会的和谐健康发展不能依赖对私人财产的保护,而是基于人们对公共事务的关注和责任感,对公共生活的热爱和对公共利益的共同维护。

5.3 用地模式与商品属性

土地制度和开发模式是城市结构和形态的基因。美国纽约的方格网城市结构与其资本主义的土地经济模式有内在的关联,也是美国土地私有制的体现。我国的土地制度一直实行国有和集体所有两种模式。城市的土地是国有的,而郊区和乡村的土地是集体所有。在城市化高速发展的过程中,城市不断蚕食乡村,大量乡村土地成为城市建设的范围。通过拆迁补偿的方式,被占用的集体所有土地被转化为城市发展用地,由政府通过土地出让、划拨、拍卖等方式出租给地产开发机构。由于集体所有土地单块面积比较大,而且经常是若干相邻集体土地被统一转化为建设用地,而政府为了加快城市化进程,又鼓励开发商开发大盘,这就导致一块小至几公顷,大至几平方公里的土地被一个开发商所拥有(在使用年限内)。为了把整个住区当作一个整体的产品进行销售,为了迎合和刺激购房者的心理需求,地产商把居住小区视为被包装的商品。作为卖点,自然需要营造完全属于住区而并不属于城市的住区内部环境,而封闭性则被看作是体现安全性和经济及社会地位的象征。如此巨大的土地被圈起来,成为某一个群体独自享用的空间资源,就决定了住区的封闭性和反城市特征。对封闭性的宣传,也夸张了城市的不安全感,加重了人们对城市犯罪的防范心理,进而造成社会的隔离。

之所以会产生这种打包式的开发模式,与住宅的商品化有直接的关系。20 世纪 80 年代以来的住宅商品化改革,使城市空间开始按照市场经济原则进行重构。从政府的角度来看,通过大块土地的出租获得了财政收益,并减少了本应由政府负责的市政投入的成本,这部分成本由开发商来负担,而开发商就会将这部分成本转嫁于购房者。购房者由于负担了只属于本住区的公共服务(包括公共空间和公共设施)的成本,则与开发商或物业管理公司之间产生了契约关系,这种契约具有封闭和排外特征。这也使得住区内的居民对外来人占据和使用自己住区的空间和服务设施存在心理上的不平衡:"他们没交钱,凭什么使用我们的东西?"而私人共有的专属的物业,尤其是这些物业的标准高于其他住区的物业标准时,居住者不可避免地产生一种优越感,也不可避免地全盘接纳了住区的封闭性。

由此可见,封闭住区模式是得到政府、开发商和消费者(具有一定经济条件的)共同支持的。可以说,封闭住区是以政府为代表的公共部门,开发商为代表的商业力量和具有一定经济实力的消费者相互博弈、共同作用的结果。这种被捆绑在一起的利益群体不能站在城市发展的长远利益上,而只关注各自的利益,使城市陷入难以自拔的怪圈之中。边界则在这一过程中充当了一种有效的负面工具。

5.4　居住心理与象征价值

5.4.1　安全感

20 世纪 80 年代以来,中国社会经历了前所未有的快速发展,伴随而来的是深刻的社会变迁。旧的社会结构和体制被瓦解,新的又未建立完善,社会发展和转型处于不确定性状态,社会不公、贫富分化导致的犯罪率上升,快速发展造成的城市生活环境恶化等,这一切导致人们精神上的不安,也就自然寻求封闭的场所,以隔绝外界的不良影响。

在中国,有围墙的住区除了在宋代以前有以高大的坊墙围合的"坊"的居住模式以外,在宋以后自"破墙开店"以来直到 20 世纪中华人民共和国成立这近千年的时间里,再也没有出现过。新中国成立后的单位大院是封闭式住区的一次"回归",但并不是出于安全的考虑,而更多的是社会体制和管理的需要。改革开放后,贫富差距导致人们对安全的需求愈发强烈,围墙式住区应运而生。对封闭住区内居民的调查发现,大部分居民愿意住在被围墙包围的封闭住区之中,因为这样会有效保证居住的安全感。实际上居住者对安全的心理需求远远大于实际的需求。围墙和封闭式的管理,更多的是造成一种心理上的暗示和安慰,即"有墙和保安保护着我们,有监视系统监视着任何陌生人的进入,所以我们

应该放心"①。可见，围墙更多是作为一种安全的象征物存在的。"Blalely
认为环绕封闭社区的安全设施更多是充当一种象征性的功能吸引居住
者，而不是要努力创造一个真正不可侵入的边界。"②这说明，封闭边界
所营造的安全感在某种程度上制造了一种假象。而仅仅通过围墙进行
封闭来保证安全也体现出城市住区规划者的能力不足和责任心的缺乏。

　　然而，围墙和封闭式的管理更加重了对城市犯罪的恐惧和在小区
内见到外来人的不安心理，与其说人们因为恐惧而选择住在封闭住区，
还不如说因为住在封闭住区里而感受到恐惧。人们实际上是掏钱买安
全感，与花钱雇佣保镖的行为并无二致，这不能不说是当代城市的悲
哀。而且，这种买来的安全感也是不完全的，因为这只能保证在小区内
部的安全感，而由于封闭住区在街道上造成的无人地带实际上带来更
大的不安全感。住区内部制造了"可防卫的空间"，其代价是外部的公
共空间成为不可防卫的了。之所以会造成这种现状，是由于住区建筑
的内向型导致建筑对于城市街道的监视作用被围墙所封闭，这对道路
和住区之间的互补和包容关系造成破坏。简·雅各布斯就认为在保障
居住安全的众多手段中，金属栅栏不会比"街道眼"更有效。奥斯卡·
纽曼也认为，最有效的安全措施是"自然监视"，即居民对自己社区中公
共场所的持续关注。

　　安全需求并不一定非要通过围墙隔离以及安全保卫来实现，更关键的
是通过空间规划所营造的安全氛围让居民产生安全感，这种安全的住区模
式就是相对开放的模式，与城市融为一体的模式，通过在开放城市和开放
社区中百姓的相互监督实现安全的居住，满足人们的安全心理需求。

5.4.2　身份性

　　除了安全和私密性，对于一些"高档"小区来说，封闭性会带来一
种身份的象征。人和动物都有追求自我领地的愿望，面对中国当前社
会的剧烈变化，人们对于私人和集体领地的需求显得更为明显。收入
相对较高的富裕人群开始渴望在喧嚣的城市中拥有一种"可防卫的空
间"，并使其成为自己或同类人群的领地，让自己与他人的区别能以居
住空间的形式显示出来。封闭住区的边界正是这些人与大众保持空间
和心理距离的有效手段。一旦形成领地，居住者便将之作为其身份的
象征，阻止边界外的人群进入他们的领地。

　　住区的商品化使购买者的经济实力成为住区准入的关键条件。正
是由于隔绝了小区外面人的进入，小区保持了一种居民阶层上的纯粹，
这也是中国目前社会贫富差距逐渐扩大的一种表现，而这种表现也通

---

① 引自作者对某封闭住区居民的访谈。
② 宋伟轩．封闭社区研究进展 [J]．城市规划学刊，2011（4）．

过居住的分化更加促进了社会人群因贫富差异而形成的社会差异。但是众多地产开发的指导思想却是制造这种差异,他们为了迎合富裕人群对身份的追求,大力宣传和建设封闭的富人住区,甚至城市富人区域,用"精英住宅""顶峰豪宅""金领社区"等表明身份特征的宣传诱导购房人群,并以此思想主导建筑师的住区设计[①]。而遍布城市的"禁止入内"也制造了一种隔离的氛围,整个社会也逐渐接受了社会差异的现实,并在这种观念的指导下制造更多的封闭边界。于是,城市陷入一种恶性循环,当贫富差距不再只表现在经济收入上,而更多表现出一种社会地位和阶层的差异,社会的不和谐种子便因此而种下。

5.5　社会管理与城市名片

我国在新中国成立后相当长时间内的社会主义计划经济体制与行政单位制的社会生产和生活体制使得社会管理的主体单元是国家单位,没有社区的概念,更谈不上自治。城市社会是由一个个党政机关、企事业单位构成,任何社会成员都属于单位,单位管理所有人的衣食住行和生老病死等几乎所有事宜。每一个单位自成完整的系统,单位之间并无实质的关系。在这种情况下,城市居民委员会的管理权限、功能和范围都极为有限。

改革开放以后,单位制解体,作为城市社会最基层管理细胞的居委会,依附于街道办事处对城市居民的生活进行一定程度的管理。然而,随着住房商品化时代的到来,物业公司成为住区的实际管理部门,业主委员会也随之诞生,但其权限和实际的影响力也极为有限。出于商业考虑和维护公司形象的需要,也为了安全有效地对所负责的住区进行管理,物业公司采取封闭式管理模式也就不足为奇。由于物业公司只对所管理的住区内部负责,而对住区之外不负任何责任,这就导致城市公共空间的管理和住区自身的管理是脱节的。尽管我国的社区建设和社区服务的改革正在逐步推进,社区自治体制正在完善,但距离真正的以居

---

① 在北京"阳光上东"建筑设计招投标评标会上,首创置业董事长刘晓光说:"从这个角度来讲我们很早就有想法,在北京一定要有一个富人区出现,这观点可能引起争议,但这个应该是不争的事实,从世界发展史来看我也研究了一下,我去过70个国家,基本上在发展部分有这么一个阶段,区域化分割开始了,一部分比较穷的,一部中等的还有富的,无论美国的,悉尼的都是一样道理,但是现在发达国家中有一部分有新的趋势,富人和穷人开始融合,这从社会角度看这问题,中国在这么一个高速发展阶段,这趋势必不可少,因为我们看很多消费者跟我讲他住在一个区域里头不错,但是这个区域里头只有两个楼不错、三个楼不错,其他是拆迁户,从他居住和投资他觉得有一些问题,所以我们想"阳光上东"可能是首创集团在北京启动最大富人区,富人区概念是什么?今天就不说了,最重要还是收入比较高的人群体相对集中的地区,而且周边的环境应该国际化的体现,国际化的医院、酒店、写字楼区等,另外应该靠机场比较近,还有其他特点就不多说了,总之"阳光上东"项目是首创置业和阳光股份共同打造的一个大的富人区"。引自 NEWS.SOHU.COM。

民自治为主体的社区,真正实现民主选举、民主决策、民主管理、民主监督,实现居民自我管理、自我教育、自我服务的和谐社区的目标还有很大的差距,也不是短时间内可以完成的。

从政府的角度来看,封闭边界的出现是政府出于有效的社会管理的需要,这也是造成我国封闭住区模式的重要原因之一。而西方国家,尤其是欧美发达国家的社区自治制度已经较为成熟,不需要借助政府和商业的力量管理社区,这也在一定程度上为住区结构的开放创造了条件。可以说,管理上的开放与结构和形态的开放是相互依托的,而管理的封闭模式势必需要和造成封闭的住区结构和形态。封闭住区正是对单位制管理模式的有效替代。这种管理模式让人们想到唐代城市的封闭"闾里"制度,尽管时代不同,但仍具有相似的出发点。

另外,完整的住区也成为政府展示其城市建设业绩的重要名片。我国自20世纪开始进行的"安居工程""小康住宅"的全国评比,到"全国人居奖""生态住区奖"等各种奖项的设立,都可以看出政府通过着力营造高标准高质量的住区以彰显其城市建设和关注民生所取得的成绩。封闭住区的模式容易制造一种美好而和谐的假象,并具有城市化运动中的"创新"示范效应。当人们把目光都集中在环境优雅的住区内部时,就容易忽略边界外面的不和谐。

5.6 思维方式与规划观念

5.6.1 简单化的思维

人类的日常生活和任何创造性行为都受到源于心灵深处的某种力量的驱使,心理学家、哲学家、人类学家都从各自的角度发现和阐释了这种看似神秘的力量。简单化的思维就是这样一种力量,它源自一种生命的基本需求,在无数个世纪的积累中,成为一种包括人类在内的所有生命体所具有的基本特征,并固化为人类心理层面上的"集体无意识",从而深刻影响人类的空间意识、造物行为、行为方式和社会文化的发展。

设计者不同于使用者,尽管设计者在日常生活和使用空间时与使用者的心理没什么差别,但一旦进入"设计"的情境之中,简单化思维的心理力量就开始发生作用。设计的过程一般受到以下几个心理因素的影响,可以称之为设计的思维有限性:

1)思维经济性

德国哲学家马赫最早提出人的思维有一种"经济性"的特征,即人倾向于避开复杂的思维过程而把问题简单化①。二元对立的思维以及分

---

① [德] 马赫. 感觉的分析 [M]. 洪谦等译. 北京:商务印书馆,1997:39.

类的思维就是这种思维经济性的一种表现。结构主义者认为人们经常会在意识中将自然产物加以割裂和分类,我们所制作的文化产品也有一样的割裂和分类方式①。规划设计的实用性目的以及设计时间的有限性更容易使设计行为趋向于"化繁为简",设计思维会自主选择经济性原则。

2)简化原理

简单化思维是人类的一种本能。人类为了理解和把握复杂的事物,需要将事物清晰化、条理化、逻辑化,将复杂转化为简单。规划师与普通人都受到简单化思维倾向的影响,格式塔心理学派感知测验就说明了这个问题。在测验中要求人们去回忆并绘出复杂及重叠的图形,人总是倾向于简化而忘记的却是其重叠部分②。

格式塔心理学家认为"每一个心理活动领域都趋向于一种最简单、最平衡和最规则的组织状态""在科学研究方法中所遵循的那种节省律(或经济原则),要求当几个假定都符合实际时,就应该选择那个最为简单的假定""在某种绝对意义上来说,当一个物体只包含少数几个结构特征时,它便是简化的;在某种相对意义上来说,如果一个物体用尽可能少的结构特征把复杂的材料组织成有秩序的整体时,我们就说这个物体是简化的"③。

阿恩海姆提出简化分为两种:自然的简化和人工的简化④。自然的简化与人工的简化在一定程度上是冲突的,这是造成人工物品在自然中显

---

① Edmund Leach 曾以红、绿、为黄的颜色系统为例,来说明这种思维程序:①存在自然界的色谱是一个连续体;②人脑把这个连续体解释为由分裂片段所组成;③人脑寻找(+/-)二元对立关系的适当表象,选择红绿两色构成二元对立组;④建立了这个两极对立关系之后,人脑对于红绿之间的不连续性感到不满,于是要找寻一个非(+/-)的中间地位;⑤于是它回到原来的自然连续体,选择黄色作为中介的信号——因此在人脑的知觉里,黄色是介于红绿之间的隔离体;⑥最后的文化产品是由三个颜色组成的交通信号,这是人脑所认知的自然现象(色谱)的一个简化翻版。王振源.结构主义与集体形式.台北:明文书局,1987:24。

② [英]G·勃罗德彭特.建筑设计与人文科学.张韦译.北京:中国建筑工业出版社,1990:289.

③ [美]鲁道夫·阿恩海姆.艺术与视知觉——视觉艺术心理学[M].腾守尧等译.北京:中国社会科学出版社,1980:79.

④ 在本书中,作者提到两种简化,即自然的简化和人工的简化:"在某种程度上,我们还可以把事物和人体看作一种'活动',这种'活动'是在一个永恒的舞台上展示出来的。在这一舞台上,它向我们清楚地展示了向简化的结局发展的轨迹——不仅向我们显示了那促使它们成长和促使它们的机能日渐成熟的力量,而且还向我们展示了那些干扰它成长活动的力量(方向和轨迹)。正是由于这个原因,人们才喜欢观看那些对称的、规则的图形和那些完美恬静的形象。然而,这些简化性形状的价值,恰恰又是因为它显示了那种在对抗自然的种种干扰力和破坏力的斗争中占优势的力量时才获得的。我们在海滩上散步时,每看到一件规则的东西就想把它捡起来。然而,当我们发现它原是一件类似梳子或罐头盒的工业品时,就会大失所望,很快地把它抛掉。我们这样做的原因在于:工业产品的简化性是通过低廉的代价而得到的,即它不是在与自然力的搏斗中生成的,而是由外部强加给物体的。"[美]鲁道夫·阿恩海姆.艺术与视知觉——视觉艺术心理学.腾守尧等译.北京:中国社会科学出版社,1980:79。

得格格不入的原因。

3）有限理性

有限理性为美国认知科学家西蒙（Herbert A. Simon）提出的决策理论中的重要概念。提出有限理性是基于以下分析："首先，客观环境是复杂的、不确定的，信息是不完全的，或者说获得信息是有成本的；其次，人的认知能力是有限的，人不可能洞察一切，找出全部备选方案，也不可能把所有参数都综合到一个单一的效用函数中，更不可能精确计算出所有备选方案的实施后果。因此，现实生活中的人是介于完全理性与非理性之间的'有限理性'个体。"[①]有限理性说对于西方近代"理性人"的观点是一个纠正，而"理性人"也是现代主义所推崇的"人"的观念，这种观念是"雅典宪章"的基础，即人是理性的，城市是理性的，可以当作机器来看待。

4）心理图示和原型意象

在设计思维中，原型和心理图示[②]是不容忽视的因素，甚至对设计产生决定性的影响。"边界"作为一种原型在设计过程中以心理图示的形式左右设计者的思维，尤其对于当代的住区设计，边界的意象从设计的开始就出现在设计师的头脑中，并在最终的设计成果和建成环境中体现出来。

这种边界意识主要源于两种心理倾向：一种是设计者追求简化、整体性和秩序感的职业意识，这种意识实际上是长期的建筑教育和职业实践所养成的。而通过边界的手段能够造成一种图面上清晰的结构。另一种是设计者对于领域感和安全性的肤浅理解，认为只要被边界包围，领域感和安全感就会形成。

以上造成设计思维有限性的原因实际上是共同在起作用，这就使得任何设计都不可避免地具有相似性，并与某种原型相关。因为原型的产生也是与人类思维中的经济性、简化倾向和有限理性不可分。无

---

① 庄锦英.决策心理学.上海：上海教育出版社，2006；45.

② 结构与图示的概念与原型有内在的关联。结构就是由具有整体性的若干转换规律组成的一个有自身调节性质的图式体系。结构人类学家列维·斯特劳斯认为结构"是精神的无意识活动在内容上加上了形式所产生的，它是插在基础和上层建筑之间的一个图式系统"。而心理学家皮亚杰从心理学的角度给"图示"下了这样的定义，"所谓图示是人头脑中的一种'意象'，是人心理活动的基本要素，图示的不断发展，也就是心理不断发展的过程"。哲学家维特根斯坦提出"世界图式"的概念，他认为"世界图示相当于命题、概念、信念和实践的一个完整的系统或框架——简言之，相当于一种'生活形式'"。他认为世界图示是人们看待世界的基本方法，是人们行动的基础，当然也是思想的基础，是根深蒂固，不可改变的，先天就存在于人们的内心深处，是人们在思考和行动时不假思索的东西。"它以无数种方式，无数次地同我们的日常实践交织在一起。像每一种语言游戏一样，世界图式以生活为形式、以实践为基础"。同时维特根斯坦也认为世界图示是多元的，而且也不是不能改变的。可以将世界图示理解为宇宙观或世界观，也就是看待事物的方式。显然，传统中国人的世界图示与西方人是不同的，而中国历史上不同年代人们的世界图示也不相同。然而，世界图示有它不变的成分，不同国家或民族的世界图示也有相似甚至相同的地方。

论心理的原型对设计造成正面还是负面的影响, 原型都是思维的内在特征。

这种思维特征必然要对住区和城市规划产生影响。C·亚历山大在《城市不是树形》(A City is Not a Tree) 中对人们的思维习惯也进行了类似的阐述。他指出, 人们偏爱简单和条理清晰的思维, 比较容易接受简单的、互不交叠的单元, 因此, 在面对复杂结构时, 人们也优先趋向用不交叠单元在想象中建构一种新结构代替真实的结构。 通过对 "自然形成的城" 和 "人为的城" 进行对比, 他令人信服地论证了自然城市各元之间的相互关系远比树形结构所能表达的复杂[①]。对于城市的发展与规划来说, 他明确指出: "我们必须追寻的是半网格, 不是树形。"[②](图 5-22)。

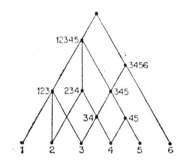 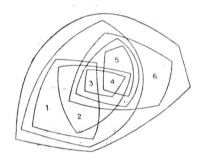

图 5-22　半网格结构

资料来源:[英] G·勃罗德彭特. 建筑设计与人文科学. 张韦译. 北京:中国建筑工业出版社,1990:288.

城市是生活的容器, 生活本身的复杂要求城市以比较复杂的结构来容纳和表达生活。而设计者的思维倾向正好相反。边界是人类对周围环境进行概念化的空间组织的最基本手段, 通过划定边界, 人类可以主观地定义空间的归属, 让本无秩序的环境秩序化。所以, 空间组织的结果, 即复杂的现实需求与简单化思维之间的博弈, 而边界在这个过程中起着关键的作用, 也是空间组织最重要的产物。

我国当代绝大多数住区在边界的设计处理上表现为简单化。规划师和建筑师在规划设计居住小区时, 边界体现在总平面图上的是红线, 即用地红线和道路红线。红线意味着某种空间上和土地所有权上的绝对控制, 意味着必须遵守的法律法规。就这样, 边界把城市分割成无数个大大小小被围墙生硬围合着的居住单位, 住区与周围环境和城市缺乏有机的联系, 即便是相邻的住区之间也是仅一墙之隔却毫无交流。每个

---

① [英]G·勃罗德彭特. 建筑设计与人文科学 [M]. 张韦译. 北京:中国建筑工业出版社, 1990:288.

② C·亚历山大借鉴数学语言对这两种结构进行定义:所谓半网格 (semi-lattice) 结构是 "当且仅当两个交叠的集合属于一个组合, 并且二者的公共元素的集合也属于此组合时, 这种几何的组合形成半网格结构"。而树形 (tree) 结构则是 "对于任何两个属于同一组合的集合而言, 当且仅当要么一个集合完全包含另一个, 要么二者彼此完全不相干时, 这样的集合的组合形成树形结构"。C·亚历山大认为天然城市有着半网格结构, 而人造城市则具有树形结构。引自孙施文. 现代城市规划理论. 北京:中国建筑工业出版社, 2007:333,334。

封闭住区内的居民从被保安"严密"看守的大门进出，住区成为城市中一个个封闭的"岛"。

即使设计者通过三维空间的模拟如建立透视图、模型或仿真动画来弥合设计与实际生活之间的鸿沟，但简单化的思维倾向无时无刻不在发生作用，最终导致设计的结果呈现出简单化。我国快速的土地开发和城市建设的要求，更为这种思维的应用提供了最佳的理由，简单化设计成为高效率城市建设的工具。亚历山大认为规划师应按照网状结构去思维，而不是树形。这样说可能过于抽象，也难以做到。但是，意识到人们思维的局限，在设计中尽力避免简单化的思维是可能的。

5.6.2　规划结构错位

可以将住区结构分为两种：生活结构和规划结构。其中生活结构分为两个层次，第一个层次是人的实际生活的脉络，可以分为空间脉络和时间脉络，例如一个人每天的生活轨迹可以用时间和空间来描述。第二个层次是心理生活空间结构，这个结构不同于意象的结构，而是人和环境在生活过程中共同组成的心理结构。这两个层次的空间结构经常交织在一起，共同构成人的生活结构。

心理的空间结构是人们在环境中所感知到的结构。凯文·林奇在《城市形态》中提出"……一种感知元素是形式'结构'，即在小尺度的场所中，对场所的感受来自于该场所构成元素的组合方式；而在大尺度的聚落中，对地方的感受是方向性的，例如在哪（或什么时候），这其实是要了解其他地方（或时间）和这里有何不同"[1]。可以说，人的场所感就来自于这种意象的结构。意象的重点是"感知"，也就是虽然看不到，但能够感知，而能够感知的基础就在于结构的清晰。模糊的意象结构会带来心理的茫然，当然也势必会造成人们运用城市空间的无目的性和混乱。

人类在建立物质和客观边界之前，即在头脑中存在主观的边界。康德认为是人的主观赋予客观事物以价值和意义。对于边界而言，用康德的观点即人的头脑中本就存在的边界观念导致人们主动寻找客观世界的边界，换句话说，就是人类赋予事物以边界的意义，而不是认识到客观事物存在边界才建立抽象的边界概念。所以，人类建立物质和客观的边界是主观边界的物质化和客观化，在人类划定和建造任何边界之前，主观的边界就已经建立。同样，当客观边界消失之后，主观边界也依然存在，并不会随客观边界的消失而一同消失。

格式塔心理学家库尔特·勒温将拓扑学与心理学结合，提出"生活

---

① 　[美]凯文·林奇.城市形态[M].林庆怡，陈朝晖，邓华译.北京：华夏出版社，2001：97.

空间"的概念,以区别日常经验中的物质生活空间。勒温认为凡属科学的心理学,都必须讨论整个的情境,即人和环境的状态。心理学描述整个的情境可先区分为人(*P*)及其环境(*E*),每一心理事件,都取决于其人的状态及环境。因此,勒温将每一心理事件用公式 $B=f(PE)$[①] 来表示。"心理的生活空间(psychological life space)"一词,是指决定一个人在某一时间内的行为的全部事实。勒温借鉴了数学中的拓扑分析方法,对心理学的空间进行了拓扑学的分析,即不研究具体的距离、角度或面积问题,而是从近接、分离、继续、闭合、连续等关系入手,从而解释心理的生活空间。同时勒温借鉴了物理学中动力学的概念,提出生活空间的空间结构有赖于心理动力学,说明了动力概念的重要。这些概念的实例有如原因的变化、趋势、抵抗力、坚实性、均衡、势力、紧张等。这就为"心理空间边界"建立了理论基础。

通过对儿童"心理生活空间"的研究,勒温提出了"心理学的空间边界"理论。勒温提出:"生活空间常划分为若干'区域'(regions),而区域则在性质上彼此有别,并由或易通过或不易通过的疆界(boundaries)所分开",并通过对儿童的心理和行为的考察得出结论:"假定我们在一个儿童的生活空间之内划出被禁的区域,则其剩余的空间或被许可之事的空间,就某些儿童来说较小,就某些儿童来说较远和宽大。这个差异对于儿童的行为和发展,尤其是他的独立性及人格,都有重要的影响。"[②](图 5-23)。

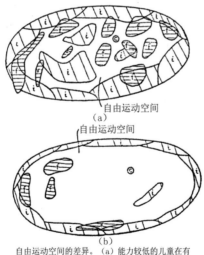

自由运动空间
(a)

自由运动空间

(b)

自由运动空间的差异。(a)能力较低的儿童在有许多禁令的情境之内;(b)富于能力的儿童在禁令极少的情境之内;c代表儿童;f代表禁止的区域;*i*表示能力所不能及的区域

图 5-23 儿童自由运动空间的差异

资料来源:[美]库尔特·勒温.拓扑心理学原理.高觉敷译.北京:商务印书馆,2003.

---

① $B=f(PE)$ 可解释为行为等于人与环境的函数。

② [德]库尔特·勒温.拓扑心理学原理[M].高觉敷译.北京:商务印书馆,2003.

勒温还提出了两个关于边界的重要观点，不仅限于心理学的边界，对于物质的空间边界也同样适用。一是疆界的明确性须有别于疆界的坚实性。二是任何疆界如果同时分离，而又连接两个区域，则这双重的功用是有重要意义的。

对于城市居住空间的使用者来说，生活的重要体验往往来自心理层面而不是物质层面。德国格式塔心理学家卡夫卡的"行为场"理论将环境分为地理环境和行为环境。地理环境是现实的环境，行为环境是意想中的环境。卡夫卡认为："你必须根据一种行为场来理解人的行为，这种行为场所包括的不是刺激物和物理环境，而是行动者所感知和料想到的外部世界及其对象。"[①]这种心理上的空间体验主要体现在心理边界、心理距离和心理方向上[②]。如对于儿童而言，他对城市的认知往往具有很明确的心理边界，如小区之外，或街区之外，甚至某条街道之外都是他的未知世界，会引起他无尽的猜想。随着年龄的增长，行动范围的扩大，他的日常生活边界也随之向外扩张。

心理的边界往往与实际的物质边界不相符，有时甚至差异巨大，在现代的城市更是如此。心理的空间范围具有很大的弹性，并不是固定不变的，而且因人而异，也会随着时间和周围环境的变化而变化，很难掌握规律。传统的城市由于具有明确的物质边界——城墙，在人的心理上形成强有力的意象，物质的边界与心理的边界往往是契合的。但对于城市内部空间的边界，很多时候是一种心理上的划分。如邻里的尺度与心理边界有直接的关系，即居民实际感觉到的邻里关系的范围大小对于确定居住的基本单位尺度有重要的参考价值。

不同的理论家对邻里尺度有不同的观点，很难统一，而且不同国家、民族和地域文化对于邻里尺度的心理认知也会有很大差异，但对于"邻里层次"是一种共识。如剑桥大学教授Lee提出邻里的三个层次：有社交、熟人的邻里，匀质的邻里，邻里边界（图5-24）。现代社会，由于交通和信息的高度发达，心理边界呈现出矛盾和难以把握的特征。

---

① [德] 卡尔·考夫卡. 格式塔心理学原理 [M]. 黎炜译. 杭州：浙江教育出版社，1996：11。
② 同心理的边界一样，心理距离也是经常与实际感受到的距离有很大差异。物理空间内的两倍距离，显然不会相当于心理空间内的两倍距离。对于以步行尺度为衡量标准的居住理论，这里存在一个问题：心理距离并不等同于步行距离。当环境优美，天气晴朗，心情愉快时，可能原来认为远的距离便不再觉得远了，也许可以步行原来两倍的距离而不觉得累。这种体验是每个人经常历的。更不用说步行距离理论没能区分老人、青年人和儿童的步行距离，因为他们有很大不同。这样，对心理距离的考察就成为步行距离的重要补充，甚至其重要性更大。有学者认为心理的因果关系的陈述必须应用方向的概念，即以方向概念为前提。这说明，心理是具有方向性的。人的心理范围并不是以自己为圆心向外扩散。心理的方向性决定了仅仅用方位概念来处理住区的规划问题是不完善的。人的心理方向具有与物理方位不同的产生机制。例如，儿童游戏场的位置决定了妈妈的心理方向，如果不能在做饭时看到玩耍的孩子，就会不放心。这样就会在设计中导致厨房朝向和开窗的差别。所以，心理方向性对于设计重点的把握具有指导性作用。视线和路径以及开放空间的设计应符合多数人的心理方向。

心理边界的范围一方面可以无限扩大；另一方面，由于社会人际关系的淡漠，个人主义的发展，导致心理边界的缩小。

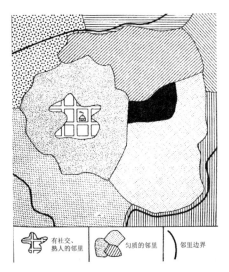

图 5-24　Lee 所发现的邻里层次

资料来源：李道增.环境行为学概论.北京：清华大学出版社，1999；57.

　　人们发现生活结构与规划结构往往是脱节的。也就是说，规划师在图纸上的结构并不能反映真实生活的结构，因为这两种结构是由完全不同的生成机制产生的。活泼的构图是否能导致活泼的生活？总图上的秩序是否就是实际生活的秩序？这是个问题。规划系统是自成一体的，而生活系统也同样，但两者却差异巨大，这导致人们经常迷失在"规划结构清晰"的住区环境里。

　　规划结构是规划师在规划设计住区时所使用的工具，以图式化的方式体现。规划结构也是规划师规划思想的体现。这种设计的心理过程主要由以下部分组成：世界图式、个人生活经验、可套用的模型、简单化的思维定势、图像美感的把握等。在规划的过程中，规划师的对象是图或模型，并有一种信念认为图上所表达的结构即为实际生活中的结构。但住区并不同于地铁网络可以用抽象的图式表达，毕竟地铁系统是功能性占据主要地位的。城市是复杂的，人只有把复杂问题简单化才能把握城市。住区尽管比城市要简单，但道理是相同的。规划者于是习惯性地将住区简单化，这样就容易把握住区的结构，在实践中也比较容易操作。

　　在《城市居住区规划设计规范》（GB 50180—1993）中提到"居住区按居住户数或人口规模分为居住区、小区、组团三级""居住区的规划布局形式可采用居住区-小区-组团、居住区-组团、小区-组团及独立式组团等多种类型""居住区的配套设施，必须与居住人口规模相对应。其配套设施的面积总指标，可根据规划布局形式统一安排、灵活使用"[1]。在《居住区规划设计》（朱家瑾编）中提到居住区规划组织结构和布局

_____

① 城市居住区规划设计规范（GB50180—93）.1

的基本模式：基本的规划布局是按规划组织结构分级来划分居住区，其规划组织结构较清晰；居住区、小区、组团的规模比较均衡；几个组团组成一个小区，几个小区组成一个居住区，并设有各级中心，即为三级结构，以此类推，还有二级结构形式。在居住区的规划布局形式中，概括了七种布局形式，也可以说是七种规划结构模型：片块式布局、轴线式布局、向心式布局、围合式布局、集约式布局、隐喻式布局和综合式布局[①]。从上述住区规划原则可以看出，住区在规划师的思维里是一个抽象的事物，因为只有抽象化，才能进行形态化的布局。住区结构中的意象结构和生活结构被规划结构覆盖。可以这么说，规划结构过于粗糙，无法反映丰富的意象结构和生活结构，更无法反映真实城市生活的复杂与丰富。

从住区边界的角度看，邻里单位作为一种住区规划的结构模式，对边界采取了漠视的态度，认为住区规划的关键在于内部领域感的营造，把外部隔离开来更有助于实现这一人文理想。快速宽阔的交通干道所形成的边界更让邻里单位成为步行的"孤岛"，与城市隔绝。安全是以放弃和丧失城市生活为代价的。更重要的是，首先确定边界，然后由外向内设计的设计思想和方法，将住区和城市的有机联系于不顾，导致城市结构的碎片化，也是当今城市人际关系日渐淡漠的原因之一。邻里单位的早期实践者认识到了这一弊端，并试图通过将商业和一些与城市关系密切的公共设施设置于邻里的边界，尤其是道路交叉口处，使得商业设施能够为邻里和城市共同使用，让邻里单位与城市的关系从疏离转向密切。20世纪60—20世纪70年代英国米尔顿·凯恩斯新城即采用这种方式，取得了较好的效果（图5-25）。

图5-25 设置于邻里边界的商业服务设施
——英国米尔顿·凯恩斯新城布局结构

资料来源：文国玮.城市交通与道路系统规划[M].北京：清华大学出版社，2001：29。

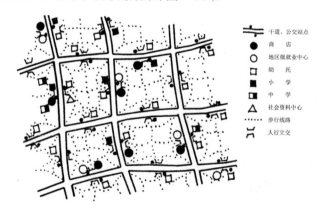

居住区的三级结构，成组成团的规划手法，树状的交通系统，所有这些做法都是为了产生清晰易懂的规划方案，同时，图纸上的总图所表现出的强烈图形特征，更会导致受过严格美学训练的设计者从平面形式

[①] 朱家瑾.居住区规划设计[M].北京：中国建筑工业出版社，2000：43.

逻辑的角度不自觉地进行图形的美学操作，而这种操作与实际的生活毫无关联。如果熟悉若干种规划结构模型，在住区规划中，就可以驾轻就熟地处理从几十亩到几百平方公里的土地。也正是因为有边界的限制，规划结构就可以自成一体，这样，每一个作为城市细胞的居住小区都可以具有完全不同的规划结构，而不会对边界以外的城市造成影响，当然，同时也就不必考虑城市对居住小区的影响。

西特就认为"现代"的设计者是通过直尺在图版上进行程式设计的，平面中稍有不规则就会令人不满意，而古代那些不规则的城市广场并无令人不快之感，这主要是因为古代人并不是在图版上进行建筑设计，他们的建筑物是自然而然、一点一点生长起来的。这样，他们自然就依靠现实中目力所及的东西来控制建造过程。西特指出，平面的不规则在实际的空间体验中是感觉不到的，也正是这些不规则成就了空间的高度艺术性。可见对西特来说，城市广场边界的封闭性，建筑立面的整体性，边界元素如柱廊、拱门等的巧妙设置以及边界的不规则特征是城市空间艺术成败的关键所在。而他的这些发现对于今天的城市空间设计依然具有重要的指导价值。

如果回顾东西方传统城市，会发现无论是北京还是苏州，无论是柏林还是巴黎，居住空间的结构是与城市结构融为一体的。回顾现代建筑的历史便可以知道，这种脱节是有其历史渊源的。从 19 世纪末霍华德的"田园城市"到 20 世纪 20 年代佩里的"邻里单位"，再到 20 世纪 50 年代苏联的"扩大街坊"，直到我国新中国成立后的"单位大院"，都在试图以封闭的居住单位与城市结构脱节。现代主义的住区规划理论，基于功能主义的思维模式，僵化了边界本身具有的随机灵活的特征，忽视了边界对城市和对住区的双重贡献，而中国几乎是毫无保留地接受了功能主义的规划思想和操作手法。

在已经作废的《城市居住区规划设计规范》（GB 50180-93）中对"居住小区"的定义为"被城市道路或自然分界线所围合，并与居住人口规模相对应，配套有一套能满足该区居民基本的物质与文化生活所需的公共服务设施的居住生活聚居地"[①]，这实际上建立了住区脱离城市的主导思维，并被作为一种规划原则指导了整个中国城市的住区建设。在这种规划观念的指导下，边界在规划师的头脑中只是抽象的线，或是住区内部独立结构的保护膜，而不是蕴含着丰富的城市生活和人文关怀的有层次的空间场所，更不是具有促成城市文化多样性的社会学价值的重要因素。值得肯定的是在新版《城市居住区规划设计标准》（GB 50180-

---

① 在《城市居住区规划设计规范》（GB 50180-93）中这样定义——城市居住区：一般称居住区，泛指不同居住人口规模的居住生活聚居地和特指被城市干道或自然分界线所围合，并与居住人口规模（30000～50000人）相对应，配建有一整套较完善的、能满足该区居民物质与文化生活所需的公共服务设施的居住生活聚居地。

2018)[①]中取消了对 "居住小区" 的定义,转而以15分钟生活圈居住区、10分钟生活圈居住区、5分钟生活圈居住区以及居住街坊四个层级定义居住区的规模,以物质和生活文化需求为原则划分居住区范围,"居住区" 也不再作为一个独立的层级概念,转而作为城市住区的统称,从而使得 "住区边界" 具有了更大的弹性。新规范中专业术语及其相对应的住区规划理念的转变应该说是比较大的进步。

5.6.3 忽视城市背景

前面讨论了简单性思维和规划结构与心理生活结构的脱节,属于思维层面的探讨,而在实际的住区规划和建设中的脱节则表现在住区规划结构与城市结构的脱节,这是当前以居住小区为主要模式的规划设计方式的最大问题之一。这种脱节,是造成城市景观乏味、城市生活单调、城市功能弱化和城市文化贫瘠的主要原因之一。开发商和规划师在住区的开发和规划设计时忽视城市背景和项目周边的环境是造成这种脱节的直接原因。

城市住区是城市最基本也是最为重要的生活空间。没有人会否认住区应该是城市的有机组成部分的观点。然而,在实际的住区开发和规划中,住区往往被作为孤立于城市,脱离城市背景和文脉的 "产品" "商品" 和 "作品" 而出现在广告宣传和各种出版物中。之所以出现这种情况,与开发者和规划者忽视城市的态度有直接的关系。如果说,开发商出于将住宅作为商品 "打包" 销售的需要,将其商品凸显出来以赢得购买者的眼球,从商人的角度无可厚非,那么,住区规划者以及所谓的专家们又如何能解释他们的设计图和他们评选出的优秀住区规划图上看不到城市的印记呢?是真的忘记了城市环境的存在,还是故意忽略掉以迎合和欺骗向往 "世外桃源" 生活的大众(图5-26)。

图5-26 无城市背景的城市住区规划总图及效果图

资料来源:时珍创新风暴·中国最新获奖住宅设计经典.建设部·中国城市出版社,2004。

---

① 《城市居住区规划设计标准》(GB 50180-2018)

　　尽管实际的建成住区大多不会如规划图和效果图所表现的犹如 "天空之城" 或 "沙漠绿洲" 般的孤独, 任何城市住区都会处在一定的城市环境和背景之下, 即使刚建成时周围是荒地一片, 但这种制造假象的宣传和设计习惯依然对当代中国城市因封闭而造成的问题负有责任。另外, 中国的土地商业开发缺少完整系统的城市理论支持, 更缺乏严格的专业审查, 土地行政部门也不具备城市空间整体意识, 这也是造成住区规划可以不和城市发生关系的重要现实原因。没有了城市的环境和背景, 住区规划设计自然容易忽视城市而只在规定的地盘上做文章, 这也必然造成住区规划结构脱离于城市 (图 5-27)。即使没有物质形态的边界进行隔离, 住区依然是封闭的, 不可能融入城市。

图 5-27　无城市背景的封闭住区

资料来源 : Google Earth 地图

第6章 城市建设的边界策略与方法

作为人类的本能意识和事物的固有特征,边界是不可能消失的。也就是说,只要存在划定空间的行为,边界就一定会存在。作为中国城市结构、形态及城市扩张的"基因",住区边界无时无刻不在对城市施加影响,这种影响是结构性的、持久的。人们不可能也不应该全盘否定封闭住区的模式和边界存在的价值,毕竟产生封闭住区的机制是复杂的,是中国城市的内在特质和时代环境共同决定的,不是一朝一夕就可以改变。况且,封闭住区模式中也有值得借鉴的地方。但如果不能对现状加以改变,边界问题会对城市造成更大的负面影响。笔者认为,我国城市空间和景观的现状不令人满意的重要原因之一是对城市空间的边界缺乏控制和设计的意识。城市空间边界尤其是城市住区边界控制是我国城市法规的空白,也是城市设计、住区设计理论和实践中的薄弱环节。如果需要城市住区为城市做出贡献,对于边界的控制和设计就显得至关重要。所以,需要一种新的边界策略,通过有效调整来解决以上问题。

可以通过"控制边界"这种具体到政策、法规、设计等层面的操作来调整空间和功能的配置，进而对居住和城市生活施加影响，使城市空间环境的品质逐渐得到改善。边界策略的提出就是表达出一种看待边界的态度——通过有效控制和精心设计，边界也可以成为构建城市公共空间的积极因素，成为沟通城市私密生活与公共生活的桥梁，并成为城市文化的全新载体。

住区规划者和建筑师应该对边界的重要性和价值有清醒的认识，并应在设计中投入相当的精力处理住区与城市之间、住区与住区之间的边界空间。更为重要的是，需要改变孤立看待住区的习惯视角，改变为了追求完整的住区"产品"而将土地分为有用和无用的设计思维，应该将住区看作城市空间的有机组成，在规划伊始便树立城市设计的全局观，通过精心的边界设计，让住区自然融入城市，并为城市区域注入活力。

6.1 边界控制

通常认为像威尼斯这样的意大利中世纪城市是无规划的自然生长的结果，实际上，意大利城市内的有机发展形态，并不是没有规划的自然产物，而是依赖于一套规令和法律的，即城市建设和发展的基本框架，这样就奠定了城市整体性发展的基础。无论城市如何发展，都不应该超越这个框架。而城市结构规整的城市如北京（明清时期）、纽约、华盛顿等也是在建城之初就制定了城市发展建设的基本框架，并通过法律法规将该框架固定下来，以保证未来的发展是可以控制的。

边界控制的目的是在我国现有的土地制度下，通过开发、设计过程中对住区边界的空间结构和形态化操作，打破现在的封闭性住区格局，增加城市公共空间的数量和可利用性，使住区与城市更好地融合，同时不丧失居住的安全感和私密性。

6.1.1 构建开放系统

系统是框架制定中最重要的因素。从居住的最小单位到整个城市的构成是一个完整的系统生成过程，是整个城市构成的严格的逻辑系统。如中国城市的以"间"为最基本的建筑单元，组合成住宅，住宅组合成院落，形成以四合院为基本的空间单元，再构成合院组群，构成街坊、大街坊，最后由大街坊形成城市的系统。整个城市以胡同之间70m左右的街坊模数为基准,来界定和规范城市的秩序。

中国传统城市空间的构成是一个严格的逻辑系统,其体形结构具有内在规律,其构成要素具有明晰的层次性和结构共性。从图6-1所示北京旧城空间结构要素层次及结构共性的图解中可以看到边界体系在城市空间结构中的主导性。

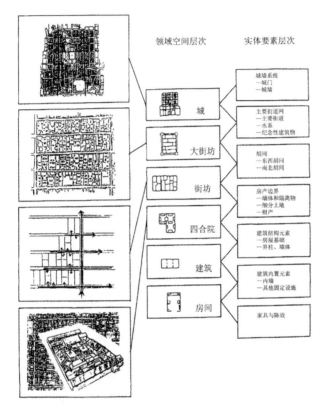

图6-1　北京旧城城市边界体系图

(原图为北京旧城空间结构要素层次及结构共性)

资料来源:吴良镛.北京旧城与菊儿胡同.北京:中国建筑工业出版社,1994:118.

在图6-1中,实体要素层次除去家具与陈设外实际上就是一个完整的城市边界体系。其中墙、门、廊、街、巷属于边界要素体系,而院、院落组合(大小街坊)、园和城属于空间体系。空间体系与要素体系是同时存在,互为依托的。街巷、胡同既是要素体系,也是空间体系。

老北京城所建立的城市结构系统,是从最基本单元逐级过渡到整个城市的生成机制。无论是中国还是西方的传统城市,都"具有在整体控制下的动态适应性特点,也就是在特定城市整体控制性因素(包括礼制、文化共识或法规条令等)的控制下依照一定内在规律而进行的长期连续灵活的、小规模设计和建设行为,而不是阶段性的单一目标或无目标行为"[1]。中国传统城市的四合院体系就具有极大的灵活性,通过院落的横向及纵向发展,可以适应各种功能和地形,并能适应时间的变化。北京旧城

① 陈纪凯.适应性城市设计——一种实效的城市设计理论及应用[M].北京:中国建筑工业出版社,2004:83.

经过几百年的兴衰发展,无数住宅经历不断拆除、休整、重建,整个城市依然保持最初的结构和肌理,这归功于城市最初规划时所确立的整体控制原则和居住单元系统的灵活性。西方传统城市也具有同样的特征。吴良镛先生曾指出威尼斯和阿姆斯特丹之所以具有魅力,作为城市细胞的住宅和居住区所形成的肌理和质地是至关重要的,而住宅平面的基本类型与居住区结构是异常简单而有规律的,不同之处是威尼斯和阿姆斯特丹住宅建筑平面构成体系与"语言"各有不同而富有变化。这种简单和有规律的结构正是城市在整体框架控制下的弹性变化的基础。正是这种小尺度的基本城市单元,可以随城市地形和功能需求灵活变化,但整体的结构所呈现出的"拓扑"特性使得城市始终保持着一种本质的内在统一。

传统的邻里单位模式的住区规划依然是中心思维占主导地位,是一种封闭的系统。日本建筑师黑川纪章通过对现代功能主义规划的闭合系统的批判,来建立相反的系统模型:开放系统(图6-2)。在开放系统中,任何部分都与其他部分密不可分,从而形成一个整体的结构,代替了孤立的个体或部分的组合。这种开放系统与北京旧城城市体系不谋而合。

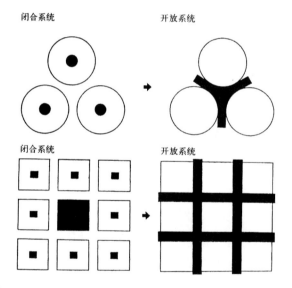

图6-2 闭合系统与开放系统示意

资料来源:[日]黑川纪章.黑川纪章——城市设计的思想和手法[M].覃力等译.北京:中国建筑工业出版社,2004:34。

对于当代住区规划而言,就是建立一个以组团为空间单位,以街区为生活单位的组织框架。一系列组团和一系列街区形成大组团和大街区,再形成城市的系统。这是一种内在的结构,是城市的基因。 同时,这应该是一个开放的系统,能够满足城市公共生活和公共服务功能统一的需要,并具有一种能适应城市变化的灵活性。

6.1.2 建立协调机制

伊利尔·沙里宁在《城市——它的发展、衰败与未来》中提到城镇建设和社区发展的原则时指出，城市的发展过程基本上与自然界任何活的有机体的生长过程相似，所以应该将城市作为有机体来对待："在有机生命中看到两种现象：一种是许多个体的细胞，另一种是这些细胞相互协调而形成的蜂窝状结缔组织""我们还发现，所有生物的生命力，都取决于：第一，个体质量的优劣，以及第二，个体相互协调方式的好坏""事实上，当我们仔细研究自然界的变化过程时，就会发现'表现'和'相互协调'这两条基本的原则，前者使个体的形式能够把藏在外形下面的含义真正表达出来，而后者则使许多个体形式组成有机的整体"①。当代中国城市的问题就是过于强调个体形式的表现方面，被封闭边界包围的个体，包括各种集体空间和集中式的建筑，都呈现出疏离的状态，而忽略了个体形式之间的协调，以至于城市难以形成有机的整体。

如果希望城市能够如活的有机体一样健康发展，必须遵循协调原则，建立有效且灵活的协调机制，使城市产生有机秩序，只有城市个体之间表现出相互协调的能力，足以维持有机秩序时，城市的发展才会具有活力。而如果继续按照当今的状况发展下去，城市的有机秩序将最终遭到破坏，城市的衰退就不可避免。

6.1.3　考虑空间权益

现代主义规划主要从技术理性的角度进行功能上的明确划分，缺乏对文化与社会的深刻影响思维考量。中国的住区规划一方面深受现代主义规划思想的影响，另一方面长达半个世纪的集体主义倾向也造成"空间权益"观念的淡漠。然而，在《物权法》已经颁布，人们对于自身权益逐渐觉醒的今天，规划再也不是"纸上画画、墙上挂挂"的自我欣赏，更不是如对待机器一样可以毫无情感和立场。"在规划的编制和审批中，要有城市公共物品、市场物品和社区物品的清晰概念。'建筑区划'内部与外部的道路、绿地、公共场所、公用设施及服务用房的法定'权属'极为不同，路边停车位、临时车位与规划的固定车位的经济意义也完全不一样，所以在规划图示中就要特别小心。总之，今后的规划师必须要有权益意识及维护社会公平的价值取向"②。所以，考虑空间权益应该成为住区规划边界控制的重要控制原则。

在空间权益的控制中，本书认为应该将公共空间的权益放在首位。《物权法》主要是对私人物权的保障，而在公共利益上的保障较为薄弱。建议增加公共利益保障的条款，或者出台类似"公共物权法"的法律法规，将公共空间权益真正纳入法律层面。

---

① ［美］伊利尔·沙里宁.城市——它的发展、衰败与未来 [M]. 顾启源译.北京：中国建筑工业出版社，1986：9.

② 赵民.物权法与城市规划关联性的若干讨论 [J].上海城市规划，2007（6）：6.

6.1.4 关注日常生活

伊利尔·沙里宁提到"城市的问题基本上是关心人的性质的。城市的改善和进一步的发展，显然应当从解决住宅及居住环境的问题入手，而不应当像我们经常见到的那样——着眼于广场、干道、纪念性建筑，以及其他引人注目的东西"①。我国城市的发展一直表现出对宏大的纪念性尺度的热衷，对百姓日常生活的关注远远不够。然而，城市健康发展的基础确实源自最基本、最普通也最普遍的日常生活。如果在城市中缺乏容易到达的开放的公共空间，人们只能待在家里或小区的围墙内，造成城市公共生活的缺乏，这也使人们更加不关心公共利益，而城市也会由于公共生活的缺乏而活力尽失。

政府应该意识到公共生活、公共空间以及公众对公共利益的关注是城市文明的重要指标，而当前封闭的居住模式在很大程度上限制了这种公共性和开放性。尽管政府已经加大对公共空间建设和维护所投入的力度，如城市开放公园体系的建设，但这些尺度巨大的公共空间由于距离的原因并不能为大多数居民所充分享用，与日常生活的关系也不大。公共空间应体现在居民日常生活容易到达，并能支持日常的公共生活。所以，与其建设大尺度的公园，不如在遍布城市的居住环境中结合居住生活建设小尺度的开放的公共空间，并予以日常的维护管理，将这种公共空间的建设同城市街道、广场及城市公共功能纳入一个统一的体系，在进行物质建设的同时，大力倡导城市公共生活和公共利益为重的观念。并通过法律法规限制私人或私人群体对公共利益的侵害。

"日常生活空间的城市设计就是要关注那些涉及市民日常生活的公共空间的营造及管理，其目的是为不同的城市社区服务，维护他们的利益"②。作为城市和住区的规划者，应当将关注日常生活作为一种原则和基本责任，通过规划和空间设计的手段让日常生活重新起到激发城市活力的作用。

6.2 政策法规

法规控制主要体现在控制性详细规划的层面。对住区尺度的控制、对路网结构的调整、对空间层次的安排、对功能混合的把握都可以通过法规进行有效控制。这是从城市的角度对住区规划进行控制的手段，有别于现有的局限于住区自身的控制体系。

---

① [美]伊利尔·沙里宁.城市——它的发展、衰败与未来[M].顾启源译.北京：中国建筑工业出版社，1986：4.
② 张杰，吕杰.从大尺度城市设计到日常生活空间[J].城市设计，2003（9）：44.

　　我国通过《居住区规划设计规范》和《城市道路设计规范》等规范对居住区和城市道路的规划设计做出相应的规定。但是,对城市道路和住区之间,以及不同住区之间的边界并未做出有针对性的设计规定。唯一对边界有直接影响的是建筑物的"退线距离"和"退界距离"的规定,但也正是该规定在一定程度上造成后退距离内的土地功能不明确、利用率低下以及城市街道景观的单调乏味。为了在土地开发和城市建设中对土地进行有效的控制和管理,我国的城市规划相关法律法规规定了城市中各种用地的界限,如道路红线、建筑控制线、黄线、紫线、蓝线、绿线等。其中道路红线和建筑控制线遍布城市,对城市土地开发、规划设计及建筑设计影响最为深远。

　　道路红线的确定以及建筑后退道路红线的距离对城市空间和景观的影响极大,但在我国一直没有得到应有的重视。这里分为两个问题:一是道路红线的宽度确定;二是建筑后退红线的距离确定。其中道路红线的宽度主要影响城市街道的尺度,而后退红线的距离除了影响街道空间尺度外,还对城市沿街景观和公共空间有很大影响。

　　笔者认为,应在城市道路规范和居住区设计规范之外,增加"边界设计规范",对城市用地的边界做出一系列规定,从而对城市的边界进行有效控制,并引导对边界设计的重视。

6.2.1　边界开放控制

　　目前针对不同的城市用地,城市规划管理部门也会对公共空间加以保护性限制,如退后红线、街角设置一定面积广场等硬性要求,或通过容积率奖励措施鼓励开发机构为城市开放空间做出贡献①。建议在控制性详细规划阶段,除了对容积率的限制外,应再设置一个对城市开放程度的限制条件——住区对城市开放率,即任何一个单独的项目,其基地内对城市开放的公共空间的面积与基地总面积之比。在这种法规的限制下,开发机构可通过以下三种方式增加住区的城市开放率:

　　(1)退道路红线,将其退后空间纳入城市开放空间。在《北京地区建设工程规划设计通则》中规定了城市道路两侧(即非交叉路口的路

---

① 　如《上海市城市规划管理技术规定》(1994 年 8 月 1 日上海市人民政府批准)就规定市区旧区的建筑基地为社会公众提供开放空间的,在符合消防、卫生、交通等有关规定的前提下,可按照一定的规定增加建筑面积。并对开放空间的条件做出了详细规定:开放空间是指在建筑基地内,为社会公众提供的广场、绿地、通道、停车场(库)等公共使用的室内外空间(包括平地、下沉式广场和屋顶平台)。开放空间必须同时符合下列条件:(1)沿城市道路、广场留设;(2)任一方向的净宽度在 6m 以上,实际使用面积不小于 150m²;(3)以净宽 1.5m 以上的开放性楼梯或坡道连接基地地面或道路,且与基地地面或道路的高差在 ±5.0m 以内(含±5.0m);(4)提供室内连续开放空间的,其最大高差为 -5.0m ~ +12.0m,且开放地面层;(5)向公众开放绿地、广场的,应设置座椅等休息设施;f. 建设竣工后,应设置相应的标志,并交有关部门管理或经批准由建设单位代行管理;(6)常年开放,且不改变使用性质。

段）建设工程与城市道路距离的宽度，详见表6-1[①]。

居住建筑与一般城市道路红线之间的最小距离 m 表6-1

		0<D≤20		20<D≤30		30<D≤60		D<60	
		无口	有口	无口	有口	无口	有口	无口	有口
居住建筑	0<H≤18	>1(>0)	>1(>0)	>1(>0)	>1(>0)	>1(>0)	>1(>0)	>1(>0)	>1(>0)
	18<H≤30	>1(>0)	>1(>0)	>1(>0)	>3(>0)	>3(>0)	>3(>0)	>3(>0)	>3(>0)
	30<H≤45	>1(>0)	>3(>0)	>3(>0)	>3(>0)	>3(>0)	>5(>3)	>5(>3)	>5(>3)
	45<H≤60	>3(>0)	>3(>0)	>3(>0)	>5(>3)	>5(>3)	>5(>3)	>5(>3)	>7(>5)
	H>60	>3(>0)	>5(>3)	>5(>3)	>5(>3)	>5(>3)	>7(>5)	>7(>5)	>7(>5)

表6-1规定了退红线的距离，但并未对该距离中的土地使用性质进行规定。这就导致后退的这一段成为功能不清的含混地带。一般来说，无论这一后退之后剩下的空间是在住区围墙内还是在围墙外，都最有可能被作为绿化带来处理。这种被动简单的处理方式，导致这个地带占用大量的城市空间而不被人使用，公共利用率极低，甚至挤占本来就不宽裕的人行道空间。而且由于缺乏管理，其绿化品质也得不到很好的保证，从而成为城市中最为尴尬的空间。由于几乎每个住区都有这样的空间，整个城市被浪费的土地和公共空间的数量可想而知。

实际上，退红线的规定本是城市边界形成公共空间的机会，但由于缺乏对公共空间的重视，这一空间反而不能得到有效利用，这是该法规的不足。所以，建议出台针对后退红线产生的边界空间法规，强调该空间的利用价值，并建立边界公共空间的建设和管理规范，推动边界绿地和边界荒地向边界空间的转变。

（2）在边界处合适位置设置城市开放空间。在城市街道的转角，住区入口区域，住宅山墙之间以及高层住宅之间空间与边界相接的区域都有设置城市开放广场、花园等的可能性。

（3）将城市道路纳入住区内部，使之成为城市开放道路，增加住区的可穿越性。

这三种方式都可对住区边界的城市公共空间做贡献。如果每一个居

---

① 本表为总表之居住建筑部分。本表说明如下：（1）表中数据的度量单位为米；（2）括号内数字适用于二环路以内地区；（3）退规划道路红线的距离系指建设工程首层外墙最凸出处与规划道路红线的距离（二层以上部分的距离可以适当减少，但最小距离不得小于相应数值的下一档数值）；（4）交通开口系指建设工程临规划道路一侧设置机动车进入建设用地的出入口；（5）当建设工程临城市道路的面宽大于道路红线宽度时，应按照表中数据乘以1.1的系数；（6）规划建筑与规划道路红线距离不一致时，各点距离的平均值不小于上表数值，且最小距离不得小于相应数值的下一档数值；（7）有关其他建筑在底层设置不大于1000m² 建设规模的商业用房时，应按照表中数据乘以1.1的系数；（8）城市道路两侧现有建筑物翻建或建设临时性建设工程，按规定保留距离的宽度确有困难的，可适当照顾。但建设工程与现有城市道路路面边线的距离，不得小于6～10m。选自北京市规划委员会.北京地区建设工程规划设计通则.2003。

住开发项目都能提供一定比例的城市空间,整个城市和所有居民都将受益。

那么,如何确定具体的开放面积比率呢?

在已作废的《城市居住区设计规范》(GB 50180-93)中并没有制定关于城市公共空间的面积要求,所提及的公共绿地比例规划要求是指住区内部的公共绿地。可以将现有的公共绿地指标划分为两个部分:一部分是为住区内部服务的绿地;另一部分是城市公共绿地部分。建议在总体绿地率规范指标不变的情况下,将一部分比例分给城市公共绿地。如一个10hm^{2}的住区,绿地率要求不低于30%,绿地面积即为3hm^2。如将30%分为5%和25%,其中5%是城市公共绿地,大约是5000m^{2}贡献给城市,使之为住区和城市共同拥有,这部分绿地的建设由开发单位负责,但政府可以进行适当的补贴和鼓励。管理可以由政府负责,也可以转给开发者或物业公司,政府通过奖励、补贴的方式对管理者进行一定补偿。这样在整个城市中,就会增加大量的公共绿地,且这些公共绿地是在居民步行范围之内能够到达的。城市公共绿地也可以与商业服务设施结合,这样可以增加土地的利用效率,增加公共空间的活力。

类似的法规已经在深圳开始实行。2006年,《深圳经济特区公共空间系统规划》出台。该规划要求,今后新建小区必须有5%~10%的公共空间,70%左右的地区步行5min可以到达公共空间,力图人均公共空间的面积增长到至少8.3m^2。规划根据用地权属将公共空间分为两类:独立占地和非独立占地。独立占地公共空间指具有独立的土地权属的公共空间。非独立占地公共空间指设在用地单位内部,通过建筑退线等规划控制而实现的公共空间。其中,对非独立占地公共空间的规定[①]是该规划的重点。规划认为"依靠法定图则等规划落实独立占地公共空间,尚不能使公共空间具有良好的步行可达性。同时,特区内可建设用地资源非常紧缺,规划并预留大量新的独立占地公共空间难度很大。因此,通过增加非独立占地公共空间,是目前提高步行可达范围覆盖率的最佳手段,同时也能提高人均公共空间面积指标"。规划建议:"当建设用地面积大于一定规模时,将被要求为城市提供不小于地块面积5%的用地作为非独立占地公共空间,其最小规模不应小于400m^2。在大量小型地块密集的地区,可由多个地块共同退让形成一个公共空间,公共空间的面积由各地块分担。"为了真正将该规划落到实处而不流于纸面,深圳市提出"政府主导、市场

[①]　该规划对非独立占地公共空间规模做出如下规定:边长应控制在 20 ~ 100m,面积应控制在 400 ~ 10000 m^2。其中广场空间的边长应控制在 20 ~ 50 m,面积控制在 400 ~ 3000 m^2。并对公共空间的设计提出建议:(1)公共空间应与城市道路相邻。(2)必须至少提供 1 个临路开敞的边界;若多个公共空间相邻,相邻空间的边界应保持开敞。(3)广场空间的绿地率不应低于 30%,绿化覆盖率不应低于 45%;绿化空间的绿地率不应低于 70%,绿化覆盖率不应低于 85%。(4)座椅的数量:每 10 m^2 的广场空间必须提供长度不少于 1m 的座椅(包括主要座椅和辅助座椅);辅助座椅的总长度不应超过总座椅长度的 50%。深圳市规划局网站.深圳经济特区公共空间系统规划,2006。

参与"的原则：公共空间虽然本质上是一种公共物品，需要政府的大力推动和实践，同时也离不开广大房地产开发商与业主的基于公共与个体间双赢原则的公益奉献。未来，深圳公共空间的实施主体包括各级政府以及在适宜鼓励政策引导下的开发商或业主。[①]

另外，残余空间意识的建立是非常必要的。设计开始，就应该意识到是否会产生大量残余空间，这就在原有的评价标准上增加了一条重要标准，即能否最大限度地利用每一寸土地，并尽可能少地产生残余空间。对于无法避免的残余空间，应提出如何利用的方案。

避免和减少残余空间应从设计思维方面进行转变，即将注意力从规划结构的中心和主体转到边界，从边界出发生成新的规划结构，并不追求单个地块上的结构完整，而应从更大的尺度上考虑整体性。这样，当住区的边界不再是屏障而是"缝合线"或相互融合的地带，残余空间自然会转化为积极的公共空间。

有效利用残余空间首先要意识到残余空间的存在，并善于发现残余空间。如在进行城市设计和住区规划时预料到残余空间的存在，并在设计中提出利用的策略和方案，也就在一定程度上避免了残余空间的出现。

从法规控制的角度来说，对于住区规划，如果规定残余空间面积占整个基地面积的比率（即"残余空间率"）不得小于一定的数值，并将该规定作为住区规划的控制性法规，将使设计者在设计伊始就关注残余空间的问题，并体现在设计成果之中。残余空间率的控制，将会使土地的利用率增高。

与开放空间面积比率相适应，对开放空间位置的规定是必要的，即在住区的某些位置强制性地规定设置城市开放公共空间。如所提到的城市街道的转角、住区入口区域、住宅山墙之间以及高层住宅之间与边界相接的区域等均可设置小广场、小花园等可以容纳日常公共生活行为的场所。在前面提到的残余空间主要就产生在这样一些被忽视的区域。其中，建议规定住宅山墙之间和街道转角围墙内外的空间作为城市开放的公共空间来处理，而不应该简单化地用铺地、绿化甚至裸露土地敷衍了事，其中街道转角的残余空间应该得到最大的重视（图6-3～图6-6）。

① 公共空间的控制引导将通过三个途径来实现：（1）将定义和控制办法纳入《深圳市城市规划标准与准则》，以指导未来的规划设计；（2）作为法定图则的编制内容，保障公共空间的用地规划的法律效力和有效实施。法定图则应按照人均面积指标要求，落实独立占地公共空间的用地，并以步行可达覆盖率的指标校核布点。在条件有限的情况下，可以配置非独立占地公共空间，以图例（类似公共设施）的形式表达；（3）针对非独立占地公共空间，在土地出让过程中，将非独立占地公共空间的建设责任明确加入到《建设用地规划许可证》中，作为地块出让的前置条件，并给予相应的奖励。同时，作为规划实施的引导，规划在完成全特区的配置标准和设计导则之外，还将为各区政府提供一套《公共空间建设指引》，说明辖区内各街道的公共空间建设现状，提出建设重点建议，作为政府近期建设的技术指引。深圳市规划局网站.深圳经济特区公共空间系统规划，2006。

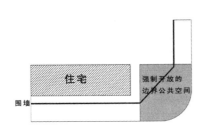

图 6-3　街道转角可利用的城市空间图示（左上图）

图 6-4　街道转角可利用的城市空间（右上图）

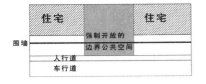

图 6-5　住宅山墙之间可利用的城市空间（左下图）

图 6-6　住宅山墙之间可利用的城市空间（右下图）

　　另一个重要的位置，也是最容易被人忽视的位置是相邻住区之间围墙两侧的空间。《北京地区建设工程规划设计通则》对退让相邻单位建设用地边界线距离的规定见表 6-2[①]。

建筑物退让相邻单位建设用地边界线的距离　　　　　　　　表 6-2

		板式建筑（南北朝向）	板式建筑（东西朝向）	塔式建筑
北边界	计算公式	$0.8H$（当$0.8H \leqslant 14m$时） $1.6H-14$（当$0.8H>14m$时）	$0.5H$（当$0.5H \leqslant 14m$时） $1H-14$（当$0.5H>14m$时）	$0.6H$（当$0.6H \leqslant 14m$时） $1.2H-14$（当$0.6H>14m$时）
	退让距离（m）	5~106m	5~30m	5~106m
南边界	计算公式	$0.8H$	$0.5H$	$0.6H$
	退让距离（m）	5~14m	5~9m	5~14m
东西边界	计算公式	$0.5H$	$0.75H$（当$0.75H \leqslant 12m$时） $1.5H-12$（当$0.75H>12m$时）	$0.5H$
	退让距离（m）	5~9m	6~38m	6~38m

注：1. 表中的 H 为拟建工程所在用地地块的规划建筑控制高度。2. 朝向指该建筑主

① 为了合理使用城市各类用地，公平地保障相邻用地单位权益，有效地维护城市空间环境，根据有关规划原则和法规特制定关于建筑物退后用地边界的掌握标准。除沿城市道路两侧按规划要求毗邻联建的商服公建、在居住区中按总体规划统一建设的各类建筑和在城市建设用地上按详细规划同期建设的各类建筑外，凡在单位建设用地上单独进行新建、改建和扩建的二层或二层以上各项建设工程，均应按表 6-2 所列计算公式计算建筑物退让相邻单位建设用地边界线的距离。当建筑物临规划城市道路红线时，除符合建筑退让规划道路红线距离外，不得影响道路红线另一侧相邻单位建设用地的权益。当建筑物临区间路以下道路时，以道路中线计算后退边界线距离（当该道路为本单位代征时，以代征范围计算后退边界线距离）。当其相邻用地内有现状（或已审定规划方案的）建筑时，还应符合有关建筑间距要求。在相邻用地双方自愿协商且不违反相关法律法规的基础上，可按双方协议（包括文字意见和附图）的意见执行，不再按照表 6-2 计算建筑物退让相邻单位建设用地边界线的距离。北京市规划委员会．北京地区建设工程规划设计通则．2003。

要用房的开窗方向。3. 拟建建筑为居住建筑时,后退各方向边界距离均按照本表的规定执行.拟建建筑为公共建筑时,后退北边界距离应按照本表的规定执行。后退其他方向边界距离由规划行政部门参照建筑间距的相关规定提出。4. 退让距离栏中前面数字为下限(即按照计算公式计算结果小于该数字时按该数字执行),后面数字为上限(即按照计算公式计算结果大于该数字时按该数字执行)。

可以看出,如果是高层住宅区,其相邻住区相邻建筑之间的距离是相当可观的,但由于住区之间围墙的存在,建筑之间的空间被生硬地割裂,同时围墙两侧的土地与后退道路红线的围墙一样被简单化处理,从而失去宝贵的可使用的公共空间。尤其是南北朝向板式住宅山墙之间的空间和东西朝向板式住宅长边之间的空间,以及塔式住宅之间的空间均会出现这样的问题。建议通过法规的制定规定住区之间以用地红线为基准,根据住区占地面积设定各自的公共空间贡献指标,设置两个住区共用的公共空间(图6-7)。

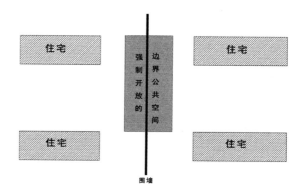

图6-7 相邻住区之间边界的公共空间规定图示

6.2.2 红线法规调整

我国当前普遍实行的建筑后退道路红线的规定,要求新建的任何建筑都要根据法规后退道路红线一定距离,并以建筑控制线为控制标准。然而,这样的标准也造成建筑与街道之间缺乏联系,街道宽度过宽和人体尺度的丧失。后退的部分由于权属不清,经常沦为无人使用的荒废绿地甚至裸露的土地。

新都市主义代表人物之一的丹尼尔·所罗门(Daniel Sdomon)提倡用压红线替代退红线。他认为"压红线"的提法更具建筑性,规定了由建筑物限定的空间的形状,给予了建筑师一定的灵活度以满足不同项目的需要,也为他们的个性创作留有余地。压红线建造方法确立了以正立面为主的法则,使每个建筑物都成为限定公共空间的整体建筑群中的一个部分[1]。实际上,所罗门所提倡的压红线正是西方传统城市

---

[1] [美]新都市主义协会编.新都市主义宪章.杨北帆,张萍,郭莹译.天津:天津科学技术出版社,2004:124.

街道的模式：建筑与街道紧密结合，街道的空间形态由建筑所塑造，在建筑与街道之间并不存在退红线后的过渡或缓冲空间。这样，街道就完全是明确的公共场所，与私密的室内空间仅一墙之隔。

为了重拾传统的街道感，重新建立人性化的城市住区边界空间，笔者建议对法规中所规定的建筑后退道路红线这一规定做出适当的调整，具体调整措施如下：

（1）对于街道两侧或一侧有底层商业的城市支路或住区生活性支路，可不执行建筑后退道路红线的规定，但要满足其他的相关规范，如防火规范等。这样，沿街的商业建筑可压红线建造，不仅增加了商业公共建筑面积，同时也容易形成边界清晰、尺度宜人的街道空间。

（2）对于城市次干道，可将建筑控制线改为建筑控制带，允许在控制带的范围内自由调整建筑的位置。这样可使道路两侧的建筑界面不会过于整齐划一，而呈现一定的进退凸凹效果，从而也为街道的边界提供大量城市公共空间。建筑控制带的进深不宜过宽，以 3 ~ 5m 为宜，否则会破坏街道的连续性。可根据建筑的沿街宽度规定相应的控制带，即后退道路红线的距离。

总之，应该调整红线规范一刀切的惯常做法，挖掘红线两侧可利用的公共空间潜力，减弱红线的强制性，增加红线的弹性。

6.2.3 住区规模控制

欧洲城市的街区尺度一般都远小于我国当代大街廓的尺度。小的街区即便是封闭起来也不会对城市造成结构性的伤害。小型街区的组合使得在较小的区域内产生最大量的街道和临街面，这样的结构会使商业利益最大化，引发高密度、高频率的社会、文化和经济活动，促进社会交往，激发城市活力。再次提到克里尔的观点："只有人们可以到达的地方才有商机。因此，一个环境使人们有可能穿越，可以从一个地方走到另一个地方是产生聚合效应的关键手段。"[①]一个划分成小地块的街区的区域要比只划分成几个大块能提供更多的交通可选择性。这也就是街区尺度的法则。如果通过法规限定被围墙包围，对外封闭的住区占地面积，则会防止超大封闭住区的出现。如果基地大于限制的面积要求，可以要求开发者将住区分裂成若干封闭组团，组团之间是对城市开放的街道，而使整个住区呈现较强城市性，而组团的封闭也能保证私密性。

那么如何控制封闭住区的规模呢？首先是街区的尺度和城市路网的密度控制，其次是被围墙包围的组团的尺度控制。我国《城市居住区规划设计规范》规定，居住区用地为 50 ~ 100hm^2，居住小区用地为 10 ~

---

① [英] 克利夫·芒福汀.绿色尺度 [M].陈贞，高文艳译.北京：中国建筑工业出版社，2004：160.

35 hm²，而居住组团用地为4～6 hm²。居住区级道路相当于城市次干道或一般道路，是划分居住小区的主要道路。城市次干路的交叉路口间距推荐值是350～500m，这与居住小区用地的面积规定大致相符。所以，当前一般的居住小区边界尺度350～500m在一定程度上是我国的道路规划所决定的。文国玮在《城市交通与道路系统规划》[①]中将居住区内部道路分为四级：

（1）居住区级道路：相当于城市次干道或一般道路，红线宽度20～40m，路面宽9～16m；

（2）小区级道路，是联系小区内各生活单元的道路，红线宽度15～20m，路面宽7～10m；

（3）居住生活单元级道路，是居住生活单元内的主要道路，路面宽4～6m；

（4）宅前小路，是通向各户（院）各单元的门前小路，路面铺装2～3m。

对于城市道路交叉口的间距，他推荐的数值见表6-3。

城市道路交叉口推荐间距值　　　　　　　　　　　表6-3

道路类型	城市快速路	城市主干路	城市次干路	支路
设计车速/（km/h）	≥80	40～60	40	<30
交叉口间距/（m）	1500～2500	700～1200	350～500	150～250

笔者认为，应减小我国当前普遍采用的350～500m的封闭街区规模，而改为150～200m为宜，面积控制在2～4hm²，人数在1000～2000人。这与居住组团级的用地和人口规模是相应的，也与目前我国居委会所管辖的范围相符。从邻里角度来看，这个规模也是比较适合的。C·亚历山大曾提出人的认知邻里范围直径不超过274m，按此计算，邻里的面积大约是5 hm²。从邻里的人数来看，佩里的邻里单位的建议人数是3000～5000人，略高于我国居住组团的人口规模，但小于居住小区的人口规模。

从住宅的布局来看，建筑的日照间距是决定地块进深的决定性因素。如果是6层的住宅，层高3m，按照北京地区日照系数1∶1.7来计算，日照间距为30.6m，加上住宅的进深约12m，可以计算出150m进深的地块可容纳四排住宅，住宅两两组合成一个院落，则可形成两个院落。如果是15层的高层住宅，则至少可容纳两排。150m也是我国城市交叉口中支路间距的推荐值。可见，150m进深的地块是各种住宅形成院落空间单元的合适的下限尺度，而150m地块的宽度也符合住宅的宽度及横向排布的要求，这个边界的尺度要比当前我国普遍的封闭小区

① 文国玮. 城市交通与道路系统规划 [M]. 北京：清华大学出版社，2001：116.

的尺度小得多。

通过以上分析,笔者建议缩小封闭住区的尺度,以组团或略小于组团的规模为居住基本单元来组织城市空间。相对于居住小区,这种尺度"瘦身"具有以下优点:

(1)邻里空间更加明确,领域性更强,并与社会组织单元相适应。

(2)路网密度加大,有效缓解城市干道交通压力。

(3)增加了住区边界对城市的接触面,带来更多公共空间和商业机会。

(4)居民出行和公共行为的可选择性及灵活性大大增加。

(5)为住区规划的多元性和城市景观的多样性提供了基础和条件。

6.2.4 连续界面控制

界面是城市景观最重要的影响因素之一,如克里尔所言的欧洲传统城市如同房屋的见解,欧洲城市外部空间的界面就如同没有顶棚的房屋墙壁。在欧洲,传统城市多以连续而丰富的街道界面和广场界面来反映整个城市的风貌,表现城市的文化。连续的界面由无数建筑的立面(facade)组成,檐口高度、开窗形式乃至材料色彩等往往受到某种成文或不成文的规范限制,从而使界面呈现一种内在的统一性。尽管一个人对城市的感受是综合的,但街道和广场界面的整体感还是极大程度上决定了城市的整体感。即使在现代的西方城市中,边界的连续和整体性依旧是建筑师在进行城市设计和住区规划中首要考虑的因素。

除了建筑的立面构成界面的主体外,大量非固定元素也是形成界面不可缺少的组成部分,甚至在很多情况下决定界面的特征。如住宅阳台和窗台上的花盆及其他摆设,商业招牌及广告牌。在夜间,灯光的效果让界面的"表情"与白天大异其趣,呈现完全不同的视觉效果。

现代城市的界面遭到严重破坏。毫无关系的建筑排列在街道两侧,各说各话,每个建筑都如同表现欲望强烈的人在极力表现自己,丝毫不顾及整体的形象。人们对城市的认知不再如传统城市那样清晰。"城市的意象"更多通过孤立的建筑或者说标志物来建立,而不再是界面。然而,标志物的形象由于缺乏统一背景的衬托,而在无数标志物的海洋里挣扎,最终只有通过巨型体量或夸张形式等方式努力争夺注意力,从而让城市陷入视觉上的混乱。

比较北京和上海具有城市尺度的界面就会发现,外滩作为巨大的城市界面早已成为世人心中的上海象征,是最为成功的城市设计作品,在上海的"城市意象"中占据突出的位置。而当代北京则缺乏如此强有力的城市界面。北京的长安街是没有界面的"街道",无数建筑各自为政，无法形成连续性。传统的北京城墙尽管是连续的边界，但并没有形成"界面"，这一点可能与中国建筑无"立面"的特征有关系。学者赵辰在其文章《'立面'的误会》中对这一问题提出了自己的见解："当人们沿着威尼斯的大运河游历时，所见到的正是沿河的各个建筑的立面，每一个重要的建筑都有一张精美的'脸蛋'（face）面向大运河（对许多建筑来说，这也是唯一的可视立面），向人们展示自己的风采，正如同每个人只有一张脸面对世界一样。这一张张各具风貌与特色的立面构成了沿河（在其他城市则是沿街）的立面'交响曲'。这就是城市的立面之景。"[①]

赵辰认为，中国很多学者混淆了"facade"和"elevation"，这两个概念有本质的区别，却共用一个中文名称，即"立面"。中国学术界用西方建筑常用的立面分析研究方式分析中国古典建筑，显然是一种严重的误解，因为中国传统木构建筑体系中并无facade这种概念，也就不存在facade。受到赵辰学者的启发，笔者认为西方城市的界面是由连续的facade组成，这是西方城市景观的精髓所在。而中国城市并无这样的传统，这也是导致中国当代城市缺乏"界面意识"的重要原因之一。上海外滩正是由西方人所建造，所以才忠实地反映了西方城市和建筑的基本特征，并与上海独特的自然景观相结合，这才造就了在中国独具特色的"城市界面"，而这种界面在西方国家的传统城市中却并不少见。

在国外对边界的研究中，很重要的一个方面是法规的制定，主要是规定土地的利用、公共空间的使用和街道界面的美学形态。如在《The Code of the City》[②]中，作者就探讨了法规对城市规划和建筑设计的重要影响，而城市的面貌与其说是城市规划者和建筑师所为，还不如说是他们在法规的限定下，或谨慎遵循，或大胆突破，或无奈妥协的产物。乔纳森·巴奈特（Jonathen Barnett）的《都市设计概论》（An Introduction To Urban Design）也大量提到美国的城市规划法律法规对城市街道的形态所造成的重要影响。尽管作者谈的是都市设计，但更多的是从城市规划立法和土地使用政策的角度研究都市三度空间的设计。

在美国贝尔维尤市的城市设计指南《建筑／人行道的关系》中，沿街的边界即位于建筑物首层和建筑物与路边相隔的水平空间之间的关系被予以最大的强调。该指南"制定了一系列城市设计目标（包括突出特色，创造舒适的步行环境，建筑物促使行人采用步行方式所起的作用，可选择的行人优先权，与附近小区的联系），并讨论了由这些目标衍

① 赵辰. 立面的误会——建筑·理论·历史 [M]. 北京：生活·读书·新知三联书店，2007：122.

② Eran Ben-Joseph. The Code of the City—Standards and the Hidden Language of Place Making. London, England：The MIT Press，2005。

生出的一系列设计问题。这些问题基本上构成了一整套设计原则（围合、建筑首层具有生气勃勃的使用情况、人行道的宽度、栽种植物、街道设施等），根据这些而制定的设计指南被阐述为五个不同的'通行权等级'，它们对待行人在各种交通方式中的地位有不同的定位，并具有不同的尺寸和设施，以及不同的建筑首层设计手法。另外，这份文件中还包含对'建筑边界状态的限定'，它关注建筑设计应如何与街道相呼应，并且对下列方面进行讨论：门窗设置，沿街墙面、入口、区分建筑首层（使其与其他楼层产生差别）、拱廊/雨篷等，还包括路面铺装、景观设计和街道设施"①（图6-8）。

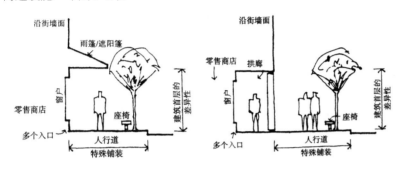

图6-8 贝尔维尤市街道A级通行权范例

资料来源：[加]约翰·彭特. 美国城市设计指南——西海岸五城市的设计政策与指导 [M]. 庞玥译. 北京：中国建筑工业出版社, 2006：59.

当代城市街道两侧大量的高层建筑使得街道的尺度空间控制显得尤为重要。街区尺度的设计中，需要保证空间界面连续性的同时减少高层建筑对街道空间的压抑感。西方城市设计法规中的"街道墙"概念就是为了满足这样的双重要求而产生的。

街道墙（也有称为城市墙）这一词汇由 urban wall 或 street wall 翻译而来，指的是构成街道、广场的界面。在欧美对城市设计的规范中，对于街道墙的设计有十分明确和细致的要求。其中，为了使两侧布满高层建筑的街道能够具有人体尺度，对沿街底层建筑的檐口和立面的细部设计做出一系列规定（图6-9）。

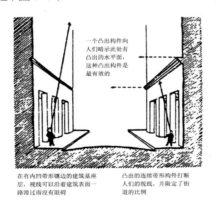

图6-9 美国旧金山市城市设计对街道墙的控制要求

资料来源：[加]约翰·彭特. 美国城市设计指南——西海岸五城市的设计政策与指导 [M]. 庞玥译. 北京：中国建筑工业出版社. 2006.123.

① [加]约翰·彭特. 美国城市设计指南——西海岸五城市的设计政策与指导 [M]. 庞玥译. 北京：中国建筑工业出版社，2006：59.

189

住区边界是城市街道的界面,其形象应该具有公共属性。从尺度上说,应从城市尺度、街区尺度和人体尺度三个层面来处理住区朝向城市的边界立面形象。

1)城市尺度:沿街建筑的整体形象,包括天际线、色彩、立面构图的韵律等

城市尺度属于远观尺度,主要包括两个方面:一是住宅群体的整体轮廓即天际线;二是住宅群体立面形象,包括比例、色彩、材料以及立面的开窗、阳台等基本构图。在城市尺度层面重点要注意边界的整体性,并使其体量、风格等尽可能与其周围环境取得呼应,与其相邻建筑产生对话。总体而言,城市尺度的边界形象应该本着成为"城市背景"的原则,而不应该标新立异、哗众取宠。

界面设计的原则对于城市结构与形象的作用是至关重要的。界面主要表现在两个方面:水平方向的平面和垂直方向的立面。界面设计最重要的原则是在保证其连续性的同时,还要为城市公共空间做出贡献。

图6-10是纽约曼哈顿分区管制的局部,从平面图中可以看到,为了形成完整的街道感,沿街的建筑严格遵守界限法规的要求,这对城市空间和肌理的形成起到关键作用。从轴测图可以看出,界面的管制不仅仅是二维的,更是三维的控制(图6-11)。严格按照该管制规范执行,沿街的建筑真正起到形塑城市街道空间的作用,城市景观和公共空间的品质得到有效保证。

图6-10 纽约曼哈顿分区管制局部平面图(左图)

资料来源:[美]乔纳森·巴奈特.都市设计概论[M].谢庆达,庄建德译.台北:创兴出版社有限公司,2001:30。

图6-11 纽约曼哈顿分区管制局部界面图(右图)

资料来源:[美]乔纳森·巴内特.都市设计概论[M].谢庆达,庄建德译.台北:创兴出版社有限公司,2001:31。

2)街区尺度:沿街底层建筑的连续景观,包括洞口、缝隙等对连续性地打断

街区尺度属于中观尺度,是街道形象的关键尺度。人在街道上行走,很少会注意到城市尺度的边界形象,而会马上被街区尺度的形态所吸引,这说明街区尺度最容易为人所感知。街区尺度包括围墙的形象、商业立面的连续性和丰富性以及环境的整体氛围。

3）人体尺度

人体尺度属于近观和微观尺度,包括商业店面的局部立面、城市公共设施、铺地等,是人体直接接触的尺度。人体尺度是环境设计的重点,与城市尺度和街区尺度主要体现在垂直面不同的是,人体尺度更主要体现在地面环境的处理上,如铺地纹理和材料、绿化设置、栏杆座椅等。

我国城市住区边界空间设计品质普遍不高的重要原因并不简单是建筑师的责任心和设计水平的问题,更关键的是没有针对住区连续界面建立详细的控制性规范,从而不能从整体上规范边界的设计。每一个住区各行其是,不同的开发商和建筑师处理边界的方式各不相同,且普遍重视不够。建立边界设计规范势在必行。

6.3　开发策略

6.3.1　土地价值细分

任何土地都不是孤立的,而是与城市有机体存在千丝万缕的联系,也只有与城市的血脉相通才能保持住区的永久活力。土地价值的增值不是通过将土地作为一件商品包装得漂亮就可,因为土地不是消耗品,人们无法消费土地,整个城市的土地是一个整体,不可分割,土地只是生活的载体,只有在土地上创造出真正的城市生活,才能让土地增值。

在计划经济时代,"由于土地市场的缺失,土地的经济价值无从谈起,也没有所谓的地块沿街面商业价值等概念。在这种社会背景下,人们必然缺乏对土地经济价值的考虑,认识不到通达的交通对地价的提升作用,更认识不到产权地块的存在意义"[①]。而在计划经济向市场经济转变的过程中,原来超大街区用地内的土地价值差异开始显现,需要对土地价值进行细分操作以使其符合市场的需求。

规划学者赵燕菁提出将土地价值进行分解的具体策略:将原来单块的土地分为核心、边缘和四角三种类型,大小不同的九个地块(图6-12)。在这个微观的成长单元中,用地不再是均质的,而是具有不同价值层次并适应不同的开发需求的相对较小的一系列地块。这样在一个土地单位里,既有位于最佳视线交汇处适于商业开发、地价较高的"角",又有远离干道交通干扰,便于成片开发、地价较低的居住建设用地的"核",还有介于两者之间——既靠近干道地价又较低的"边"。这样原来只能"批发"的成片土地,可以针对不同的需求,进行更有效率、经济效益更好的"零售"。原来主要针对单一功能的地块,可以进行"混合式"的开发。在微观上,将地块规划为完整的成长单元,使每个地块的功能不致因其他地块功能

① 沈娜,梁江.中美土地开发控制模式在微观层面上的比较.2007中国城市规划年会论文集[M],2007:1861。

没有形成而影响其开发。同时，加密路网后的地块临街土地成倍增加，地块纵深的价值大大提高，整个土地的价值可以得到更好的体现[①]。

图6-12 土地价值分解示意图

资料来源：赵燕菁.从计划到市场：城市微观道路—用地模式的转变[J].城市规划，2002(10)：24。

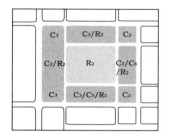

所以，充分认识和发掘住区边界的潜在价值、包括其空间和社会价值、商业价值、城市景观和生态价值等，城市土地将得到更高效的利用，这对于人多地少的中国，其意义不言而喻。其中，边界残余空间价值的发现、利用和开发对城市具有重要意义。这些在主流空间之外的边缘空间，整体结构遗留的边角余料，甚至被称之为"垃圾空间"的角落、旮旯，是城市日常生活极为重要的载体，也是城市文化的重要体现。只有增加边界对城市的开放面，充分利用边界地带被忽视和浪费的残余空间，才能有效提高住区的经济效益和社会效益。

封闭住区规模的缩小，城市路网的加密，让住区边界的对城市接触面大大增加，可被利用的商业带长度增加，密度也增加。在同样面积的城市区域，城市公共空间和城市人流的增加直接带动商业的发展，这就是边界空间的效益法则。

6.3.2 混合功能开发

如想要充分挖掘和发挥土地的潜力，提高土地的利用效率并使之更符合市场的需要和满足居民多样化的实际需求，必须改变以往功能主义的规划思想，代之以更为灵活和综合的土地利用模式和混合功能开发的策略。将一块几十公顷的土地分成若干街区，再分成若干组团，由不同的开发商共同开发。这种方式极大地增加了土地的潜能价值，赋予城市以多元的特征。不同的开发理念汇集于一个区域，统一在共同的开发原则之下，理念的交织与碰撞必然会激发城市的活力，这与大规模开发导致的区域匀质化倾向大相径庭。合作开发，降低了每一个开发者的风险，即使整个街区由一个开发商获得，也有机会在不同的街区和组团实现不同的理念，为城市景观和生活的丰富性做出贡献。

混合开发是当代城市社会的多元化发展对住区规划的需求所致，如万科城市花园的商业街模式、建外Soho的soho模式等，依然是以居

---

① 赵燕菁.从计划到市场：城市微观道路—用地模式的转变[J].城市规划，2002(10)：24。

住为主,但通过法规规定城市公共设施和功能的进驻,并规定其规模或比例,是使住区与城市产生互动的有效方式。

现代城的规划中在商业和住宅区域之间引入一条生活性支路,成为居住功能和城市之间的缓冲和中介,不同性质的空间在此碰撞,激发城市生活的活力。在塔院小区的规划中,中央景观带两侧大量属于城市的商业服务设施的介入,让整个小区融入城市的生活中。宾馆、饭店、超市等固定的设施,修鞋、送水、水果摊等流动的设施,这一切构成生动的生活场景,在为居住生活增添方便的同时,也使人们对都市生活充满信心。沿海赛洛城将商业设置于贯穿整个住区的斜街上,打通了城市不同区域的分隔状态,将城市人流引入,从而营造了居住与城市生活和谐相容的区域空间,并对周边城市造成正面的影响。所以,在规划时就应当考虑功能混合,而不是在形成居住功能的整体后再加入其他功能,这与异质介入的思路不同,也体现了一种"微型城市"的理念,即在住区内部依然可以感受到城市生活的气氛,同时在都市中能感受到繁华背后的宁静与安全。这需要打破住区与城市之间的边界,在住区内部引入都市的公共功能,将都市感延续至住区内部,同时保持住区自身的独立性:私密、安全、安静。

阿尔多·凡艾克曾对住宅与建筑进行过这样的比喻"城市是一所大住宅,住宅是一座小城市"。而在中国,将这句话改成"城市是一个大住区,住区是一座小城市"可能更为贴切。中国传统的城市是"分形"的城市,即从四合院到街坊再到整个城市具有同构的特征,这种整体性与现代主义所提倡的"功能分区"的机械式城市观有本质的区别。由邻里单位组成的城市不可能是分形城市,然而将城市的每一个部分都作为一个微型城市对待,既可以自给自足,又向城市开放,住区就会摆脱当前的封闭状态,成为城市的有机组成部分。

6.4　规划结构

培根认为"今天城市设计的主要问题之一是过早地注重形态。形态是由设计结构推导出来的,而不应当照抄照搬设计结构。设计过程中一开始就造成带任意性的形态必然会使思想变得荒谬,阻碍基本设计创新精神的发展。形态一经形成,就很难取消,而必然在它不该发挥作用的地方强加其影响"。可见,培根对城市设计中强调形态而忽视结构和系统的做法是持批判态度的。对培根而言,规划应该是"一个连续的、不断变化的秩序的系统,这种秩序能把多种多样的单个行动相互联系起来,产生某种有内聚力的有机整体。……当它接收到瞬息万变的环境影响时,随时可以重新将自己进行再组织"[①]。

---

① [美]埃德蒙·N·培根.城市设计.黄富厢[M],朱琪译.北京:中国建筑工业出版社,2003:46,258,317.

边界的规划设计主要包括三个层面：规划结构、空间设计和界面设计。对这三个方面的认真考量是一个好的城市住区规划和城市设计的基本要求，也是实现较高城市空间品质的有效保证。其中规划结构是最为重要的一环，是城市生活空间和城市景观建立的基础。

6.4.1 从细胞到网络

在住区结构与城市结构融合的过程中，边界的打破和网络化起到至关重要的作用。城市边界网络是开放住区结构在城市尺度上的体现。从人类聚居空间形态的发展演进过程可以看出，从最初的圆形封闭的孤立聚落，逐渐演变成群体聚居系统，并最终形成网络。这与自然界生物从单独的细胞逐渐生长成有机的组织具有类似的过程（图6-13）。边界最终不再是隔离城市的元素，而应该成为城市任何部分之间联系的通道，并塑造出全新的城市网络肌理。从交通角度来说：网络的成功之处在于交叉点的可预测性，这为旅行者找路的时候提供线索和参考点。"……在网络系统中，由于交通均等的分散，实际上建筑临街面的每英寸都可用并可接近，在这种情况下，所有的道路可以从临近的地方、私有的土地上直接到达"①。网络增加了城市任何地点的可达性，并让城市土地和居住空间尽可能多的与城市接触，人与人的社会交往增加，城市成为真正共享的平台，而不是各自独立的堡垒，从而解开封闭住区形成的城市"肿瘤"，让城市更为开放。

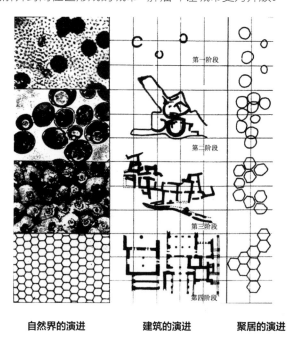

图6-13 聚居空间形态的演进过程

资料来源：C.A.Doxiadis.Ekistics: An Introduction to Science of Human Settlements.206

自然界的演进　　　建筑的演进　　　聚居的演进

---

① ［美］杰拉尔德·A·波特菲尔德，肯尼斯·B·霍尔·Jr.社区规划简明手册[M].张晓军，潘芳译.北京：中国建筑工业出版社，2003：71.

　　1993 年,美国新都市主义协会在《新都市主义宪章》中提出"真正的城市主义其基本元素是邻里,街区和廊道,……廊道是线性交通系统或线状绿化空间,它将邻里和街区加以联系或分割"[①]。住区边界所具有的连续性使其具有成为城市生态廊道的先天条件。针对我国居住小区中心绿地的利用率较低,很多只是为完成绿化率指标而机械地设置无人享用的绿地而对住区边界进行简单处理的做法,有学者提出住区边界"软化"设计的概念。即打破绿化中心集中论,利用住区边界将城市道路和边界开放空间结合,使绿地不仅为居民所用,也成为城市绿化带系统的一部分。这种概念与生态廊道的思想不谋而合。作为住区与城市道路之间的缓冲空间,廊道不仅阻隔了城市对住区的负面影响,如灰尘和噪声,也为城市的生物多样性创造了条件(图6-14)。住区的边界因此可以形成遍布城市的绿色网络,并融合城市公共空间和商业服务设施,共同塑造宜居的城市环境。

图6-14　新都市主义的生态廊道

资料来源:[美]彼得·盖兹.新都市主义——社区建筑[M].张振虹译.天津:天津科学技术出版社,2003.40.

　　对于中国当代城市住区,规范所要求的退道路红线是一种包围住区的绿化带产生的原因。另一种原因是当住区临城市快速路或城市主干道时,道路规范所规定的红线后退及城市道路绿化带的要求。绿化带将住区与城市的公共街道隔离,提供绿地面积指标和对封闭住区进行领域保护的同时,实际上也成为对城市住区的"温柔的限制",强化了住区的封闭性。作为设计者,在不可能改变规范的前提下,可以通过一些变通的方式,将位于住区边界的城市公共绿地与住区内部的景观绿化联系起来,使城市绿地与住区绿化景观形成相互连通的生态网络(图6-15)。

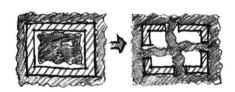

图6-15　住区生态边界网络图示

---

① [美]新都市主义协会.新都市主义宪章[M].杨北帆,张萍,郭莹译.天津:天津科学技术出版社,2004:80.

城市边界网络是开放住区结构在城市尺度上的体现,在住区结构与城市结构融合的过程中,边界的打破和网络化起到至关重要的作用。德勒兹的"块茎思想"可为建立网络化的未来城市提供理念的启发:块茎的生态学特征呈现出开放性、非中心、无规则、多样化的形态。块茎的任何一点都和任何其他点连接,并能够不断地繁殖和生成新的组织。"在这个网络中,交流从任何一个邻居到其他邻居,枝干和渠道并不是事先存在的,所有的个体都是可互换的,只不过在特定时刻由其状态所限定,这样,局部的运作就协调起来[①]""一个块茎无始无终;它总是在中间,在事物中间,是间存在着,是间奏曲"。

未来的网络城市就像块茎一样,边界是缺席者,"游牧"成为行为的主要方式。城市中的通行和人与人之间的交流不再有阻碍,每个居住单位都处在相互连接的网络上的一个点,而边界则转化为构成网络的线。

6.4.2 化边界为中心

其实,早在20世纪60年代邻里单位的思想就已经受到批判,而以边界思维为主导的住区和城市规划也应运而生,英国的米尔顿·凯恩斯新城就是较为成功的实践[②]。将邻里的中心设于边界,并将边界织成网络,让住区与城市的关系更为紧密,渐渐作为一种不同于邻里单位或者说是邻里单位的发展模式而被接受。

当人们的经济收入还很低,且水平比较平均,而城市生活还不丰富的时候,社区中心的公共和商业设施自然会吸引人们,日常生活也必然要围绕着中心,中心也同时满足人们人际交往和信息交流的作用。在任何国家的传统聚落中,都会有中心,城市也不例外。中心是人类心理情感的自然需求,起到凝聚精神和能量的作用。但社会的发展,使事物呈现离心化的倾向。商业的发达和交通的便利,让人们自由出行购物不再有障碍。随着信息社会的到来,人们不需要聚在一起就可以进行各种形式的交流。传统聚落中的"井台",传统城市中的"广场",邻里单位中的"中心"渐渐失去其不可或缺的价值,丧失了其凝聚社区功能和精神的枢纽作用。

中心丧失,边界的价值就凸显出来。凯文·林奇和劳埃德·罗德温在20世纪60年代对未来的城市提出了一个建议模型,即多重中心网络(multiple center net)(图6-16)。他们认为大都市有很多的焦点,这些焦点借由基础设施与绿化带来做有机的联结。他们提出所有的地方都是中心,同时也都是边缘的新都市愿景。可以说,他们成功地洞察到现

① 陈永国编译.游牧思想——吉尔·德勒兹 费利克斯·瓜塔里读本[M].长春:吉林人民出版社,2003:149.
② 对米尔顿·凯恩斯新城的批评也是不绝于耳,但其打破邻里单位的中心式布局,将公共与商业服务设施设置于边界地带的做法无疑是一次重大的革新性实践。

代城市的发展规律,预见到了今天世界上大多数城市的形态特征。

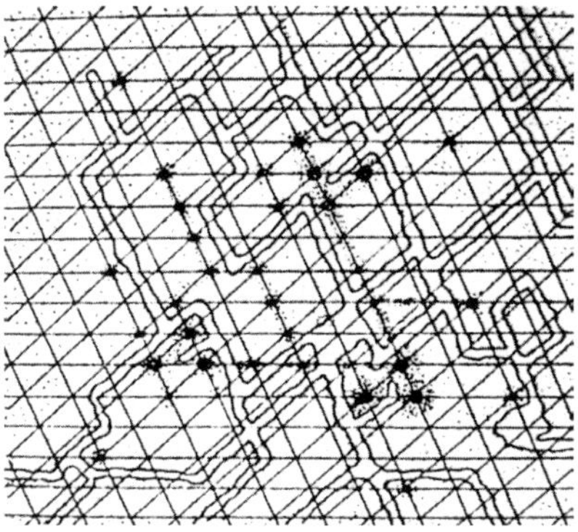

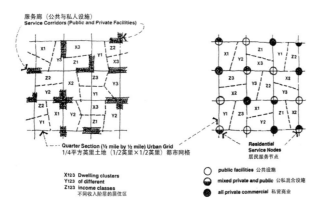

图 6-16　多重中心网络

资料来源:[日]石井和紘.
都市地球学——日本三大
建筑家的都市论集——原
广司×桢文彦×黑川纪
章[M].谢宗哲译.台北:田
园城市文化事业有限公司,
2004:126。

　　开放边界并不等于取消边界。已经论证过边界是空间的基本属性,
是人类划分领域的必然工具和结果,边界不可能消失。但边界的封闭和
开放是人为可以控制的。当代城市的生活早已经不是局限于小区之内,
而是融入整个城市的网络之中。社会交往也不需要限制在社区中心进
行。人的行为边界和心理边界的范围大大超出住区围墙所限定的范围。
这个范围是不可量度的,也是不断变化的。功能的混合,人们对于领域
感的变化都要求住区结构更加开放,这样才能适应多变和流动的社会发
展,并为今后的变化留出足够的弹性空间。边界的城市空间观使得开放
的住区结构系统成为可能,这就需要住区的结构根据这种变化进行调
整,有效利用边界的开放性,增加其公共性(图6-17)。

图 6-17　边界模式的住区规划

资料来源:Tridib Banerjee
William C. Baer. Beyond
the Neighborhood Unit—
Residential Environments
and Public Policy. New
York and London:Plenum
Press,1984:188.

　　中国当前的住区规划依然延续邻里单位的中心模式,社区中心是为住
区内部的人使用,对外的开放性远远不够。而城市的发展、人的自由流动
以及信息时代的繁荣,都对住区边界的商业和公共服务功能提出越来越高
的要求。为了适应这样的要求,以网络形式存在的边界体系可以容纳公共
服务和社区服务的共同需求,从而让城市变得更为便利,更具活力。

　　日本建筑师黑川纪章提出的共生哲学和中间领域的思想就强调了
不同于西方机械论的"之间"和"关系"的思维,其"灰空间"的理念也

风靡一时。黑川纪章更意识到"中心时代"的退去和"边界时代"的到来，极力倡导边界化的思维和边界化的设计，并通过爱知县凌野新城等城市设计证明其理论。

凌野新城建设于1967年，其主要边界特征是以住区之间的边界地带作为公共服务设施集中带，并将边界空间作为结构规划的主干，边界从而转化为"中心"，将住区凝聚在一起，并成为住区和城市活力之源。

决定规划结构的主要原则有以下几点：

（1）主体的空间：相对于建筑材料的物质耐用年限和对土地及建筑使用的经济耐用年限，黑川纪章认为用空间的社会效用寿命所决定的空间耐用年限更为重要。"从自然文化遗产、人行道、广场到居住空间，可以称之为人类的主体空间。所谓主体空间系统，就是这样一种方法，即将主体空间放在什么样的位置上，将其作为什么样的基本空间来进行规划的方法。可以说，能否确立这个主体空间的系统和组织，即是明确该城市空间是否是以人为本的规划的关键"[①]。

（2）信息的流动：黑川纪章认为决定现代城市功能的是包括汽车等交通系统在内的，具有广泛意义的信息流动模式。凌野新城的基本规划结构即以信息流动的模式作为基础，从而确定城市功能的秩序。

（3）开放的系统：黑川纪章以开放系统代替传统住区规划的孤立封闭系统。该开放系统通过住区之间的带状空间将交通和公共服务设施纳入连续的网络空间，并与信息流动模式相契合。

（4）生长的结构：住区周边布置服务设施的方式形成了不同于传统的孤立的核心模式，而代之以带状的中心模式。这种模式可以使服务设施与住区共同生长，具有极大的灵活性。

以上四个原则可以用边界模式来统一，即通过以住区边界作为规划的基本空间结构，涵盖交通、公共服务设施等基本功能，建立开放灵活的住区和城市发展系统，区别于传统的功能主义住区开发模式[②]（图6-18）。

① ［日］黑川纪章.黑川纪章——城市设计的思想和手法[M].覃力等译.北京：中国建筑工业出版社，2004：33。

② 黑川纪章这样解释他的理念："我的构思是把树形结构变成网状结构或子整体结构。在'凌野新城'就没有中心，也没有主干。我的循环原理就是在循环的外围，城市的外侧拥有中心设施，也就是说在机构的周边设有中心，这是同边缘性时代相联动的明显的新秩序。如果人口增加了，添加循环体系就行。这么一来，由于中心设施设在外侧，所以添加的部分同原有的设施连接上，也就不会造成生活的不便。然后，新的部分如果人口又增加的话，就与此相适应地在外侧再建造中心设施。要是人口再增加的话，还是同样地添加循环体系的环。这就是以增加循环来发展下去的理念，这么一来，通常还可以用学校、市政府、市场等设施来同人口平衡，这更像是细胞繁殖了。"［日］黑川纪章.黑川纪章——城市设计的思想和手法[M].覃力等译.北京：中国建筑工业出版社，2004：251。

凌野新城的规划体现了这样的思想：住区规划不应该被作为分散城市人口的手段，而是应该积极地将其作为城市的有机组成部分，与城市结构融为一体。住区规划就是城市本身的规划，而不只是城市系统中一个孤立的个体。为了将住区结构与城市结构融为一体，传统的现代主义的树状规划模式就不再适用，而应该以网络模式替代。边界作为网络模式的结构主体，恰恰可以实现这样的规划思想。

6.4.3 分小区为街区

6.4.3.1 生活性支路

空间层次的划分应与道路的分级相统一。从主干道到次干道，再到城市支路，进入住区的道路直至宅前小路，应该呈现一种从公共到私密的空间层次的渐变。传统北京的城市空间就是这样渐变的，从公共的大街到半私密的胡同之间是没有边界的，只通过空间的暗示便自然具有了一种层次。封闭的边界设置于每户家庭的范围，从而保证私密性不受侵害。另外，与日常生活相关的公共服务设施设在城市的支路上，街道系统既是公共空间也是交通空间，同时具有公共服务的功能（图6-19）。因为街巷系统能够同时满足多种需要，而不是单一的功能，使得城市的运行高效、生活便利，并自然促进社会交往。反观当代城市，路的交通功能被强调，而街道的生活功能被忽视，这就导致单一功能的路无法起到为公共生活服务的作用，更不能作为社会交往的场所。由此带来的一系列问题在前面已经充分阐述。那么，如何解决这个问题？

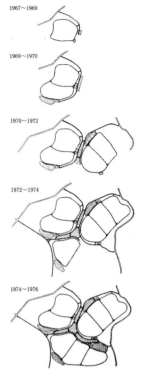

图6-18 新城的生长过程图示

资料来源：黑川纪章.黑川纪章—城市设计的思想和手法[M].覃力等译.北京：中国建筑工业出版社，2004：37。

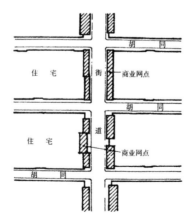

图6-19 元大都坊巷示意图

资料来源：沈磊，孙洪刚.效率与活力——现代城市街道结构[M].北京：中国建筑工业出版社，2007：17。

曾提出缩小封闭住区的尺度到组团级别，这样能够保证居民依然享有半私密的院落生活，组团形态的院落就成为城市空间的基本组织单位，边界就可以在这个范围设置。在这种情况下，可以重新看待城市道路的分级，从原来纯粹的以交通功能为主转化为空间控制的手段。与封闭居住小区模式相比，缩小到组团的边界，使得原本的小区级道路成为城市道路，从而必须与城市道路体系相融合，不能像在封闭小区的边界内可以根据规划结构的需要而自成一体。作为与城市支路同样级别的道路，小区级道路可以转化为城市生活性支路，尽管宽度和城市支路相同，但凸显其生活化的特征，与纯交通功能的城市支路相区别[1]。小区内的公共设施可以设置于生活性支路上，生活性支路在性质上如同老北京的胡同，是城市公共空间，却具有半公共的生活性特征（图6-20）。在管理上可以在生活性支路上限制机动车的进入，从而使这条街道成为安全的步行场所。这样，就可能让居住生活回归街道的传统，并在城市公共空间和居住的私密空间之间建立起逐渐过渡的层次，封闭住区所带来的割裂城市生活的弊端就可以大大改善。

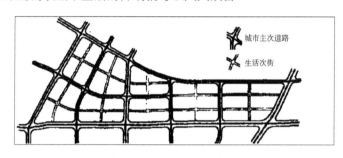

图6-20 贯穿型生活性次街网络结构示意图

资料来源：周俭，奖丹鸿，刘煜.住宅区用地规模及规划设计问题探讨[J].城市规划，1999（1）：40。

如图6-21所示，生活性支路根据其位置和形式可以分为以下几种类型：

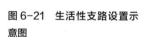

图6-21 生活性支路设置示意图

（1）贯穿型生活支路：如塔院小区贯穿南北的街道和沿海赛洛城的斜街即属于该类型。对于相邻住区，生活性支路可以相连，并形成遍布多个街区的网络。

（2）边界型生活支路：如Soho现代城北侧介于居住用地和商业办公建筑之间的道路。也可以理解为商业建筑的"后街"或"后巷"。

（3）转角型生活支路：属于边界型支路的特例。

（4）尽端型生活支路：如万科城市花园系列的入口商业街。

---

[1] 关于生活性支路，许多学者都提出过相似的观点，强调城市支路对城市和住区的重要价值。如周俭等《住宅区用地规模及规划设计问题探讨》，赵燕菁《从计划到市场：城市微观道路——用地模式的转变》等。

（5）网络型生活支路：如建外 soho 内部的网格状街道。

生活性支路的引入是一种介于传统的街巷式住区与封闭式居住小区之间的折中的规划解决策略。在住区走向开放的过程中，生活性支路既实现了城市功能的混合，为住区开发带来都市感和方便性，也保证了居住生活的相对安静，满足了当代社会居民的双重需求——既能维持私密的居住生活，又能同时享受都市化的公共生活。

6.4.3.2　生活性广场

黑川纪章曾说东方人缺乏广场的生活，只有街道的生活。但他只说对了一半，实际情况并不完全如此。的确，传统中国的城市缺少西方城市那种以广场为"城市客厅"的公共生活化聚会空间，这与东方国家的文化制度和民族性格有关。但中国城市依然有广场，在特定的时间也同样具有生活化和公共化的特征。如江苏的同里，以戏台为中心形成的广场就是中国人公共生活的重要空间。但这种生活并不是日常性的，中国人日常的生活是在庭院和街道上解决的。而西方更多是在广场上解决，如一般的社交活动。

现代中国城市中的广场尽管是泊自西方，但并未成功引进西方的市民性广场生活。中国的广场曾经一度是为群众集会所营造，缺乏生活的考量。从空间上来说，由于广场通常很空旷，尺度巨大，导致人性化的不足，更是广场难以成为市民集聚的生活化空间的主要原因之一。另外，在当代居住区的景观设计中，出现了封闭在围墙内的广场，为住区居民内部使用，并不对外开放。这种"景观化"的私密广场与广场的公共性本质相左，是中国式的发明，浪费了本应属于城市的空间资源。换句话说，广场本来就应该是城市化的，而不应该是私密性的。

与生活性支路的思路类似，可以在半公共的空间领域设置生活性广场，既具有西方城市广场的生活性和公共性，也具有半公共的社区性质。为社区服务的公共和商业设施可设置于广场周边，为社区服务的同时也为城市服务，从而在公共和私密之间找到一个平衡点。

如图 6-22 所示，生活性广场根据其位置和形式可以分为入口型生活广场、中心型生活广场、边界型生活广场、转角型生活广场和袖珍型生活广场。

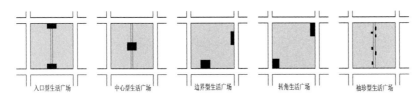

图 6-22　生活性广场设置示意图

6.4.3.3　生活性街区

生活性支路和生活性广场与封闭的居住组团共同形成生活性街区。生活性街区可以由一个组团与其周边的支路和广场组成，也可以由若干组团集合而成，从而形成一个居住群落。这种街区的概念类似于传统的街坊，以街道或街区命名，与现行的居住区、居住小区的体系相异。

图 6-23 和图 6-24 所示模型仅仅是一种图示，可以作为一种原则指导住区的规划。图中生活性支路是必须遵守的，即任何尺度在 300～400m 的地块，必须设置生活性支路，这样就可以从法规的角度保障住区的可穿越性，提高城市的可达性，增加住区的城市感。生活性支路的尺度与现行的小区级道路的尺度类似即可。

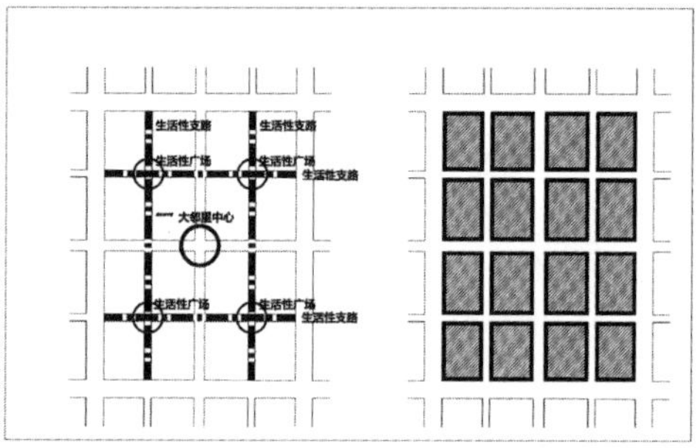

图 6-23　生活性街区的模式示意图 1——功能设置与地块划分

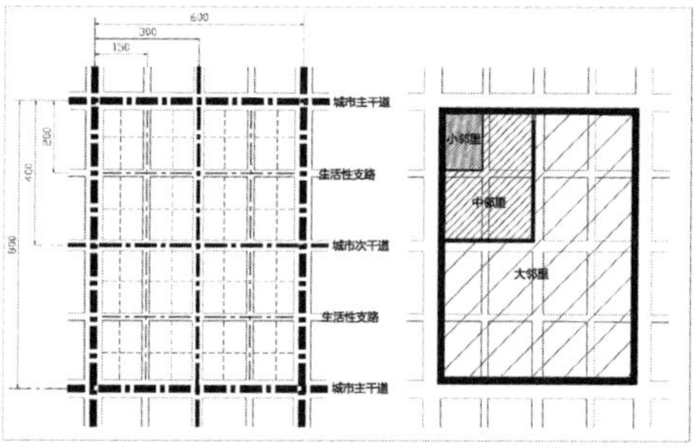

图 6-24　生活性街区的模式示意图 2——街道分级与邻里分级

6.5　空间规划

空间规划不应等同于空间设计或环境设计。空间规划更注重从整体的角度组织空间，发现和挖掘土地的空间利用价值，并通过建筑体量合理巧妙的组合，塑造有形的积极空间。边界设计是空间规划的关键，这不仅仅是因为边界是形塑空间的关键要素，也是建立更大尺度的城市结构和城市景观的关键。而边界自身的空间设计也对城市公共空间和公共生活意义重大。将边界理解为空间而不是简单的一道墙或线对于住区和城市的规划有重要意义。

边界空间含有三层含义：①边界自身的空间，也可以称为 "凹空间" 或边界 "缝隙"；②边界与边界之间的空间；③边界的 "层"，即边界自身的层次关系和多重边界形成的空间层次性。

　　图 6-25 所示是边界图形的拓扑变换，可以看出，边界是可以转化为空间的。

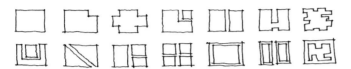

图 6-25　边界图形的拓扑变换

　　奥斯卡·纽曼在《可防御空间》中提出营造社区领域感的原则，即从公共空间，经过半公共空间、半私密空间，直至私密空间所展现的空间的层次性（图 6-26），从而保证城市空间和城市生活的连续性。中国传统的居住空间非常注重由外而内的层次性。作为边界的墙体也以多重形式存在，边界在这个层次递进过程中扮演关键的角色。

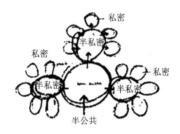

图 6-26　奥斯卡·纽曼的领域空间原则图示

资料来源：[丹麦]扬·盖尔. 交往与空间[M]. 何人可译. 北京：中国建筑工业出版社，2002：63。

　　布莱恩·劳森在《空间的语言》中曾介绍的德国艺术家在大西洋群岛上的住宅，从公共街道经过从公共到私密逐渐过渡的历程，也是穿越一系列边界的过程[①]，这与中国传统建筑通过一道道门槛而逐渐进入住宅深处的经历实乃异曲同工。这是人们通过边界的巧妙设置，依靠空间层次来创造适合特定活动的场所，而不需要明确的告示或通过人为的限制来告诉人们这是什么空间。可以说，空间层次的创造是建筑空间艺术

---

① 布莱恩·劳森详细描写了从街道走进这所住宅所经历的空间层次："我们站在小镇上的一条狭窄的小巷中越过一道矮墙望去，在矮墙之内是一扇小铁门，在这幅图片中是看不到这扇门的。我们能轻易地打开这扇门，而这道门是如此之低，我们只需要大跨一步就可以迈过它。不过我们仍然处在完全公共的街道空间之中。在我们能看到的小路那头，很清楚是半公共空间。我们可以打开那扇门，向前走，而且丝毫不会侵扰私人空间。邮递员和其他送货员都会这样做。如果我们只是在这里闲逛，看起来会比较奇怪，但是如果只是短暂的停留或是有目的地走进去，可能就没有人会询问我们了。再往前，是一扇没有锁的大一些的门。我们仍然可以往前走，但只有径直走向前门的路了。我们也觉得，如果想走得更远唯一适当的就只有进入这个半私密的空间了。在这短小空间的尽头就是前门，锁住了，还有一个门铃可以用来通知主人有人来了。如果主人在家，她会打开门让我们进去。一面一米高的墙正好挡住我们往室内看的部分视线。她可以在这和我们作私下交谈，不会被身后街道上好奇的眼睛看到。她也可以选择邀请我们到她完全私密的家中。在第一眼看来，这些空间好像是浪费的，正如菲利浦·约翰逊说的那样（注：建筑是一种如何浪费空间的艺术）；但是，正如他和我们都知道的那样，这个空间并不是没有用的。它象征并控制了从公共空间通过半公共空间，半私密空间，向私密空间的转变。它给出了所有权、领地、控制和行为变化的信号。它和许多雄伟和著名的建筑一样，流畅而雄辩地说着空间语言。"[美]布莱恩·劳森. 空间的语言. 杨青娟，韩效等译. 北京：中国建筑工业出版社，2003：13。

的关键所在,也是城市空间营造的关键。

　　从开放到私密的层次是空间控制的关键。中国传统城市的空间体系体现了绝妙的层次控制,从而营造出满足居民各种生活需求的空间,并以一种清晰、流畅又颇具戏剧性的方式将各种空间相连,不露痕迹地将整个城市统一在一个整体结构之中。吴良镛先生曾对北京传统的城市空间层次组织赞叹不已[①],并将之运用到菊儿胡同的研究和设计中。

　　从城市结构的分级来看,老北京是以四合院为居住基本单位,从小街坊到大街坊再到城市,是一个逐级过渡的层次。当代住区也存在类似的分级,从一栋住宅楼,到组团、小区、居住区,再到城市(图6-27)。那么为什么当代住区会产生与城市隔离的情况呢?围墙是一方面,但更重要的是,居住单位的分级并未考虑生活空间的连续和系统,未把人在城市中的生活行为当作与空间路径紧密结合的过程。可以看到,老北京的四合院对应着小胡同,小街坊对应着大胡同,大街坊对应着大街道,而从胡同到街道是无缝连接的整体空间系列。反观当代住区的分级,在领域分级中缺乏空间的规划,导致各层次之间的生硬过渡,结构僵化,与实际生活严重脱节。所以,空间层次的控制就成为边界控制策略的重点。具体到边界设计,空间层次的控制可通过边界线、边界域和边界面来构建。

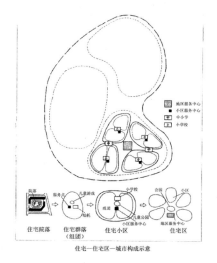

图6-27　居住空间分级图示

资料来源:周俭.城市住宅区规划原理[M].

上海:同济大学出版社,1999:34。

---

① 吴良镛先生说:"从城市看,从街道走向胡同、小巷,而到院落,以进居室,逐步在走向私密;就居住言,从室内走向院落,走至小巷、街道,逐步通向城市世界。在旧北京,在旧四合院空间体系的基础上,通过重重分隔,创造成多层次、不同性质内容的空间体系,给人以不同的空间观赏,多种多样的四合院,多种多样的小巷,加上院门、巷门、绿树,确实使人'结庐在人境,而无车马喧'。如果说,上节所述是引用诗人兼画家郑板桥(注:该诗应为陶渊明所作)的'诗情画意'的院落美学观,再回顾前述作家老舍对北京之美的怀恋与胡同美学观:'北平(即北京,当时为北平)在人为之中显现自然,几乎什么地方既不挤得慌,又不太僻静,最小的胡同里的房子也有树,最空旷的地方也离买卖街与住宅不远'。这与在近代邻里规划、城市建筑学中,企图以不同方式在追求在创造,被认为是新概念的'闹中取静'——'城市孤岛'(本词笔者认为并不恰当)是相吻合的,可是在中国早已经完成了!它是用中国的特有形式来表现的,既有丰富的内容(它可以是继续充实的),又具有独立的特征(它可以是赓续创造的),更重要的是要在今天生活的基础和条件下发展创造。"吴良镛.北京旧城与菊儿胡同.北京:中国建筑工业出版社,1994:108。

6.5.1 边界线

边界清晰是凯文·林奇等理论家所认为的城市可识别性的重要因素,但模糊和清晰是辨证的关系。在某种尺度上清晰的边界线,在更细微的尺度观察下,可能会变得模糊,以至于可以无限细分,如同海岸线。复杂性科学启发人们对于边界应该从不同的尺度来考察,而符合人体尺度的边界则甚为重要。

培根在《城市设计》中通过演示一个方块从清晰的边界形态逐渐演变为模糊边界的形态来说明"当境界线达到无限长时,介入环境的程度也就开始变得越来越大",并表示"介入倾向于溶解内部与外部的明显界线"[①](图6-28)。可见边界线是一个与周围环境发生关系的重要空间工具,通过凸凹处理,边界线制造了模糊的边界,不再生硬地划分空间,而是呈现出与相邻空间相融合的状态。

图6-28 边界的模糊演进图示

资料来源:[美]埃德蒙·N·培根.城市设计.黄富厢,朱琪译[M].北京:中国建筑工业出版社,2003:49-52.

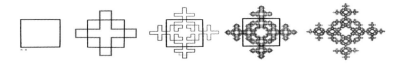

边界线的形态也与人的行为模式有很大关系。阿摩斯·拉普卜特对街道边界的人类学分析是基于步行与车行的比较而进行的(图6-29)。可以看出,汽车交通模式对街道边界产生了多么深刻的影响,造成街道边界线的平滑,街道尺度的增大。步行模式的街道边界则参差不齐,凸凹变化很大,出现大量的凹空间,街道对人流的摩擦力明显增大。这样,就会让人流的速度减慢,并将部分人流滞留在凹入的空间中。

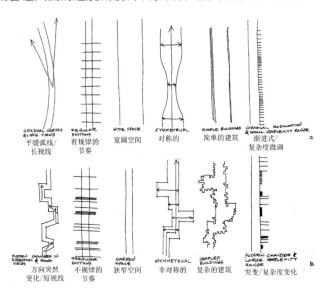

图6-29 车行与步行街道的边界模式比较

资料来源:Anne Vernez Moudon. Public Streets for Public Use. New York. Van Nostrand Reinhold Company, 1987:89.

---

① [美]埃德蒙·N·培根.城市设计[M].黄富厢,朱琪译.北京:中国建筑工业出版社,2003:49,52.

边界的模糊也是一个尺度的概念，边界应该在合适的尺度上体现出平滑或粗糙，以适应不同的空间要求。

相对而言，凯文·林奇的"边界"是在大的城市尺度下探讨的，忽略了更小尺度的边界，而正是这种小尺度的边界与人的生活息息相关。"由于场所——存在空间都是以'人'为中心的'主体性空间'，人虽然对边界有一定'清晰性'的要求，但也能够感知一种模糊的边界状态，换言之，模糊的边界对于人类而言是有意义的"①。

东方文化中空间观念的重要特征即"暧昧"的关系，在A与B之间存在既属于A也属于B的空间领域，这样的边界，呈现出与西方二元论空间截然不同的性质。中国传统建筑的柱廊、漏窗、门槛等对空间的限定就是模糊的。日本的"缘侧"既是室内也是室外，是一个非常含混、暧昧和模糊的空间。尽管模糊，但它又是明确存在的，只不过很难划清。正是这很难划清的模糊，产生了丰富的空间对话，是活力的诞生地，也反映了一种生活方式和文化的特质。

模糊的边界对当代城市意义重大。由于封闭小区围墙生硬地界定了内与外，致使城市产生隔离，领域之间缺乏交流，创造交流的机会和产生活力的机制被扼杀。通过模糊边界，可以改变现状，使住区边界与城市的接触面增大，提供尽可能多的交往渗透的机会，让城市与住区产生对话和交流。模糊的边界也提供了边界空间利用的无限可能性。

模糊的边界在传统的城市中随处可见，如北京旧城中的街道和胡同，其边界形态往往参差不齐，与现代城市的整齐划一形成对比（图6-30和图6-31）。一个原因是不断地渐进改造模糊了原来可能整齐的边界，另一个重要原因就是户外日常公共生活的需要。

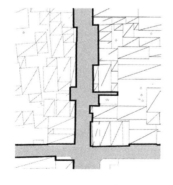 

图6-30 北京南锣鼓巷局部平面（左图）

图6-31 北京南锣鼓巷富有变化的边界（右图）

模糊的边界是在边界地带形成大大小小的可容人停留的空间，这些看似无用的空间正是人们的日常生活中不可缺少的空间。可以说这种模糊的边界是历史和生活共同造就的，而不是规划的直接产

---

① 单军.建筑与城市的地区性——一种人居环境理念的地区建筑学研究 [D].博士论文，2001：105.

物。然而，如果规划者建立模糊边界和日常生活空间的概念，有意识地设计模糊的边界，克服对待边界的粗放式态度，精心、精细地规划边界空间，并能从人体尺度出发，挖掘土地的潜力，充分利用每一寸土地，经营小空间，力图使边界地带成为人可以和愿意驻留的场所，让边界效应真正发生作用，则可以为城市公共生活做出贡献。菊儿胡同的规划设计在街坊边界的处理即为值得借鉴的做法（图6-32和图6-33）。

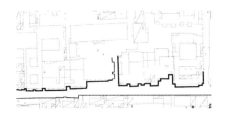 

图 6-32　北京菊儿胡同南侧边界平面（左图）

图 6-33　北京菊儿胡同的模糊边界（右图）

　　现代住区规划中不乏通过变化的边界线营造丰富的街道空间感的案例。早在20世纪50年代，著名建筑师华揽洪先生设计的北京幸福村街坊，通过一系列大小和形状不同的相互嵌套关联的半封闭院落空间形成灵活的建筑布局，在创造丰富和尺度宜人的街坊内部空间的同时，通过沿街建筑的局部退后形成半开放的临街院落空间。在沿街边界线的处理上，自然形成凸凹有致的错落感，使街坊与城市空间巧妙地融合（图6-34）。

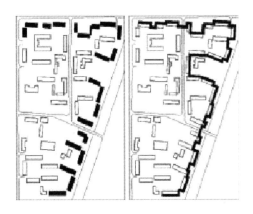

图 6-34　北京幸福村街坊的边界线

资料来源：乔永学.北京城市设计史纲（1949—1978）.清华大学硕士论文[D]，2003：58.

　　所以，边界线的凹凸变化实际上反映的是对待空间的态度，更准确地说是对待公共空间的态度。凸凹变化的边界线自然形成深浅不一的半围合的空间，这些空间就是我们所关注的"边界域"。

6.5.2　边界域

　　边界自身存在一定的厚度，可容纳空间，如缝隙、孔洞、凹陷等形态就是边界自身的空间。对于单层的无厚度的边界，如一道围墙，依然在围墙两侧形成一种边界场，也属于边界自身的空间范畴。提供凹空间和空隙会使边界的摩擦力增大，生活会如同河流遇到阻碍而沉淀下来，而不是如平滑的围墙所导致的拒绝和流失。

6.5.2.1 边界园

在欧洲传统城市的街道上行走，经常会不经意间发现路旁小小的广场，最大不过几百平方米，少则几十平方米。然而就是这小小的尺度宜人的空间，赋予城市以人文精神。在香港和纽约这样高密度的城市，尽管由于土地的稀缺难以看到大尺度的城市广场（纽约中央公园是特例），但城市管理者和设计者依然在城市的迷宫中见缝插针设置了大量的袖珍广场和公园，这种对土地的高效利用，提升了城市环境的品质，从而为拥挤喧闹的城市环境增添了宝贵的绿色空间，缓解了紧张的都市生活（图6-35和图6-36）。

图6-35 纽约的边界袖珍公园

资料来源：伊恩·本特利等. 建筑环境共鸣设计[M].纪晓海，高颖译.大连：大连理工大学出版社，2002：104.

图6-36 纽约某袖珍公园

资料来源：王向荣，林箐.西方现代景观设计的理论与实践[M].北京：中国建筑工业出版社，2001：103.

6.5.2.2 边界院

北京旧城在今天看来具有无穷的魅力，与城市中随处可见的小尺度的凹空间有极大的关系。这些空间有的是住宅入口的缓冲空间，有的是街巷交叉口的自然放大，有的仅仅是为了躲让一棵老树而让出一个宜人的半开敞小院。这些小尺度的空间,增加了城市街道的空间趣味,并与地域生活和城市文化相契合(图6-37)。

　　本书第5章专门探讨了残余空间问题。当代城市中的边界地带大量的残余空间和被人遗忘的角落空间需要引起高度关注,因为这些被忽略的角落提示人们:今天的城市规划在很大程度上是一种反生活的规划,它抹杀掉了生活中最具趣味、最生动也是最符合人性需求的部分。如果这些小空间经过精心的设计,会比大尺度的公共景观更具人文价值。
　　住区入口往往是重要的边界凹空间,为连续的城市街道增添了空间上的变化,同时也是最有可能产生边界效应的地方,因为进出住区的人流和城市街道的人流在此交汇,这里也是住区私密空间与城市开放空间的实际接触点。北京百万庄周边式街坊在每一个组团与城市街道的入口交汇处都设置一个尺度宜人的半开敞入口小院,与城市街道尤其是人行道空间很合适地结合在一起,成为私密空间与公共空间之间巧妙的过渡(图6-38)。

图6-38　北京百万庄周边式街坊临街入口的边界凹空间

　　当代城市中最普遍存在的残余空间位于居住小区的边界处。其中街道的转角,两排住宅之间接近围墙的范围和住宅山墙之间的空间是最有潜力改造成为小型城市公共空间的。现实情况是这些空间无论是在围墙内还是在围墙外，大多被沦为无人使用的绿地甚至荒地。如果将每个住区边界的这些残余空间加以改造，成为向城市开放的公共空间，整个城市将为之获益（图6-39）。居民可以在步行范围内轻松到达这些开放空间，而城市中的行人可以在任何住区的边界处找到休息的场所，城市的景观也可以得到很大的改善。

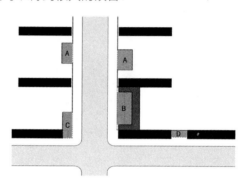

图6-39　住区边界可利用的残余空间位置

6.5.2.3　边界庭

边界庭是另一种重要的凹空间，与边园和边院的区别在于边界庭是依附于建筑的。

如果说"中庭"的价值是为城市提供封闭的室内公共空间，成为与城市隔离的"岛"，边界庭则是为人们提供一种同时身处城市空间和建筑空间的双重体验，是"半岛"。边界庭是城市的边界，也是建筑的边界，属于半公共空间，是建筑空间向城市空间的延伸，也是城市空间向建筑空间的渗透。边界庭满足了人们在城市中寻找稳定的、有所依靠的公共空间的需求，同时也为户外公共生活提供了极佳的舞台。

日本福冈银行总部中通过在建筑和都市之间设置边界庭来验证其"灰空间"主张。"因为把底部空间作为外部开放，所以就获得了具有城市公共空间的中间领域性和两义性"[1]。这样，成功地打破了城市和建筑的边界，赋予边界以丰富的空间性，甚至转化为中心，成为城市中吸引人的场所（图6-40）。皮亚诺在德国柏林波茨坦广场的城市设计中，在歌舞剧院和赌场之间，留出一个三角形的街道缺口，正好处于三条大街的交汇处。巨大的屋顶遮住的半开放的城市广场成为波茨坦广场最具吸引力的公共场所，如同一个户外的舞台（图6-41）。这首先是城市街道的边界庭，然后才是建筑的边界庭，换句话说，它首先属于城市，然后才属于建筑。

---

① ［日］黑川纪章.黑川纪章 — 城市设计的思想和手法 [M]. 覃力等译.北京：中国建筑工业出版社，2004：124.

图 6-40　福冈银行总部的边界庭（左图）

资料来源：郑时龄，薛密. 黑川纪章 [M]. 北京：中国建筑工业出版社，2004：49.

图 6-41　波茨坦广场上的边界庭（右图）

平面图资料来源：沈祉杏. 穿墙故事——再造柏林城市 [M]. 北京：清华大学出版社．2005.122.

6.5.2.4　边界层

任何边界都可以分为外边界和内边界，如同外套和内衬的关系。文丘里在《建筑的复杂性与矛盾性》中认为建筑的矛盾性可表现在室内与室外的不一致上，也即存在一个脱开的里层，该里层的里衬和外墙之间创造了一层额外的空间。图 6-42 所示平面图解即表明这种夹层可能具有的不同形状、位置、格式和大小。

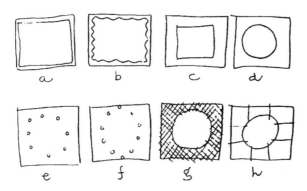

图 6-42　建筑夹层的平面图解

资料来源：[美] 罗伯特·文丘里. 建筑的复杂性与矛盾性 [M]. 周卜颐译. 北京：中国水利水电出版社，知识产权出版社，2006：74.

从中国传统建筑的檐廊空间也可以看出丰富的边界层次是建筑立面生动的主要原因。在这里，边界的层次是有序的，由开放逐渐流向封闭，是一个连续的空间体系。

对于城市住区的边界来说，由内而外大致可以分为以下几个层次：围墙内空间、围墙本身、围墙外非人行空间（绿化隔离带）、人行道、绿化空间、机动车道。对于有底层商业的住区边界而言，商业建筑的柱廊、雨棚等成为边界层次中最为重要的空间层次。应有意识地通过建筑和景观处理，增加边界空间的层次，并使每个层次都能符合人的需求，从而使空间得到充分的利用。

边界层可以通过景观和建筑两种手段来建立，但无论何种手段，其目的都是在公共区域与私密区域之间增加层次。如利用绿化带将人行道与机动车道分离，尽管这是一条看似平常且惯用的手段，但在现实的城市规划中，该绿化带往往不被重视，不能发挥其应有的价值。而如果有意识地通过绿化带建立边界的空间层次，并精心设计绿化景观，则会对城市街道生活做出贡献（图 6-43）。如北京鼓楼外大街西侧的人行道（图 6-44）就通过景观绿化的处理，强化了人行道与车行道之间的边界，并将绿化隔离带也作为容纳人活动的空间。其中人行道空间的设计是边界设计的重点，可通过铺地、绿化景观以及凹空间建立丰富的边界层次。

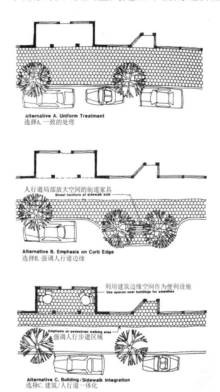

图6-43 人行道设计的多种可能性

资料来源：Anne Vernez Moudon. Public Streets for Public Use. New York: Van Nostrand Reinhold Company, 1987.

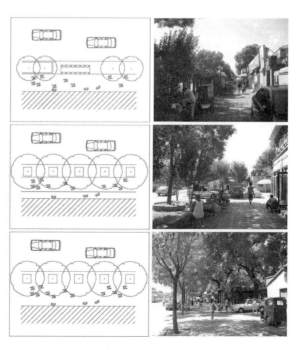

图6-44 北京鼓楼大街边界绿化带

6.5.2.5　边界廊

边界廊这一传统的城市空间要素是边界域中的重要空间形式,对于形成边界层的丰富性也起着重要作用。中国南方城市因多雨原因而采取沿街边廊做法是较为普遍的,如福建泉州,边廊早已是城市沿街边界不可缺少的形式。北方城市采用边廊形式的比较少,北京 Soho 现代城的边廊是少数成功的案例之一。

从整体规划角度而言,Soho 现代城北侧商业办公建筑是整个项目的城墙式边界,高大连续的柱廊建立了城市尺度的界面,实际上也为城市提供了遮阳避雨的人行空间。该柱廊使用率之高足以证明它为城市公共生活做出的贡献。

从空间形态的角度来说,此灰空间模糊了建筑与城市开放空间的界限,丰富了边界地带的空间层次,并以连续的韵律为杂乱的城市街道景观增添了有序的片段(图6-45和图6-46)。值得一提的是,由于建筑沿街面过长而依据规范开设的消防通道,成为贯穿该城市边界和其后面生活性支路的"孔洞"及"桥梁",边界空间由此产生进深感和通透性,其城市化的空间尺度也让这个精彩的"洞"成为最引人注目也最令人难忘的城市空间之一(图6-47)。

图6-45　现代城商业建筑的外廊(左图)

图6-46　边界灰空间(右图)

图6-47　边界孔洞

以上将边界域划分为园、院、庭、层和廊主要是分析的需要,优秀的住区边界设计往往是综合了各种空间形态以形成具有丰富空间体验的边界场所。日本建筑师槙文彦的代官山集合住区和法国建筑师包赞巴克的欧风路住宅均是边界域设计的经典案例。尽管这两个案例都不是"封闭住区"设计,而且在法国和日本也极少建设如中国当前普遍存在的封闭住区,然而,面临的城市问题是共同的:如何建立一个开放的城市居住空间,同时保证私密性。

被称为"Hillside Terrace"的代官山集合住宅,从最初计划的1967年开始,到第6期的完成,整整花费了25年[①]。其主要边界特征是通过边界空间的塑造,形成小尺度[②]的街道和广场,并引入渐次开发及自由生长的群集理念,形成都市聚落。槇文彦在设计中通过将"边界的墙壁"转化成"边界的空间",创造出了全新的都市空间。

槇文彦初期的构思可以概括为:①代官山街区住宅街区形态边界的明确性;②街道与代官山集合住宅区广场联系节点的清晰性;③以日本"连歌"的形式协调不同阶段的建筑群集合体;④分期设计、开发的建筑形成都市表层的层次感;⑤建筑形态的简洁性、关联性、整体性与连续性的复合构成。[③]

边界的理解和处理是槇文彦的着力点,他既要保证街区形态边界的明确性,又要通过对原有城市封闭边界的打破、改造和重建,重新赋予边界以空间和城市性。20世纪60年代建设之初,东京到处还是有着丰富自然的老式街区,街道两旁是高高的围墙。槇文彦可以说是从破坏这种老式围墙的封闭街区开始的。要把"沿街的围墙"变成"沿街的空间"是槇文彦设计的主旨。

"在以后的诸期中,槇文彦以不断变化的建筑形式令街区不断增生,这样,在总体设计上表现出差异和类似的关联。在与街道平行的硬质临街面内部,设计了一系列公共、半公共和私密的都市空间,在解决功能问题的同时,创造出与人的尺度相符的空间环境"[④](图6-48)。

---

① 槇文彦提到:"Hillside Terrace这个案子,大约是经历了四分之一个世纪,分成六期所盖出来的作品,而在当中如果说我们是用什么样的原则将它盖出来的话,便是将其视为一个街廊的成长与扩张,只要遇到大树就将其好好保存,然后围绕着古坟与神社来盖出房子。我们就是用这种重视微观的、与自然持续对话之关系的观念来进行创作的。然后就是大量制造出一个人或者是少数人可以享用的各种尺度之空间与场所。……从这个地方我定出了这个街区的尺度,那里有小丘,有小空间,有小步道,然后也有透明的地方,就像是在深处里还存在着什么似的那样,在一些有限的空间里去做出一些摺叠的空间(壁)。然后透过这些大量的折叠空间来达成使人感受到'奥'的效果,可以说就是这整个设计案中我所贯彻、追求的原则。"[日]石井和紘.都市地球学——日本三大建筑家的都市论集——原广司×槇文彦×黑川纪章.谢宗哲译.台北:田园城市文化事业有限公司,2004:135。
② 槇文彦倡导"微观规划"的理念,他认为"必须从小的尺度上进行思考,那些从巨大的尺度上进行干涉的措施不是建筑师所能控制的"。隈研吾说"槇文彦尝试用一种非常精密的方法来改造城市。他只是城市中很小的一点。但是在日本传统观念中,如果每个人都在某个领域中贡献一小点,人就可以战胜一切"。槇文彦通过这种方法对城市的一些小局部进行改造,同时也鼓励别人这样做。他的每一个项目都"让城市的一个小局部变得更好"。当他意识到在小的项目中,建筑师有更多的机会去对设计的各个部分加以控制的时候,这个"小的"概念成了他思想的关键。他认识到为了创造一个美好的城市,设计师必须提供许多的小空间。[澳]詹妮弗·泰勒.槇文彦的建筑——空间·城市·秩序和建造.马琴译.北京:中国建筑工业出版社,2007:130。
③ 张在元.东京建筑与城市设计.香港:香港建筑与城市出版社有限公司,1993。
④ 吴耀东.日本现代建筑[M].天津:天津科学技术出版社,1997。

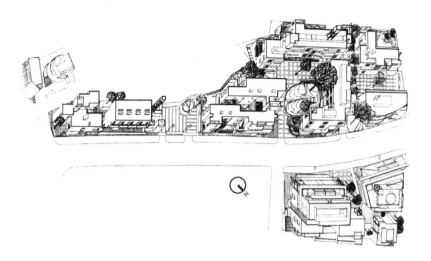

图 6-48　代官山集合住区的街道空间

资料来源：张在元.东京建筑与城市设计.香港:香港建筑与城市出版社有限公司，1993:25.

　　槙文彦认为建筑物的内部空间是那里存在的外部空间的直接目的物，外部空间显示出了内部空间应如何存在。也就是说，外部空间首先作为内部空间的发生者，最终转化成内部空间。槙文彦通过在街区边界设置"缝隙（void）"，将边界打破并转化为一系列小广场组成的边界空间（图6-49）。城市与街区内部不再生硬地分隔，而是产生空间和景观的渗透、流动和融合。用槙文彦自己的话来说，即"透明的空间成了路上行人等待顾盼的景象，而内部与外部的风景也因而得以重叠、交错""在整个山坡平台项目中，人行道一直延伸到隐蔽的或者明显的公共与半公共的空间的角落中，这些公共的或者半公共的空间组成了沿着斜坡在建筑周围蜿蜒的庭院和走廊的序列"[1]。对槙文彦来说，最重要的是他所谓的建筑与街道之间在形态上的对话。正是这种对话造成了公共与私密的融合（图6-50）。

图 6-49　代官山集合住区的街道空间（左图）

资料来源：张在元.槙文彦空间形象[M].香港:香港建筑与城市出版社有限公司.1999.251.

图 6-50　代官山集合住区的街道空间（右图）

资料来源：张在元.东京建筑与城市设计[M].香港:香港建筑与城市出版社有限公司，1993.

---

① ［澳］詹妮弗·泰勒.槙文彦的建筑——空间·城市·秩序和建造[M].马琴译.北京:中国建筑工业出版社，2007：134.

槇文彦曾受到阿尔多·凡艾克的影响,认为每一座建筑本身都是一座小城市,它必须包括城市的张力和力量。代官山集合住区正是城市的缩影。借由这样的模式每一个人都会创造出属于自己的城市。……"从前的聚落和村庄从一开始就一直有一具体的都市像存在,对那里的谁来说都共有着这个相同的记忆。但是在现今的大都会里,这样的公有性已经很少,倒不如说也不过只有那些被选择的人们尽可能积极地构筑出属于自己城市这样的东西而已"①。从这段话可以看出,槇文彦在代官山集合住区中的边界空间操作,目的是住区与城市的融合,但同时营造一个具有独特性格的微型城市。而为了实现使住区成为微型城市的目标,将边界作为开放的城市空间,或者说将边界作为"域"的思想是起到关键作用的,而这正是中国当代城市和住区规划最为缺乏的理念。

法国建筑师克里斯蒂安·德·包赞巴克(Christian de Portzamparc)与槇文彦具有类似的城市观念和对边界空间的关注。在包赞巴克的代表作"欧风路住宅"中可以看到传统街区的厚重墙体是如何转化成缝隙和形体所形成的边界空间,并为城市带来活力。

欧风路住宅建设于1975年,其主要边界特征是开放的城市街区,通过建筑的错位、缝隙等营造层次丰富的城市空间,并保证私密性。

欧风路住宅是包赞巴克开放住区实践的代表作,也是诠释其"开放街区"理念的经典作品。对包赞巴克而言,城市如同"岛群"(archipelago),由丰富多彩的构成因素集结而成,各组成部分的多元对立能创造出一种复合开放的诗意城市。于是包赞巴克提出开放街区的理念,通过复杂、微妙的体量组合,通过对虚实关系的娴熟处理,将住区内部空间与城市空间相贯通,营造出从公共到私密的丰富空间层次。

对于该作品,包赞巴克是这样解释的:"通过这个项目,我努力寻找一种更为合理的方法继承现代主义建筑的设计理念,创造性地运用它,寻求建筑与巴黎传统不规则城市脉络的关系","为了创造一种建筑与城市之间的全新理解,我总是拒绝沉溺或束缚于过去。这样行不通,我相信我们必须自省以适应世界的变化。"②这段话充分说明了他的住区设计的城市观念。

在这里包赞巴克并没有延续巴黎传统的封闭街坊的做法,也没有遵循现代主义规划理论的教条,设计千篇一律的孤立于城市环境的住

① [日]石井和紘.都市地球学——日本三大建筑家的都市论集——原广司 × 槇文彦 × 黑川纪章 [M].谢宗哲译.台北:田园城市文化事业有限公司,2004:139

② 大师系列丛书编辑部.克里斯蒂安·德·包赞巴克的作品与思想 [M].北京:中国电力出版社,2006:48.

宅区，而是采用了他所认为的 "第三阶段" [①] 的设计理论，从异质混杂的理论出发，采用片段化、分割化设计手法，将原社会住宅解体，构筑了全新的开放街区。通过其草图可以更清楚地理解他的这种朴素的设计理念（图6-51）。

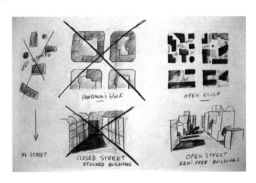

图 6-51　"开放街区" 的思考过程草图

资料来源：大师系列丛书编辑部.克里斯蒂安·德·包赞巴克的作品与思想 [M].北京：中国电力出版社，2006：33.

设计以新的视角看待城市空间，将之视为容纳公众生活的公共场所，而非建筑间乏味的空间间隔。住宅与城市的界面，不再是连续和封闭的，而是通过建筑之间的缝隙、体量的错位等手段将街区内部与城市外部空间相互贯通。开放空间与私密空间通过对住宅建筑之间的空间的精心安排，从而产生一种层次，并有机嵌入城市的脉络中（图6-52）。传统的封闭的街坊模式被肢解，广场和小巷组成行为场所，空间呈现出丰富性和近人的尺度感。狭缝所形成的内外空间的渗透，把城市的景观引入街区，同时可以从城市街道看到街区内部层层深入的院落景观，给喧闹的城市增添了一丝宁静和幽雅（图6-53）。公共与私密的矛盾在这里通过边界空间的巧妙设计被轻松化解，"开放" 的理念在这里却营造了类似 "家庭" 的氛围，让人感受到城市生活的美好。

图 6-52　欧风路集合住宅街区总平面图

资料来源：大师系列丛书编辑部.克里斯蒂安·德·包赞巴克的作品与思想 [M].北京：中国电力出版社，2006：48.

---

① 包赞巴克认为巴黎城市建设的第一阶段是传统阶段，以封闭的街区为代表。第二阶段即是以否定传统街区为宗旨的现代主义规划，即现代阶段。传统阶段和现代阶段的城市共同点是：以重复的模型和标准来创造统一与和谐，一种匀质的理念。在经过了第一阶段和第二阶段后，包赞巴克认为第三阶段已经到来。这个时代继承了前两个时代分别具有的优点，但否定其匀质的理念，统一风格被击碎，呈现出多元并存与形式快速更迭继承的状态.大师系列丛书编辑部.克里斯蒂安·德·包赞巴克的作品与思想 [M].北京：中国电力出版社，2006.

图 6-53　欧风路集合住区的边界缝隙

资料来源：大师系列丛书编辑部.克里斯蒂安·德·包赞巴克的作品与思想[M].北京：中国电力出版社,2006:49.

　　包赞巴克继承了将城市外部空间看作室内空间的欧洲城市传统，同时也继承了现代主义的开放性和流动空间法则。他将两者结合，形成自己独到的住区城市观——开放街区，从而为传统城市的更新和发展开辟了一条新的道路。

　　现代建筑打破了城市如同墙壁的连续界面，城市景观呈现碎片化特征。克里尔兄弟力图修复这种碎片，重新赋予城市以整体感。这种努力却遭到库哈斯的批评，认为是一种没有意义的怀旧情绪的表现。库哈斯认为应该接受当代城市的现状，妄图恢复传统的做法是不现实的。槙文彦则通过将"边界的墙壁"转化为"边界的空间"来化解这个问题，从而提出自己的都市策略。笔者赞同槙文彦的做法，反对克里尔和库哈斯各自走极端的思维。槙文彦的策略是一种折中，但却是务实的。也是行之有效的，并处于建筑师可以操控的范畴。包赞巴克也采取类似的边界处理方式，收到很好的效果。

　　基于以上对住区边界域的考察和思考，同时针对中国当前住区规划的现状，笔者对住区边界的边界域设计提出以下建议（图 6-54 ）：

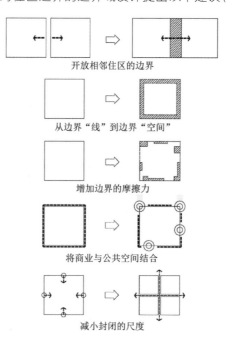

开放相邻住区的边界

从边界"线"到边界"空间"

增加边界的摩擦力

将商业与公共空间结合

图 6-54　对住区边界空间设计的建议图示

资料来源：作者自绘.

减小封闭的尺度

（1）开放相邻住区之间的边界，并在边界融合地带设置邻里公共空间，使相邻社区能够共享社区公共空间和公共设施，并促进邻里之间的交往。

（2）将硬性的边界转化为具有弹性的边界，将边界从"线"的形态转化为可容纳功能的边界"空间"。

（3）加强边界与城市公共空间和公共功能的结合，在边界处设置人行活动空间，增加边界人群活动的摩擦力，将"平滑"的边界转变为"粗糙"的边界，促进交往行为的产生。并强调住区边界生态廊道的作用，将利用率低下的集中绿地转变成与城市共享的公共或半公共生态绿地。

（4）认真对待边界商业环境的设计。将公共开放空间与商业服务功能有机结合。

（5）打破大型封闭住区的边界，减小封闭住区的尺度，将城市街道及公共空间和功能引入住区，使住区融入城市。

以上原则需要在城市设计阶段和控制性详细规划层面加以全面和综合的考虑，把边界的设计看作城市结构塑造的关键因素。在居住区修建性详细规划过程中，从人的实际使用和心理需求出发，在人际交往的空间尺度和人体尺度的基础上，营造丰富的边界生活空间。

具体到小区边界的空间层次处理，主要有景观层次处理和底层商业处理两种方式。景观层次处理以围墙、绿化带、行道树、人行和车行带等景观性处理手法对边界的层次进行划分，其特点是不与建筑发生直接的关联。底层商业的处理手法主要通过对底层商业形态和人行空间的设计，构建丰富的边界空间，其特征是需要对建筑本身进行较大的处理，以建立丰富的空间层次。

6.5.3　边界面

住区边界是城市景观的重要组成部分，边界所形成的城市意象，比很多城市重要公共建筑甚至标志物还要强烈。如北京百万庄的周边式街坊，是整个区域的意象重点，奠定了其在人印象中的基调，一想到百万庄，马上就想到树荫后面的红砖坡顶的老式楼房，呆板、严肃但充满文化气息和历史感。当然更不用说旧城四合院外墙形成的连续的灰色边界。然而，当代多数住区没有意识到边界的形象对城市景观的重要价值，位于住区边界的建筑的立面设计与住区内部任何住宅的设计并无二致。而由于边界所具有的城市性，要求边界的立面对城市公共景观做出呼应。

人们常说城市的肌理，但对于百姓来说，鸟瞰城市的机会极少，而在街道上行走或乘车，绝大多数情况下是处在住区边界之间，住区边界意象的重要性可想而知。欧洲传统城市极为注重住宅的沿街立面，并通过法规保证沿街建筑具有整体的统一感，同时不丧失其丰富性。走在欧洲传统城市的大街小巷，沿街住宅的连续界面会给人留下极为深刻的印象。这些实例说明，住区边界的形象对城市的意义，不仅仅是景观价值，还关乎城市的文化和城市的记忆。

法国建筑师包赞巴克是开放街区的倡导者,提倡打破封闭的住区边界,将城市空间与住区内部空间融为一体。但是,包赞巴克的打破是有限度的打破,是在不破坏城市连续界面的前提下,不损害城市的整体形象和街道空间形态的基础上所进行的"破坏"工作。在他的任何住区规划和城市设计中,摆在第一位的仍然是如何建立和保持城市街道的完整界面,同时不失去城市空间的开放和灵动(图6-55)。

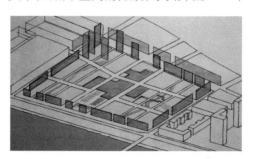

图6-55 包赞巴克住区设计的边界原则图示

资料来源:Michel Jacques. Christian de Portzamparc. Berlin:Birkhäuser Publishers, 1996.71.

德国建筑师翁格尔斯(Oswald Mathias Ungers)设计的柏林卢宙广场住区也是建立城市界面的典型案例。

卢宙广场住区建设于1983年,其主要边界特征是住区临街连续立面作为城市公共空间界面和背景,边界具城市和人体双重尺度,以及抽象的文脉特征。

在德国城市住宅中,周边式街坊是普遍模式,该住宅依然延续该模式,但仍富有新意。二战以前,这里是城市广场的一部分[1],然而战争摧毁广场周围大部分街坊住宅。为了营造新的居住空间,并尽力保持该场所的历史记忆,翁格尔斯采用了隔离法,在面向广场和道路的一侧设计了一个如同城墙般富有纪念性的边界形象。这样的界面,有力地限定了城市广场空间范围。住宅立面设计提炼了传统住宅的形象特征,并加以简化,以一种稍具陌生化的姿态成为公共空间的背景(图6-56和图6-57)。这条屏障演绎出昔日传统广场的围合气氛,其坚实体量更为背后的内庭提供了一个闹中取静的良好生活环境[2]。历史仿佛在这里延续,同时获得新生。

图6-56 卢宙广场集合住宅街区俯视轴测图(左图)

资料来源:周静敏.世界集合住宅——都市型住宅设计[M].北京 中国建筑工业出版社,2001:55.

图6-57 沿街立面的城市尺度景观(右图)

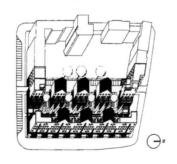

---

[1] 世界建筑杂志社.国外新住宅100例.天津:天津科学技术出版社,1989:90.

[2] 周静敏.世界集合住宅——都市型住宅设计[M].北京 中国建筑工业出版社,2001:17.

沿街边界在近人尺度处理上也值得一提。与上部剪影般的立面相对比,传统的柱廊在这里被抽象为凸出的柱子和凹进的入口空间。台阶、挡墙、花池等小尺度的环境设计让这个与街道亲密接触的边界显得尤为亲切(图6-58)。于是在这个立面设计中,可以看到翁格尔斯精到的富有层次且清晰的尺度处理,让逐渐接近该建筑的人可以在不同距离产生不同的空间和环境印象。

图 6-58 沿街人体尺度的边界处理

在住区内部,街坊共有的半私密空间和居民自家私密空间通过空间处理得到明确的区分,但并无生硬之感。从城市广场进入主街道,转到次街,然后通过一个小门进入住区内部的半公共空间,再经过楼栋之间的空间进入半私密的后院空间,这时可以隐约听到隐藏在树丛后面某家阳台传出的说笑声。这种微妙而丰富的空间层次,让人不禁想起北京的胡同和四合院。看来,对于营造和谐的居住环境,中西方具有共通性。同中国的住区相比,卢宙住宅相当于一个组团的规模。然而,就是这样的小规模住区,却在营造居住的私密感和对城市的开放性之间建立了平衡。

通过住区边界,还可以建立大尺度的城市界面,从而影响城市景观。卢宙住宅只是在街区的尺度上建立了城市广场的界面,而伦敦拜克住区则通过建立长达1km的连续界面,从而具备了城市尺度的特征(图6-59)。

图 6-59 拜克住区北部总图

资料来源:世界建筑杂志社. 国外新住宅100例 [M]. 天津:天津科学技术出版社,1989:14.

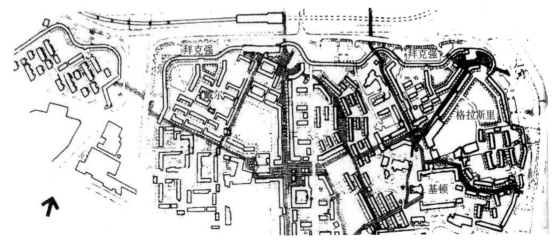

拜克墙由英国建筑师拉尔夫·厄斯金（Ralph Erskine）设计,建设于1968—1981年。其主要的边界特征是住宅建筑形成巨大城市尺度"城墙",成为住区的标志,并起到阻隔噪声和污染的作用（图6-60）,而"城墙"内外对城市尺度和住区尺度的差异性设计亦是该案例的典型特征。

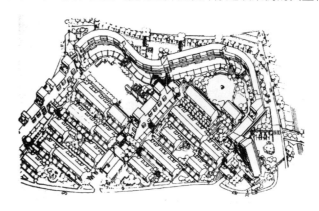

图6-60 拜克住区西侧局部俯视轴测图

资料来源:[德]康拉德·沙尔霍恩,汉斯·施马沙伊特.城市设计基本原理:空间·建筑·城市.陈丽江译.上海:上海人民美术出版社,2004:144。

这是总占地面积达81hm²的旧区重建项目,因在基地最北侧靠近车行路的边界地带建造了3～8层延续1200多米的城墙式住宅,作为遮挡噪声的屏障,其尺度夸张、色彩丰富的形象极为引人注目,被称为拜克墙。在拜克墙朝向高速路的一侧仅仅设置卫生间、储藏室等次要用房,所以开窗也极小,城墙的封闭意象因而得到突出,而起居室、卧室、阳台以及连接廊道等均设置在安静的内院方向。建筑师厄斯金在规划此建筑两侧不同功能的同时,亦在其立面造型上用了戏剧性的对比手法:对外侧是封闭型,对内则采取多样丰富的细节处理,着重其人性尺度[1]。在规划上也将这种戏剧化手法发挥得淋漓尽致:在拜克墙的南侧,是由低层住宅和院落组成的乡村景象,尺度亲切,气氛和谐,与拜克墙朝向北侧城市公路一侧的巨大平滑的城市墙体产生强烈的对比（图6-61）。

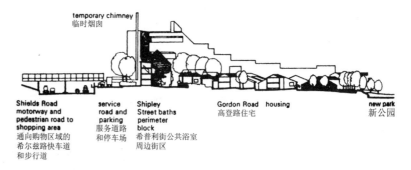

图6-61 拜克墙剖面

资料来源:E.R.Scoffham. The Shape of British Housing. London and New York: George Godwin, 1984:157.

这种对外封闭以建立整齐界面呼应城市尺度,而对内则采取丰富的细部处理,以呼应人体尺度的做法与中国福建土楼的内外处理手法

---

① [德]彼得·法勒.住宅平面——1920—1990年住宅的发展线索 [M].王瑾,庄伟译.北京:中国建筑工业出版社,2002:246.

类似（图 6-62 和图 6-63）。

图 6-62　拜克住区外界面与内界面

资料来源：世界建筑杂志社.国外新住宅100例[M].天津：天津科学技术出版社,1989：15,16.

图 6-63　土楼外界面与内界面

资料来源：孙大章.中国民居研究[M].北京：中国建筑工业出版社,2004.

　　扬·盖尔在评价厄斯金的住宅设计时用拜克住区作为案例来证明他所提出的柔性边界的概念。柔性边界是住宅与住区公共空间之间的过渡空间。"如果在住宅与邻近街道之间的过渡区设置一种半私密性的前院，为户外逗留创造条件，那么建筑户外空间中的生活就会得到进一步的支持"①，"如果公共空间的边界起作用，那么这一空间也就会发挥作用。精心设计的边界区域：小小的台阶、微型的花园、门边的坐凳以及相邻单元之间的绿篱"②。由于精心设计了公共、半公共、半私密、私密的室外空间体系，各种层次的空间具有明确的领域感，所以尽管住区对城市开放，但陌生人的出现总是会引起居民的注意，使得这里极少有破坏和暴力行为。

　　拜克住区的总体结构特征是城市尺度的边界建筑与人性尺度的住宅群落完美结合。拜克墙不仅从功能上起到为南侧住区遮蔽噪声的作用，也起到城市景观和标识的作用，并作为南侧低层低密度住宅群体的背景。这一强烈的结构要素和景观要素将庞大而略显松散的住区统一起来，成为该城市区域最令人难忘的人文景观。

　　拜克墙并不是独一无二的，以高大连续的住宅城墙作为住区边界的做法或者说建筑本身具有强烈边界意象的设计理念也被其他建筑师在住区规划和住宅设计中加以运用。勒·柯布西耶早在1930年著名的阿尔及尔的设计方案中就使用了住宅城墙的做法，这个方案曾让几代建筑师兴奋不已：1.7km长的十二层住宅建筑构成一个显眼的维护墙，呈半

① ［丹麦］扬·盖尔.交往与空间[M].何人可译.北京：中国建筑工业出版社 2002：191.
② ［丹麦］扬·盖尔.交往与空间[M].何人可译.北京：中国建筑工业出版社 2002：198.

圆状环抱着购物中心、学校、教堂、幼儿园、邮局、银行和延伸的公共绿地及休闲场所[①]（图6-64）。这是现代建筑针对高密度城市和高层住宅的需求所提出的解决方案，并被全世界的建筑师所仿效。

图6-64 阿尔及尔的住宅城墙

资料来源：W.Boesiger/ H.Girsberger. Le Corbusier 1910－65. Les Editions d'Architecture Zurich.

我国当前很多住区在规划中将高大的住宅或商业办公建筑置于住区的最北面，用以遮挡北面的寒风或道路的噪声，但这样做需要重点考虑的是，"城墙"因其巨大的城市尺度要求其立面设计需要具有城市公共景观的价值，并且墙体的两侧应该具有截然不同的表情：外侧的立面应具有一定的城市尺度，而朝向内侧的立面应更柔和，更具有生活的气息。也就是说，边界应是一个矛盾的统一体，应充分利用边界的内外差异这一特性，发挥其对空间和环境的正面影响力。

需要特别说明的是，我国的日照间距要求容易造成住区最北侧的住宅被设计成高层板式住宅。由于北侧多为街道，所以就可以将阴影投到街道上，层数也就有机会做到允许的最大值，造成在我国城市的街道南侧经常看到高大连续的住宅城墙（图6-65）。这会造成住区北侧街道所能接收的日照大大减少。北方地区的冬天，阴影下面的寒冷街道极大减少了户外社会公共生活的可能性。公共空间也应当有日照权，不应该为了商业利益而损失公共空间的品质。建议出台关于公共空间日照时间和日照面积的法规，限制住区北侧住宅对街道的遮挡，保护公共空间能接收到足够的阳光，以提高公共生活的品质。

图6-65 当代北京的住宅城墙

---

① [德]沙尔霍恩、施马沙伊特.城市设计基本原理[M].陈丽江译.上海：上海人民美术出版社，2004：144.

第 7 章　结论

通过以上研究,本书得出如下结论:

(1)当代城市住区的边界问题是我国城市化进程中普遍面临和亟需解决的基本问题之一。边界问题并不是简单的空间和形态问题,而是当代中国城市社会、文化、政治、经济等复杂因素共同作用之下的空间表达。因此,理解和解决边界问题仅仅通过物质空间操作的方式是远远不够的,更不可能解决实质的问题。应当从边界问题产生的机制出发,提出有效的综合解决策略,并且需要政府、规划管理机构、开发商以及规划设计者的共同努力,形成一种系统化、规范化的操作模式和灵活反馈的运行机制,并在实施的过程中不断改进,以使边界策略能更有效地发挥作用。

(2)政策引导和建立法规是关键。建议城市规划管理机构对城市中的边界问题加以重视和强调,通过在城市规划和城市设计层面上的法律法规对住区边界进行有效的规划管理和合理控制,从而为城市开发者、规划师以及建筑师提供指导和约束,以此管理城市公共空间的建设,激发公共生活的活力,并塑造具有整体感和多样性的城市景观。

(3)在城市建设模式上,应改变过分依赖政府和开发商为建设主体的城市建设方式,逐步建立社区自治和公众参与的机制,倡导政府和社区的紧密合作,以保证城市建设真正服务于普通人。

(4)在城市设计和住区规划设计上,应改变粗放的大尺度封闭住区规划模式,代之以中小尺度的街区模式,形成边界网络,以建立住区与城市之间的有机联系,让住区和谐地融入城市。住区规划应注重边界的空间规划和设计,将边界作为边界域而不是边界线,塑造具有多重意义的空间场所。化边界为中心,并将之看作建立城市外部空间网络的主要结构要素。重视边界空间层次的巧妙处理,以营造安全感和私密性;重视微观尺度的生活空间,尤其是易受忽略的残余空间和角落空间,关注普通人在这些空间中的日常行为特征,以营造亲密的边界场所精神。

(5)应反思中国传统文化中"各扫门前雪""小圈子"的封闭思想和缺乏公共责任意识的群体心态,倡导对公共利益的关注和责任感以及开放、合作和共享的城市文化。只有在城市物质建设的同时,重视对市民社会的培育和城市人文精神的建设,才有可能建立真正的城市文明。

诚然,中国的社会现实决定了不可能在较短时间实行完全开放的住区模式。作为人类对领域划分及安全感的自然心理需求,边界也必然是人们生活的一部分,彻底取消边界是不现实的,也是没有必要的。但是,从人的需求和公共利益的角度出发而不是屈从于商业利益,重视住区边界空间的设计,并将边界作为激发住区和城市活力的重要因素,可以做到在城市生活私密性与公共性平衡的基础上,走向城市的和谐与繁荣。

刘易斯·芒福德在《城市发展史》的结尾中提到:"我们现在必须设

想一个城市,不是主要作为经营商业或设置政府机构的地方,而是作为表现和实现新的人的个性——'一个大同世界的人'的个性——的重要机构。

现在城市必须体现的,不是一个神话了的统治者的意志,而是它市民的个人和全体的意志,目的在于能自知自觉,自治自制,自我实现。"①这也应当是中国城市的发展方向。

理想的城市应该是无边界的城市。无边界意味着城市应该逐渐打破孤岛式的封闭住区模式,逐渐取消住区边界乃至城市中任何封闭性的空间边界而形成开放灵活的城市空间结构;无边界意味着城市应将普通市民的城市生活品质放在首位,建立交通便利,具有高度可达性和自由选择性,私密生活和公共生活和谐共融的城市;无边界更意味着社会群体之间消除社会隔阂,营造平等开放,人与人之间相互信任的城市社会。这需要政府、规划建设管理机构、商业开发者、规划与建筑设计师乃至每一位公民共同的努力。

---

① [美]刘易斯·芒福德.城市发展史[M].宋俊岭,倪文彦译.北京:中国建筑工业出版社,2005:584.

参考文献

[1] [瑞士]皮亚杰. 结构主义[M]. 倪连生，王琳译. 北京：商务印书馆，2006.

[2] [美]罗伯特·梅斯勒. 过程-关系哲学——浅释怀特海[M]. 周邦宪译. 贵阳：贵州人民出版社，2009.

[3] [美]怀特海. 思维方式[M]. 刘放桐译. 北京：商务印书馆，2006.

[4] [德]马赫. 感觉的分析[M]. 洪谦等译. 北京：商务印书馆，1997.

[5] [法]梅洛·庞蒂. 知觉现象学[M]. 姜志辉译. 北京：商务印书馆，2001.

[6] [德]马丁·海德格尔. 演讲与论文集[M]. 孙周兴译. 北京：三联书店出版社，2005.

[7] [美]卡尔·考夫卡. 格式塔心理学原理[M]. 黎炜译. 杭州：浙江教育出版社，1996.

[8] [美]库尔特·勒温. 拓扑心理学原理[M]. 高觉敷译. 北京：商务印书馆，2003.

[9] [法]加斯东·巴什拉. 空间的诗学[M]. 张逸婧译. 上海：上海译文出版社，2009.

[10] [德]恩斯特·卡西尔. 神话思维[M]. 黄龙保，周振选译. 北京：中国社会科学出版社，1992.

[11] [美]米尔恰·伊利亚德. 神圣的存在——比较宗教的范型[M]. 晏可佳，姚蓓琴译. 桂林：广西师范大学出版社，2008.

[12] [法]列维·斯特劳斯. 忧郁的热带[M]. 王志明译. 北京：生活·读书·新知三联书店，2000.

[13] [美]迈克尔·赫兹菲尔德. 什么是人类常识——社会和文化领域中的人类学理论实践[M]. 刘珩等译. 北京：华夏出版社，2006.

[14] [美]欧文·戈夫曼. 日常生活中的自我呈现[M]. 黄爱华，冯钢译. 杭州：浙江人民出版社，1989.

[15] [法]米歇尔·德·塞托. 日常生活实践 1.实践的艺术[M]. 方琳琳，黄春柳译. 南京：南京大学出版社，2009.

[16] [美]阿格妮丝·赫勒. 日常生活[M]. 衣俊卿译. 重庆：重庆出版社，1990.

[17] [日]和辻哲朗.风土[M].陈力卫译.北京:商务印书馆,2006.

[18] [英]齐格蒙特·鲍曼.废弃的生命——现代性及其弃儿[M].谷蕾,胡欣译.南京:江苏人民出版社,2006.

[19] [美]鲁道夫·阿恩海姆.艺术与视知觉——视觉艺术心理学[M].腾守尧等译.北京:中国社会科学出版社,1980.

[20] [美]鲁道夫·阿恩海姆.建筑形式的视觉动力[M].宁海林译.北京:中国建筑工业出版社,2006.

[21] [英]E.H.贡布里希.秩序感——装饰艺术的心理学研究[M].长沙:湖南科学技术出版社,2000.

[22] [美]爱德华·霍尔.无声的语言[M].侯勇译.北京:中国对外翻译出版公司,1995.

[23] [美]布莱恩·劳森.空间的语言[M].杨青娟,韩效等译.北京:中国建筑工业出版社,2003.

[24] [美]查尔斯·詹克斯.后现代建筑语言[M].北京:中国建筑工业出版社,1986.

[25] [美]坎特·布鲁摩,查理士·摩尔.人体,记忆与建筑[M].叶庭芬译1981.

[26] [美]简·雅各布斯.美国大城市的死与生[M].金衡山译.南京:译林出版社,2005.

[27] [美]刘易斯·芒福德.城市发展史[M].宋俊岭,倪文彦译.北京:中国建筑工业出版社,2005.

[28] [挪威]诺伯格·舒尔茨.存在·空间·建筑[M].尹培桐译.北京:中国建筑工业出版社,1984.

[29] [美]罗伯特·文丘里.建筑的复杂性与矛盾性[M].周卜颐译.北京:中国水利水电出版社,知识产权出版社,2006.

[30] [美]卡斯滕·哈里斯.建筑的伦理功能[M].申嘉,陈朝晖译.北京:华夏出版社,2001.

[31] [英]G·勃罗德彭特.建筑设计与人文科学[M].张韦译.北京:中国建筑工业出版社,1990.

[32] [英]G·勃罗德彭特.符号·象征与建筑[M].乐民成译.北京:中国建筑工业出版社,1991.

[33] [美]约瑟夫·里克沃特.城之理念——有关罗马、意大利及古代世界的城市形态人类学[M].刘东洋译.北京:中国建筑工业出版社,2006.

[34] [美]约瑟夫·里克沃特.亚当之家——建筑史中关于原始棚屋的思考[M].李保译.北京:中国建筑工业出版社,2006.

[35] [美]阿摩斯·拉普卜特.建成环境的意义[M].黄兰谷等译.北京:中国建筑工业出版社,1992.

[36] [美]阿摩斯·拉普卜特.文化特性与建筑设计[M].常青,张昕,张鹏译.北京:中国建筑工业出版社,2004.

[37] [美]阿摩斯·拉普卜特.宅形与文化[M].常青,徐菁等译.北京:中国建筑工业出版社,2007.

[38] [奥]卡米诺·西特.城市建设艺术——遵循艺术原则进行城市建设[M].仲德崑译.南京:东南大学出版社,1990.

[39] [美]伊利尔·沙里宁.城市——它的发展、衰败与未来[M].顾启源译.北京:中国建筑工业出版社,1986.

[40] [美]埃德蒙·N·培根.城市设计[M].黄富厢,朱琪译.北京:中国建筑工业出版社,2003.

[41] 罗伯特·克里尔.都市空间规划设计[M].台北斯坦编辑部编译.台北:台北斯坦编译有限公司,1992.

[42] 罗伯·克里尔.城镇空间——传统城市主义的当代诠释[M].金秋野,王又佳译.北京:中国建筑工业出版社,2007.

[43] 克里夫·莫夫汀.都市设计——街道与广场[M].王淑宜译.台北:创兴出版社有限公司,1999.

[44] [法]Le Corbusier.雅典宪章[M].施植明译.台北:田园城市文化事业有限公司,1996.

[45] [美]新都市主义协会编.新都市主义宪章[M].杨北帆,张萍,郭莹译.天津:天津科学技术出版社,2004.

[46] [美]彼得·盖兹.新都市主义——社区建筑[M].张振虹译.天津:天津科学技术出版社,2003.

[47] [美]凯文·林奇.城市意象[M].方益萍,何晓军译.北京:华夏出版社,2006.

[48] [美]凯文·林奇.城市形态[M].林庆怡,陈朝晖,邓华译.北京:华夏出版社,2001.

[49] [意]阿尔多·罗西.城市建筑学[M].黄士钧译.北京:中国建筑工业出版社,2006.

[50] [美]查马耶夫,亚历山大.社区与私密性[M].王锦堂译.台北:台隆书店出版社,1984.

[51] [美]C·亚历山大.建筑模式语言[M].王昕度,周序鸿译.北京:知

识产权出版社,2001.

[52] [美]C·亚历山大. 建筑的永恒之道[M]. 赵冰译. 北京:知识产权出版社, 2002.

[53] [日]石井和紘. 都市地球学——日本三大建筑家的都市论集:原广司×槙文彦×黑川纪章[M]. 谢宗哲译.台北:田园城市文化事业有限公司,2004.

[54] [日]黑川纪章. 新共生思想[M]. 谭力等译. 北京:中国建筑工业出版社, 2009.

[55] [日]黑川纪章.黑川纪章——城市设计的思想和手法[M].覃力等译. 北京:中国建筑工业出版社,2004.

[56] [日]芦原义信. 街道的美学[M]. 尹培桐译. 天津:百花文艺出版社, 2006.

[57] [日]芦原义信. 外部空间设计[M]. 尹培桐译. 北京:中国建筑工业出版社, 1985.

[58] [日]芦原义信. 隐藏的秩序——东京走过二十世纪[M]. 常锺隽译. 台北:田园城市文化事业有限公司, 1995.

[59] [日]原广司.世界聚落的教示100[M]. 于天炜,刘淑梅,马千里译. 北京:中国建筑工业出版社,2003.

[60] [荷]赫曼·赫茨伯格. 建筑学教程1:设计原理[M]. 仲德昆译. 天津:天津大学出版社,2003.

[61] [荷]赫曼·赫茨伯格. 建筑学教程2:空间与建筑师[M].刘大馨,古红缨译. 天津:天津大学出版社,2003.

[62] [美]乔纳森·巴奈特.都市设计概论[M].谢庆达,庄建德译.台北:创兴出版社有限公司,2001.

[63] [丹麦]扬·盖尔. 交往与空间[M]. 何人可译. 北京:中国建筑工业出版社,2002.

[64] [美]柯林·罗,罗伯特·斯拉茨基. 透明性[M]. 金秋野,王又佳译. 北京:中国建筑工业出版社,2008.

[65] [美]柯林·罗,弗瑞德·科特. 拼贴城市[M]. 童明译.北京:中国建筑工业出版社,2003.

[66] [美]阿瑟·梅尔霍夫. 社区设计[M]. 谭新娇译. 北京:中国社会出版社,2002.

[67] [美]杰拉尔德·A·波特菲尔德,肯尼斯·B·霍尔·Jr.社区规划简明手册[M].张晓军,潘芳译.北京:中国建筑工业出版社,2003.

[68] [美]克莱尔·库帕·马库斯,卡洛琳·弗朗西斯. 人性场所——城

市开放空间设计导则[M]. 俞孔坚等译. 北京: 中国建筑工业出版社, 2001.

[69] [美] 阿尔伯特·J·拉特利奇. 大众行为与公园设计[M]. 王求是, 高峰译. 北京: 中国建筑工业出版社, 1990.

[70] [德] 彼得·法勒. 住宅平面——1920—1990年住宅的发展线索[M]. 王瑾, 庄伟译. 李振宇校. 北京: 中国建筑工业出版社, 2002.

[71] [荷] 根特城市研究小组. 城市状态——当代大城市的空间、社区和本质[M]. 敬东译. 北京: 中国水利水电出版社, 知识产权出版社, 2005.

[72] [美] 克利夫·芒福汀. 绿色尺度[M]. 陈贞, 高文艳译. 北京: 中国建筑工业出版社, 2004.

[73] [美] 罗杰·特兰西克. 寻找失落的空间——城市设计的理论[M]. 朱子瑜等译. 北京: 中国建筑工业出版社, 2008.

[74] [挪威]Kund Larsen, Amund Sinding-Larsen. 拉萨历史城市地图集[M]. 李鸽(中文), 木雅·曲吉建才(藏文)译. 北京: 中国建筑工业出版社, 2005.

[75] [瑞典] O.喜仁龙.北京的城墙和城门[M]. 许永全译.北京: 燕山出版社, 1985.

[76] [英] 伊恩·本特利等.建筑环境共鸣设计[M].纪晓海, 高颖译.大连: 大连理工大学出版社, 2002.

[77] [韩] 建筑世界杂志社. 前卫建筑师——金寿根[M]. 张倩译. 天津: 天津大学出版社, 2002.

[78] [德] 格哈德·库德斯. 城市形态结构设计[M]. 杨枫译. 北京: 中国建筑工业出版社, 2008.

[79] [德] 格哈德·库德斯. 城市结构与城市造型设计[M]. 秦洛峰, 蔡永洁, 魏薇译. 北京: 中国建筑工业出版社, 2007.

[80] [美] 威廉·J·米切尔. 伊托邦——数字时代的城市生活[M]. 吴启迪等译. 上海: 上海科技教育出版社, 2001.

[81] [加] 约翰·彭特. 美国城市设计指南——西海岸五城市的设计政策与指导[M]. 庞玥译. 北京: 中国建筑工业出版社, 2006.

[82] [法]Le Corbusier, 都市学[M].叶朝宪译. 台北: 田园城市文化事业有限公司, 2002.

[83] [澳] 詹妮弗·泰勒.槙文彦的建筑——空间·城市·秩序和建造[M].马琴译.北京: 中国建筑工业出版社, 2007.

[84] 理查德·森尼特. 美国的城市: 棋盘式街道布局与新教伦理[M]. 国

际社会科学杂志（中文版），1991，8（3）:7-27.

[85] 约翰·弗里德曼. 对中国城市中场所及场所营造的思考[M]. 城市与区域规划研究,2008（1）.

[86] 基甸·舍贝里. 前工业社会.李凤伟，王炎译//都市文化研究（3）.阅读城市：作为一种生活方式的都市生活[M].上海：上海三联书店，2007.

[87] 查尔斯·詹克斯. 中国园林之意义[J]. 赵兵，夏阳译. 建筑师（27）:201-205.

[88] Tyler Volk . Metapatterns：across space,time,and mind [M]. New York: Columbia University Press, 1995.

[89] Esther Charlesworth. CITYEDGE: case studies in contemporary urbanism [M]. Oxford: Architectural Press, 2005.

[90] Steven Holl. Edge of a city [M]. New York: Princeton Architectural Press, 1991.

[91] Michel Jacques. Christian de portzamparc [M]. Berlin: Birkhäuser Publishers, 1996.

[92] Aldo Van Eyck . Vincent ligtelijn. Basel · Boston [M] · Berlin: Birkhäuser Publishers, 1999.

[93] Ali Madanipour. Public and private spaces of the City [M]. London and New York: Routledge-Taylor &Francis Group, 2003.

[94] Rowland Atkinson , Sarah Blandy. Gated communities. London and New York: Routledge-Taylor &Francis Group, 2006.

[95] Georg Glasze，Chris Webster and Klaus Frantz. Private cities—Global and local perspectives [M]. London and New York: Routledge-Taylor &Francis Group, 2006.

[96] Laurence J.C.Ma , Fulong Wu. Restructuring the Chinese city—changing society,economy and space [M]. London and New York: Routledge-Taylor &Francis Group, 2005.

[97] Liane Lefaivre, Ingeborg de Roode. Aldo van eyck—the playgrounds and the city [M]. Rotterdam: NAI Publishers, 2002.

[98] Eran Ben-Joseph. The code of the city—standards and the hidden language of place making [M]. London: The MIT Press, 2005.

[99] Amos Rapoport. Human aspects of urban form—towards a man-environment approach to urban form and design [M]. Oxford, New York, Toronto, Sydney, Paris, Frankfurt: Pergamon Press, 1977.

[100] Tridib Banerjee , William C. Baer. Beyond the neighborhood unit —residential environments and public policy [M]. New York and London: Plenum Press, 1984.

[101] Habraken.N.J. Palladio's children [M]. New York: Taylor &Francis Group, 2005.

[102] Wenche E. Dramstad, James D.Olson, Richard T.T.Forman. Landscape ecology principles in landscape architecture and land-use planning [M]. Washington: Harvard University Graduate School of Design,Island Press and the American Society of Landscape Architects, 1995.

[103] A city is not a tree.Architectural Forum [M], 1965,112(1):58-62（Part 1）, 1965,122(2):58-62（Part 11）.

[104] Andrzej Zieleniec. Space and social theory [M]. Los Angeles·London·New Delhi·Singapore: SAGE Publications, 2007.

[105] John Wiley &Sons Ltd. String block vs superblock—patterns of dispersal in China [J]. Architectural Design, 2008.

[106] José baltanáS. Walking through Le Corbusier-a tour of his masterworks [M]. London: Thames& Hudson Ltd, 2005.

[107] W.Boesiger, H.Girsberger. Le Corbusier 1910-65. Zurich: Les Editions d' Architecture, 1967.

[108] Scoffham.E.R. The shape of British Housing [M]. London and New York: George Godwin, 1984.

[109] Ian Colquhoun, Peter G.Fauset. Housing design in practice [M]. London: Longman Group UK Limited, 1991.

[110] Ian Colquhour,Peter G.Fauset. Design an international perspective [M]. London: B.T.Batsford Ltd, 1991.

[111] Wenche E.Dramstad, James D.Olson, Richard T.T.Forman. Landscape ecology principles in landscape architecture land-use planning [M]. Washington: Island Press, 1996.

[112] Donald Watson,FAIA,Editor-in-Chief. Time-saver standards for urban design [M]. New York: McGraw-Hill Companies,inc. 2003.

[113] Anne Vernez Moudon. Public streets for public use [M]. New York：Van Nostrand Reinhold Company, 1987.

[114] 罗嘉昌.从物质实体到关系实在 [M].北京:中国社会科学出版社, 1996.

[115] 孙隆基.中国文化的深层结构 [M].桂林:广西师范大学出版社,2004.

[116] 赵敦华.西方哲学简史 [M].北京:北京大学出版社,2001.

[117] 张志伟.西方哲学十五讲 [M].北京:北京大学出版社,2006.

[118] 张汝伦.现代西方哲学十五讲 [M].北京:北京大学出版社,2003.

[119] 衣俊卿.文化哲学十五讲 [M].北京:北京大学出版社,2006.

[120] 王雨田.控制论、信息论、系统科学与哲学 [M].北京:中国人民大学出版社,1986.

[121] 王振源.结构主义与集体形式 [M].台北:明文书局,1987.

[122] 陈永国编译.游牧思想——吉尔·德勒兹,费利克斯·瓜塔里读本 [M].长春:吉林人民出版社,2003.

[123] 麦永雄.德勒兹与当代性——西方后结构主义思潮研究 [M].桂林:广西师范大学出版社,2007.

[124] 庄锦英.决策心理学 [M].上海:上海教育出版社,2006.

[125] 徐磊青,杨公侠.环境心理学 [M].台北:五南图书出版公司,2005.

[126] 李道增.环境行为学概论 [M].北京:清华大学出版社,1999.

[127] 王贵祥.东西方的建筑空间 [M].天津:百花文艺出版社,2006.

[128] 王俊秀.监控社会与个人隐私——关于监控边界的研究 [M].天津:天津人民出版社,2006.

[129] 曾菊新.空间经济:系统与结构 [M].武汉:武汉出版社,1996.

[130] 冯雷.理解空间 [M].北京:中央编译出版社,2008.

[131] 李晓东,杨茳善.中国空间 [M].北京:中国建筑工业出版社,2007.

[132] 朱文一.空间·符号·城市—— 一种城市设计理论 [M].北京:中国建筑工业出版社,1993.

[133] 赵辰.立面的误会——建筑·理论·历史 [M].北京:生活·读书·新知 三联书店,2007

[134] 李允鉌.华夏意匠 [M].天津:天津大学出版社,2005.

[135] 吴良镛.北京旧城与菊儿胡同 [M].北京:中国建筑工业出版社,1994.

[136] 孙大章.中国民居研究 [M].北京:中国建筑工业出版社,2004.

[137] 吴家骅.景观形态学 [M].北京:中国建筑工业出版社,1999.

[138] 孙施文.现代城市规划理论 [M].北京:中国建筑工业出版社,2007.

[139] 李德华.城市规划原理 [M].北京:中国建筑工业出版社,2001.

[140] 吕俊华, 彼得·罗, 张杰. 中国现代城市住宅 [M]. 北京: 清华大学出版社, 2003.

[141] 缪朴. 亚太城市的公共空间——当前的问题与对策 [M]. 司玲, 司然译. 北京: 中国建筑工业出版社, 2007.

[142] 张永和. 非常建筑 [M]. 哈尔滨: 黑龙江科学技术出版社, 1997.

[143] 白德懋. 城市空间环境设计 [M]. 北京: 中国建筑工业出版社, 2002.

[144] 梁雪, 肖连望. 城市空间设计 [M]. 天津: 天津大学出版社, 2000.

[145] 刘宛. 城市设计实践论 [M]. 北京: 中国建筑工业出版社, 2006.

[146] 金广君. 图解城市设计 [M]. 哈尔滨: 黑龙江科学技术出版社, 1999.

[147] 文国玮. 城市交通与道路系统规划 [M]. 北京: 清华大学出版社, 2001.

[148] 陈纪凯. 适应性城市设计—— 一种实效的城市设计理论及应用 [M]. 北京: 中国建筑工业出版社, 2004.

[149] 张在元. 东京建筑与城市设计 [M]. 香港: 香港建筑与城市出版社有限公司, 1993.

[150] 刑忠. 边缘区与边缘效应—— 一个广阔的城乡生态规划视域 [M]. 北京: 科学出版社, 2007.

[151] 黄亚平. 城市空间理论与空间分析 [M]. 南京: 东南大学出版社, 2002.

[152] 张京祥. 西方城市规划思想史纲 [M]. 南京: 东南大学出版社, 2005.

[153] 郑时龄, 薛密. 黑川纪章 [M]. 北京: 中国建筑工业出版社, 2004.

[154] 李大夏. 路易·康 [M]. 北京: 中国建筑工业出版社, 1993.

[155] 吴耀东. 日本现代建筑 [M]. 天津: 天津科学技术出版社, 1997.

[156] 大师系列丛书编辑部. 克里斯蒂安·德·包赞巴克的作品与思想 [M]. 北京: 中国电力出版社, 2006.

[157] 王富臣. 形态完整——城市设计的意义 [M]. 北京: 中国建筑工业出版社, 2006.

[158] 沈磊, 孙洪刚. 效率与活力——现代城市街道结构 [M]. 北京: 中国建筑工业出版社, 2007.

[159] 世界建筑杂志社. 国外新住宅 100 例 [M]. 天津: 天津科学技术出版社, 1989.

[160] 朱家瑾.居住区规划设计 [M].北京：中国建筑工业出版社,2000.

[161] 周俭.城市住宅区规划原理 [M].上海：同济大学出版社,1999.

[162] 周静敏.世界集合住宅——都市型住宅设计 [M].北京 中国建筑工业出版社,2001.

[163] 沈祉杏.穿墙故事——再造柏林城市 [M].北京：清华大学出版社,2005.

[164] 童明,董豫赣,葛明编.园林与建筑 [M].北京：中国水利水电出版社,知识产权出版社,2009.

[165] 钱理群.乡风市声——漫说文化丛书 [M].上海：复旦大学出版社,2005.

[166] 单军.建筑与城市的地区性—— 一种人居环境理念的地区建筑学研究[D].北京：清华大学建筑学院,2001.

[167] 朱怿.从"居住小区"到"居住街区"——城市内部住区规划设计模式探析[D].天津：天津大学建筑学院,2006.

[168] 谢祥辉.沿街建筑边界的双重性研究[D].杭州：浙江大学建筑工程学院,2002.

[169] 于泳.街区型城市住宅区设计模式[D].南京：东南大学,2006.

[170] 乔永学.北京城市设计史纲[D].北京：清华大学,2003.

[171] 吴国胜.希腊人的空间概念 [J].哲学研究,1992（11）:66-74.

[172] 麦永雄.光滑空间与块茎思维：德勒兹的数字媒介诗学 [J].文艺研究,2007（12）:75-84.

[173] 夏光.德鲁兹的反柏拉图主义哲学 [J].国外社会科学,2006（6）:2-11.

[174] 吴飞."空间实践"与诗意的抵抗——解读米歇尔·德塞图的日常生活实践理论 [J].社会学研究,2009（2）:177-199.

[175] 沃野.结构主义及其方法论 [J].学术研究,1996（12）:35-40.

[176] 王路.论居住 [J].建筑学报.2001（12）:25-30.

[177] 王路.维也纳当代住宅区建设 [J].世界建筑.1999（4）:16-25.

[178] 许亦农.中国传统建筑中的复合空间观念 [J].建筑师（36）:68-86,（38）:71-82.

[179] 缪朴.传统的本质——中国传统建筑的十三个特点 [J].建筑师（36）:56-67,（37）:61-80.

[180] 陈淳.聚落形态与城市起源研究//都市文化研究（3）.阅读城市：作为一种生活方式的都市生活 [J].上海：上海三联书店,2007.

[181] 赵燕菁.从计划到市场:城市微观道路——用地模式的转变 [J].城市规划,2002(10): 24-30.

[182] 乔永学.北京"单位大院"的历史变迁及其对北京城市空间的影响 [J].华中建筑,2004(5):91-95.

[183] 邹颖,卞洪滨.对中国城市居住小区模式的思考 [J].世界建筑2000(5):21-23.

[184] 周俭,奖丹鸿,刘煜.住宅区用地规模及规划设计问题探讨 [J].城市规,1999(1):38-40.

[185] 李志明,袁野,王飒.有心花不开,无意柳成荫——城市"残余空间"与户外活动调研 [J].新建筑,2001(5):57-59.

[186] 余军.城市不是墙——中国城市结构研究初探//北京市建筑设计研究院学术论文选集[M].北京:中国建筑工业出版社.1999:168-172.

[187] 潘桂成.棋局——文化地理之空间透视 [J].师大地理研究报告(22).1994:1-20.

[188] 徐苗,杨震.论争、误区、空白——从城市设计角度评述封闭住区的研究 [J].国际城市规划,2008,23(4):24-28.

[189] 缪朴.城市生活的癌症——封闭式小区的问题及对策 [J].时代建筑.2004(5):46-49.

[190] 汪原."日常生活批判"与当代建筑学 [J].建筑理论。2004(8):18-20.

[191] 饶小军.边缘视域——探索人居环境研究的新维度 [J].建筑学报,1999(6):48-51.

[192] 张晓春.建筑人类学之维——论文化人类学与建筑学的关系 [J].新建筑,1999(4):63-65.

[193] 周微先.关于建筑物后退道路红线的规划与管理 [J].城市研究,2000(4):52-54.

[194] 顾磊.社区:封闭还是开放? [J]社区,2006(2):6-9.

[195] 钟波涛.城市封闭住区研究 [J].建筑学报,2003(9):14-16.

[196] 杨靖,马进.建立与城市互动的住区规划设计观 [J].城市规划,2007(9):47-53.

[197] 张帆.单位大院的分解之路 [J].北京规划建设,2006(2):67-70.

[198] 北京土木建筑学会.北京市开展居住小区规划设计竞赛 [J].建筑学报,1981 (5):1-8.

[199] 朱自煊.想法与建议——参加塔院小区规划竞赛的体会 [J].建筑

学报, 1981（5）:17-18.

[200] 李江, 李琳琳.产权经济学视野下的封闭小区 [J].2007年中国城市
       规划年会论文集:1222-1226.

[201] 孙辉, 梁江."街廓" 的意义 [J].2005年中国城市规划年会论文集:
       详细规划:937-944.

[202] 马强.城市中微观形态的重构:从 "大院" 到 "街区" [J].2006中国
       城市规划年会论文集:城市空间研究:135-140.

[203] 李培. 国外封闭社区发展的特征描述 [J].国际城市规划,2008（4）:
       110-114.

[204] 王彦辉.中国城市封闭住区的现状问题及其对策研究 [J].现代城市
       研究,2010（3）:85-90.

[205] 沈娜, 梁江.中美土地开发控制模式在微观层面上的比较 [J]. 2007
       中国城市规划年会论文集:1859-1863.

[206] 张杰, 霍晓卫.北京古城城市设计中的人文尺度 [J].世界建筑,2002
       （2）:66-71.

[207] 张杰, 吕杰.从大尺度城市设计到日常生活空间 [J].城市设计,2003
       （9）:40-45.

[208] 宋伟轩.封闭社区研究进展 [J]. 城市规划学刊,2010（4）:42-51.

[209] 徐日勺, 宋伟轩, 朱喜钢等.封闭社区的形成机理与社会空间效应
       [J]. 城市问题,2009（7）:2-6.

[210] 赵民. 物权法与城市规划关联性的若干讨论 [J].上海城市规划,
       2007（6）:6-8.

[211] 汪民安.街道的面孔 // 都市文化研究第一辑.都市文化史:回顾与
       展望 [M].上海:上海三联书店,2005:80-93.

后记

　　本书是在作者的博士论文《城市住区的边界问题研究——以北京为例》的基础上完成的。

　　需要说明的是：尽管书的主要内容完成于十年前，当时调研的一些城市空间和住区环境已经发生变化，有些案例可能会显得"旧"了，但作者认为这些案例所体现的我国城市住区的"结构性"特征没有改变，揭示出来的"边界问题"依然存在且具有现实意义，书中提出的问题"机制"和解决策略也仍然有效。另一方面，尽管中国城市化仍然处于高速发展过程中，但住区形态和城市结构的演变不可能在短时间内"完成"，而是一个相对缓慢的"过程"，同时人们对于城市的认知变化也不可能一蹴而就，观念与思想的转变更需要时间。因此，作者相信本书的研究成果对于我国当代乃至未来一段时期的住区与城市空间的研究、设计与建设实践仍然具有一定的启发作用和借鉴价值。

　　本书出版之际，正值席卷全球的新型冠状病毒疫情在我国得到有效控制的时期，但北京的疫情正面临可能反弹的严峻压力。特殊时期的"住区封闭"措施成为防止病毒传播的必要管理手段之一。由于本次疫情对我国城市人居环境造成了前所未有的威胁和挑战，也促使我们警醒和反思。作者认为，尽管短期来看，封闭住区仍然是中国城市的主要居住形态，甚至在疫情的影响下还会有强化"封闭"的倾向。但从城市长远发展的角度看，封闭住区最终还是要走向"开放"。正如本书的研究所示："开放"不是简单的拆除边界的围墙，而是创建一种整体的、具有包容性和开放性的城市结构和相融相通的城市公共空间系统。只有"开放"，城市才能更具韧性，从而适应城市未来发展中不可预测的各种挑战；只有"开放"，我们才有机会为城市贡献更多具有高度可达性的公共生活场所，实现效率与公平的统一；只有"开放"，阳光和空气才能抵达城市的每个角落，为人们提供更为安全和健康的公共卫生环境；也只有"开放"，才能打破阻隔人群交往的社会性"边界"，恢复人与人之间的信任，并逐渐在全社会树立普遍的公共责任感和社区自治意识。

　　城市应因"人"而设计，为"人"而建造，而城市的未来也最终要依靠生活在城市中的每一个"人"来创造。相信不平凡的2020年会是中国城市建设和社会发展的重要分水岭,期待一个更加健康和安全、更加开放并共享、更加自由且人文的城市明天的到来。

因作者才识有限,书中的疏漏和错误在所难免,不妥之处还望读者不吝批评与指正。

致谢

感谢恩师王路教授为本书作序！

十年，弹指一挥间。回想当年有幸跟随王老师在清华园渡过的几年学术生涯，是我一生都难以忘怀的美好时光。没有王老师的悉心指导和不断鞭策，我对住区和城市公共空间的研究以及博士论文的写作是不可能完成的，更无法想象十年后能以专著的形式出版。王老师的学识和修养令我钦佩；他看问题的高度和角度，他对建筑与城市的深刻理解和独到见解始终启发着我；他作为建筑师和学者的大家风范，他宽厚的胸怀、人格魅力乃至美学品味都对我影响至深。我也正是在王老师的影响下逐渐建立了什么是"好建筑"和"好建筑师"的标准，并形成了自己的"建筑观"。离开校园多年，虽然早已经投身于建筑设计实践而不再专门从事学术研究工作，但导师的教诲仍然不断响于耳畔，令我受用终身。

感谢引领我进入清华园的周燕珉教授。我至今仍清晰记得2003年夏天的那一幕：当时正值非典疫情防控时期，在一个酷热的正午，周老师亲自骑着自行车到清华大门外将素未谋面的我接到建筑馆她的办公室。我那时是何等的愚钝粗浅，而周老师竟允许我参与她重要课题的研究工作！多年来，从学术研究到工程实践，从生活小事到人生方向，无不求教于周老师，也无不获得珍贵教益。她极为严谨的治学态度和在住宅研究领域所达到的精深与高度则永远是吾辈楷模。我很庆幸自己能在清华遇到这么好的老师！

还要感谢清华大学建筑学院张杰教授、李晓东教授、王丽方教授、单军教授、徐卫国教授、张敏教授、东南大学建筑学院董卫教授、中国建筑标准设计研究院马韵玉顾问总建筑师、清华大学建筑设计研究院季元振总建筑师、柏涛（深圳）建筑设计有限公司赵晓东总建筑师等老师和专家对博士论文给予的宝贵指导；感谢邓智勇博士、李志明博士、王飒博士、万科集团张恒建筑师、北京正华置地投资有限公司董事长李永阳先生、北京拉比策划公司总经理于拉比先生等在写作中给予的宝贵意见；感谢钟力博士为该书出版给予的建议和帮助；感谢中国建筑工业出版社的滕云飞老师为本书出版付出的宝贵时间和辛苦劳动!

　　感谢爱妻莹多年来在背后的默默支持和精神鼓励;感谢我天使般的女儿,正是她对爸爸的"崇拜"让我有勇气和动力完成这本书。

　　最后将这本书送给我的父母,因为没有你们就没有我的一切!